"十二五"职业教育国家规划教材
经全国职业教育教材审定委员会审定

园艺园林专业系列教材

果树生产技术

(第二版)

袁卫明　主编

苏州大学出版社

图书在版编目(CIP)数据

果树生产技术 / 袁卫明主编. —2版. —苏州：苏州大学出版社,2015.8(2022.12重印)
园艺园林专业系列教材 "十二五"职业教育国家规划教材 经全国职业教育教材审定委员会审定
ISBN 978-7-5672-1499-6

Ⅰ.①果… Ⅱ.①袁… Ⅲ.①果树园艺－高等职业教育－教材 Ⅳ.①S66

中国版本图书馆 CIP 数据核字(2015)第 206149 号

果树生产技术
(第二版)

袁卫明 主编

责任编辑 徐 来

苏州大学出版社出版发行
(地址：苏州市十梓街1号 邮编：215006)
广东虎彩云印刷有限公司 印装
(地址：东莞市虎门镇黄村社区厚虎路20号C幢一楼 邮编：523898)

开本 787 mm×1 092 mm 1/16 印张 13.5 字数 338 千
2015年8月第2版 2022年12月第6次印刷
ISBN 978-7-5672-1499-6 定价：39.00元

苏州大学版图书若有印装错误,本社负责调换
苏州大学出版社营销部 电话：0512-67481020
苏州大学出版社网址 http://www.sudapress.com

园艺园林专业系列教材(第二版)
编委会

顾　问：成海钟

主　任：李振陆

副主任：钱剑林　夏　红

委员(按姓氏笔画为序)：

　　尤伟忠　束剑华　周　军　韩　鹰

再版前言

"十二五"期间,我国经济社会发展迅猛,人民生活水平显著提高,农业现代化速度显著加快,园艺园林产业发展水平不断提升,专业教育、教学改革逐步深入。因此,在2009年编写出版的园艺园林专业系列教材的基础上,结合当前产业发展的实际和教学工作的需要,再次全面修订出版园艺园林专业系列教材十分必要。

苏州农业职业技术学院是我国近现代园艺园林职业教育的发祥地。2015年,江苏省政府启动新一轮高校品牌专业建设工程,该院园艺技术、园林技术专业均入选,这既是对该院专业内涵建设、品牌特色的肯定,也是为专业建设与发展注入新的动力与活力。苏州农业职业技术学院以此为契机,精心打造"园艺职业教育的开拓者"、"苏派园林艺术的弘扬者"这两张名片。

再次出版的《观赏植物生产技术》《果树生产技术》《园林植物保护技术》《园艺植物种子生产与管理》四部教材已入选"十二五"职业教育国家规划教材,《园林苗木生产技术》已入选"十二五"江苏省高等学校重点教材。当前高职院校正在进行整体教学改革,实施以能力为本位和基于工作过程的项目化教学改革是发展趋势,再版的教材以此教学改革的基本理念与思路为指导。系列教材的主编和副主编均为具有多年教学和实践经验的高级职称教师,聘请的企业专家也都具有丰富的生产、经营管理经验。教材力求及时反映当前科技和生产发展的实际,体现专业特色和高职教育的特点,是此次再版的宗旨。

园艺园林专业系列教材编写委员会

再 版 说 明

随着改革开放的不断深入，高职教育教学改革的日趋深化，苏州农业职业技术学院参与了国家农业部教育司与法国农业部联合开展的"能力单元"教学法的研究。此次教材编写，紧紧围绕高职教学特色，本着理论与实践并重的原则，理论够用、实用的原则，注重培养学生自学能力的原则，充分运用了"能力单元"教学法的研究成果和课程改革的实践经验，突破了以往教材编写系统的框框，按照果树栽培的主要实践技能，将本课程分为果树育苗技术、果树枝叶调控技术、果树花果调控技术、果树根际环境调控技术、果树栽培新技术及果树栽培实例六大模块，尝试采取"课程模块化"的形式编写了该书。对以往教材的各论部分，本教材以"案例分析"模块编写，通过对桃、梨两个树种的重点分析，让学生掌握学习的方法，其他常见果树的栽培技术书中只作简单介绍，由学生自学。

本教材内容计划在70个学时内完成，与"果树栽培实例"课程相结合可以取得更好的效果。

本教材由袁卫明（苏州农业职业技术学院）主编。参加编写工作的有：袁卫明编写第1章及第7章的枇杷部分；黄颖宏（江苏省太湖常绿果树技术推广中心）编写第2章、第4章及第7章的柑橘部分；王化坤（江苏省太湖常绿果树技术推广中心）编写第3章；马瑞娟（江苏省农科院园艺研究所）编写第5章及第7章的桃、梨、草莓部分；宋宏峰（江苏省农科院园艺研究所）编写第6章及第7章的葡萄、猕猴桃部分；娄晓鸣（苏州农业职业技术学院）编写第7章的杨梅、苹果部分。

苏州农业职业技术学院的杨祖衡教授对本教材进行了认真的审阅，并提出了不少宝贵的修改意见，出版社的同志对本教材的定稿和编辑工作付出了辛勤劳动，在此一并表示衷心的感谢！

由于我们水平有限，编写过程中难免有疏漏和不妥之处，衷心希望读者提出宝贵意见，以便进一步完善。

编　者

目录 Contents

第1章 果树栽培概述

1.1 我国的果树栽培 …………………………………………… 001
1.2 果树的分类 ………………………………………………… 009

第2章 果树育苗技术

2.1 露地育苗技术 ……………………………………………… 013
2.2 其他育苗技术 ……………………………………………… 026
2.3 苗木出圃技术 ……………………………………………… 029
2.4 建园技术 …………………………………………………… 029

第3章 果树枝叶调控技术

3.1 与果树枝叶调控有关的果树习性 ………………………… 035
3.2 果树枝叶调控的技术 ……………………………………… 055

第4章 果树花果调控技术

4.1 果树花芽分化 ……………………………………………… 086
4.2 开花与坐果 ………………………………………………… 089
4.3 果实的生长发育 …………………………………………… 091
4.4 果树花果的调控技术 ……………………………………… 098
4.5 果实套袋 …………………………………………………… 100

第5章 果树根际环境调控技术

5.1 果树根系的分布与生长 …………………………………… 105
5.2 果园土壤的调控技术 ……………………………………… 112

5.3　果园肥水的调控技术 ……………………………………………………… *119*

第6章　果树栽培新技术

6.1　果树矮化与保护地栽培 ………………………………………………… *129*
6.2　生长调节剂应用与果实防污 …………………………………………… *138*

第7章　果树栽培实例

7.1　桃 …………………………………………………………………………… *157*
7.2　梨 …………………………………………………………………………… *163*
7.3　葡萄 ………………………………………………………………………… *171*
7.4　柑橘 ………………………………………………………………………… *180*
7.5　苹果 ………………………………………………………………………… *186*
7.6　猕猴桃 ……………………………………………………………………… *191*
7.7　枇杷 ………………………………………………………………………… *194*
7.8　杨梅 ………………………………………………………………………… *198*
7.9　草莓 ………………………………………………………………………… *203*

参考文献 ………………………………………………………………………… *208*

第 1 章　果树栽培概述

第 1 章 果树栽培概述

本章导读

果树是一种具有生产、生态、生活功能的高效园艺作物。本章主要阐述了我国果树产业的发展现状、存在的问题及实现可持续发展的任务和策略,介绍了果树的栽培学、果树的生态适应性和果树的植物学方法分类。要求学生了解我国果树栽培的概况,重点了解我国果树生产技术推广的状况及实现果树产业可持续发展的任务和策略。

1.1　我国的果树栽培

果树是指能生产可供人们食用的果实、种子及作砧木用的多年生木本或草本植物,如柑橘、枇杷、杨梅、苹果、桃、梨、草莓等。果树生产包括果树栽培、育种、果品贮藏、加工、运输、销售等环节,完成从生产到消费的整个过程。果树栽培包括果树种类、品种和从育苗、建园直至采收各生产环节的基本理论、知识和技术。果树生产要以科学研究为基础,技术创新为核心,市场需求为导向,生产优质安全果品为目标,实现果树生产效益的最大化。

1.1.1　果树栽培在国民经济中的意义

果树是一种高收益、多功能的经济作物。果品市场需求空间大,是高效农业的典范,在推进农业结构调整、转变农业经济增长方式、建设现代农业、促进农民增收、农业增效中作用巨大。20 世纪 80 年代以来,我国果树产业高速发展,成为继粮食、蔬菜之后的第三大种植业,为国民经济又好又快地发展做出了重要贡献,同时也为提高国民的生活质量起到了重要作用。

水果的食用伴随着人类的进化和文明,其历史可以追溯得比谷物更久远,我国古医书《黄帝内经》已有"五谷为养,五果为助,五畜为益,五菜为充"的记载。随着人民生活水平从温饱走向小康,水果已由走亲访友的传统礼品逐渐成为人们日常饮食生活的主要食品之一,已由以前的生活奢侈品进入了寻常百姓家庭。人们的食物概念在改革开放的20多年间经历了仅以粮食搭配素菜的单一结构到"粮食+荤素菜"的二元结构,再到现在"粮食+荤素菜+水果"三元结构的历史巨变。在人类食物"金字塔"中,水果和蔬菜无论是需求数量还是重要性都仅次于粮食。

果品具有丰富的营养及医疗价值,含有人体需要的糖类、蛋白质、脂肪、矿物质、维生素等五大营养素,且不同种类的果品含量不同。果品一开始被采用主要是为了满足人类生存对水、蛋白质、能量(脂肪和碳水化合物)的基本需求,这一作用现在已大部分被粮食及荤素菜所取代。现代人们食用水果其营养保健作用主要表现在以下几个方面:① 补充维生素。因东方人没有生食蔬菜的习惯,极易造成维生素缺乏症,而新鲜水果富含各种维生素,尤其是补充维生素C、A的主要来源。一般成人每天需维生素C 60 mg,一只柑橘、猕猴桃等水果足以满足人体对维生素C的需要。② 增添矿物质营养。例如,山楂、杏、草莓中含有丰富的钙、磷,樱桃含铁最多,香蕉富含钾,柿子富含碘。而且水果中的矿物质多与有机酸相结合,有助于食物的消化、吸收。③ 增加膳食纤维素。随着人类食物的日益精细,纤维素摄入量明显不足,而水果富含膳食纤维素,具有刺激肠道蠕动、加速有毒物质排泄的作用。果胶等可溶性纤维可吸附胆固醇和延缓葡萄糖的吸收,减少心血管疾病和糖尿病的发生。④ 含有各种保健功能因子。大多数水果富含各类有机酸、黄酮、酚类等物质,故有开胃消食、滑肠通便、抗氧化衰老、软化血管、护心减肥、防癌等功效。荷兰科学家发现,每天吃一个苹果,就可使冠心病的患病率降低50%。由此可见,水果不是人们通常认为的可有可无,而是有着其他食物不可替代的作用。

果树具有良好的生态环境效益,对环境有较强的适应性。果农因地制宜利用丘陵山地、沙坡地与土壤瘠薄地发展果树生产,既可增加收入,又可绿化荒山、保持水土,改善生态环境和农民的生活条件;同时,可充分利用土地发展农村与城郊的生态农业、观光果业,既可净化空气、美化环境,提高人们的文化生活质量,又可通过果业观光旅游,举办"桃花节""葡萄节"等进行赏花、果品自采活动,促进旅游业发展,并带动第三产业发展,提高经济效益、社会效益和生态效益。

1.1.2　我国果树栽培概况

我国的果树生产历史悠久。约在6 000多年以前,人们就已经采集和收藏野生果实食用。我国果树栽培最早见之于文字记载的首推《诗经》。我国原产的桃、梅、李、枣、梨、栗等十几种果树已有3 000多年的栽培历史。人们在长期的劳动中积累了丰富的果树生产经验,魏晋南北朝时期,《齐民要术》就详细论述了果树繁殖、栽植、管理及虫害防治等技术,宋代出现了果树专著《橘录》,明清时期果树生产得到进一步发展。

我国幅员辽阔,自然条件多样,果树品种资源丰富。我国是世界上农业和栽培植物起源最早和最大的中心之一,起源于中国的果树约有52种,如沙梨、白梨、秋子梨、红花桃、李、梅、杏、樱桃、山楂、枣、核桃、银杏、栗、橙、橘、金柑、枇杷、荔枝、龙眼、黄皮等。目前,我国栽培利用的果树约有50多个科,300多个种,约占全世界果树资源的1/4。

我国丰富的果树种质资源,为世界果树的发展做出了重要的贡献。目前,世界上很多栽培的优良品种是从我国引入或从我国果树品种中选育的。例如,15世纪葡萄牙从我国台湾、福建、广东引入许多柑橘品种,栽培于里斯本皇宫,现已传遍地中海沿岸各国,称为"东方柑橘";后来,哥伦布发现新大陆又传入巴西,再传入美国,至今美国人仍把宽皮橘叫"中国橘";约500年前,日本僧人从浙江温州带回一批柑橘,选育了当代著名的"温州蜜柑"。20世纪初叶,新西兰从湖北引种"美味猕猴桃",经几十年的努力,选育出"海沃德"等著名品种。

1. 我国果树产业发展现状

新中国成立后,特别是改革开放以来,我国果树生产得到空前发展,规模迅速扩大,从1993年起,我国果品的产量和种植面积一直稳居世界第一,已成为继粮食、蔬菜之后的第三大农业种植产业,是国内外市场前景广阔且具有较强国际竞争力的优势产业,也是促进地方经济发展和农民致富的支柱产业之一。

(1)果树资源丰富,栽培规模与果品市场总量大,社会经济效益高,在国际市场上的数量优势将长期保持

我国自然条件优越,适宜果树生长,栽培果树树种占世界主栽果树树种类型的82%。2009年全国果树面积1 114万公顷,占世界总面积的20.6%,占我国耕地面积的8%,有67%分布在山地丘陵;果品年产量1.27亿吨,占世界总产量的20.1%,栽培面积和果品产量皆居世界首位;果品年产值3 500亿元,在国内种植业中居第3位,占经济总值的0.4%,是农民增收的主要产业,有9 000万农民从事果树业,果农人均收入3 800元。

果品及其加工产品是出口优势农产品。近年来,各种水果及加工品的出口都呈现稳定增长趋势。其中苹果、苹果浓缩汁出口均居世界第一位,苹果浓缩汁、橘瓣罐头、杏浆、速冻草莓等产品的国际市场占有率日益增加,成为发达国家的依赖产品。一批规模较大的果品企业茁壮成长,有望在10年内成为具有国际竞争力的知名企业或品牌。随着产业化水平的不断提高,我国果品及加工产品的国际市场占有率将继续提升。

随着人民生活水平的提高,城镇和农村居民人均水果购买量逐年增加。随着果树产业规模的扩张,特别是开发大西北,实施山川秀美工程的实施和深入,果树作为经济林所占份额快速增加,生态保护效益日益显现。果树产业的发展促进了我国一、二、三产业的繁荣,很多精品果园亩收入超过万元,而且随着生活水平的逐步提高,果树的文化与休闲功能日益突出,近年各地城郊休闲观光果园迅速发展。果树产业在我国农业产业发展中占有十分重要的战略地位,对促进农村经济发展意义重大。

(2)大宗果品形成优势区域,名特优果品基地特色明显,品牌意识日渐突出,产业结构日趋优化

目前的果树发展格局是大宗果品优势产业带(最适生态带)产业化经营,名特优地方果品以产地(基地、点)精品(高档、绿色、有机)发展为主,实施点带发展方式,形成多样化、区域化、特色化。2002年开展的苹果、柑橘优势区域建设已取得显著成效,形成了以黄土高原和渤海湾为主的两大苹果优势产业区域,以长江上中游柑橘带、赣南-湘南-桂北柑橘带、浙南-闽西-粤东柑橘带和一批特色柑橘生产基地为主线的柑橘优势区域。第二轮优势区域规划正待颁布,梨和葡萄优势区域规划正在进行中。各地的名特优果树如沾化冬枣、肥城桃、枣庄石榴、周至猕猴桃、常山胡柚等正在以县域规模发展。随着市场化意识的提高,果品质

量大幅度提升,品牌意识逐渐增强,许多品牌在国内已经获得比较高的知名度,如栖霞苹果、洛川苹果、库尔勒香梨、赣南脐橙、温州蜜柑、德庆贡柑等。与国际接轨的原产地认证也逐步实施,如陕西苹果、烟台苹果、灵宝苹果、周至猕猴桃和常山胡柚等均获得了原产地认证,葡萄有5个产区获得了原产地认证。贮藏设施日益完善,贮藏保鲜和商品化加工技术水平大幅度提高,深加工能力不断扩大,果品深加工比例达到10%,其中苹果用于深加工的比例已经占苹果总产量的30%以上,有力地促进了果树种植业和出口的发展。

2. 我国果树生产技术推广回顾

(1) 引进推广新品种,提高良种比例

据不完全统计,改革开放以来,我国从国外引进了1 700多个品种,其中苹果750多个、梨150多个、葡萄230多个、桃50多个、李40多个、杏20多个、樱桃80多个,以及南方常绿果树品种350多个和其他果树品种100多个。这些品种的引进促进了我国主栽品种的更新。

我国20世纪80年代苹果的栽培品种有20多个,以国光、金冠、元帅系(普通型)、红玉等为主,占苹果栽培面积的60%以上。近年来,我国大力更新老品种,红星、秦冠、国光等退出主导地位,苹果品种基本实现了优质化,形成了以富士系、元帅系、嘎啦系、金冠等优良品种为主的品种结构,其中主栽品种富士系产量已达苹果总产量的70%以上。

我国梨的品种资源丰富,达800余个,其中早熟品种少,中、晚熟品种多,20世纪以酥梨、鸭梨、秋子梨等为主栽品种。通过不断调整品种结构,现在早、中、晚熟品种分别约占20%、60%和20%。近年来,红色品种、生食加工兼用的软肉品种和具有功能性的特色品种梨面积在逐年增加。

柑橘是我国南方第一大水果,国内已先后选育和引进了100多个适宜商业栽培的品种,极大地丰富了我国柑橘的种类,现已有甜橙、宽皮柑橘和柚类等,且早熟、中熟、晚熟品种配套。长期以来,我国宽皮柑橘过多而甜橙比例过小,中熟品种过多而早、晚熟品种比例过小,鲜食品种过多而加工品种比例过小。经过十多年的品种调整,我国各柑橘品种的比例已调整为宽皮柑橘约占70.7%(其中柑类占33.4%、橘类占37.3%)、橙占17.0%、柚占11.0%,结构逐渐趋于合理。

(2) 发展设施栽培,丰富市场供应

我国设施栽培始于20世纪70年代。1978年,黑龙江省在塑料大棚和加温温室内栽培葡萄获得成功,但受当时经济条件和市场购买力的制约,一直未能大面积推广。20世纪80年代末到90年代初,随着人们生活水平的提高和市场需求的增加,拉动了果树设施栽培的发展。与传统果树栽培相比,果树设施栽培具有高投入、高技术、高产出的特点,备受社会各界特别是农业从业者的广泛关注,现已成为一些地区促进农业增效、农民增收和农村经济发展的重要途径。

果树设施栽培在引用、借鉴国内外温室栽培技术成果和成功经验的基础上,综合运用露地果树栽培中的矮化密植技术、化学和人工调控技术、促花促果和整形修剪技术、肥水综合管理技术,并借鉴蔬菜日光温室栽培对光照、温度、湿度、CO_2调控技术的研究成果,从而推进了果树设施栽培无公害生产技术的集成。其中桃、李、杏的温室无公害栽培技术、甜樱桃大树连年优质丰产栽培技术、葡萄避雨栽培技术、香蕉幼树扣拱棚避寒技术都已在生产中广泛应用。

据调查,全国设施果树中葡萄、桃、杏、李、樱桃、柑橘、香蕉的栽培面积较大,主要分布在山东、辽宁、河北、甘肃、浙江、上海、江苏、江西、广西等省(自治区、直辖市)。设施类型北方以日光温室为主,塑料大棚为辅;南方则以塑料大棚为主。生产模式北方以促早栽培为主,延迟栽培为辅;南方以避雨栽培和避寒栽培为主。

(3) 创新栽培模式,提高经济效益

① 促成栽培。果树的促成栽培是以提早成熟、提前上市为目的的栽培模式,是我国果树设施栽培的主流,保证了早春、初夏果品淡季鲜果的供应。日光温室葡萄、桃的成熟上市期一般比露地同品种提早40~60天,比塑料大棚的提前20~30天。

② 延迟栽培。果树的延迟栽培是以延长果品成熟期、延迟采收、提高果实品质为目的的栽培模式,既能生产出高品质果品,又可省去鲜果贮藏费用,提高鲜果货架期和降低果品成本,获得较高的市场差价。利用晚熟品种延后采收,如牛奶葡萄在河北省宣化地区露地栽培时浆果成熟期为9月中旬,应用保护地栽培技术果实可延后至10月上旬采收;桃树盆栽,春季在温室后墙设冰墙降温延迟开花期,果实生长后期采取扣棚保温等措施,果实成熟期可延迟30~40天。

③ 避雨栽培。主要用于葡萄。我国南方高温多雨、空气湿度大,葡萄病害严重,有的地方一年用药高达20次以上,防治效果仍然不理想,给栽培管理造成很大困难,限制了葡萄的发展。20世纪90年代初,南方葡萄主要以巨峰系品种为主,占到90%以上,品种结构过于单一,采收期集中,在不利的气候条件下,果实品质不高,经济效益极不稳定。而随着南方地区经济的发展,人们对高档优质葡萄需求增加,从而推动了在我国南方开展设施葡萄栽培技术的研究与推广,以提高品质、调节供应期和改变品种结构为目的的避雨栽培及欧亚种葡萄设施栽培技术的研究取得成效,主要表现为减少了打药次数,提高了品质。与露地种植葡萄相比,避雨栽培能减少风雨传播病害的危害和减少喷药次数,使叶果完整、叶片寿命延长。一般情况下,可由原来全年喷药18~20次降到5~6次即可控制病害的发生和蔓延。一般在葡萄开花坐果时即可覆膜,即每年4~5月覆膜,7~8月揭膜,揭膜时间以果实着色前为宜,尽可能缩短避雨覆盖时间,保证良好的通风性。若采用套袋,揭膜时间还可提前。

(4) 推广无公害技术,保障食品安全

为了提高我国农产品质量安全水平,2001年农业部启动了"无公害食品行动计划",各级推广部门高度重视,以"菜篮子"产品为重点,以控制农残污染为突破口,以标准化生产为切入点,依据产地环境评估结果,优选生产基地,组装集成、示范推广一系列包括高抗多抗品种、设施防护、频振式杀虫灯、生物农药、高效低毒化学农药等的无公害生产技术规程,建设了一批标准化生产基地,贯彻落实禁用高毒高残留农药规章,确保90%以上的"菜篮子"产品达到无公害食品标准。

水果套袋技术是近年来果树生产上大面积应用的一项新技术,是改善果实外观和提高质量安全水平的关键措施之一,使用后能显著提高优质果率和经济效益。20世纪80年代末,我国开始引进日本小林袋进行红富士苹果套袋试验并获得成功,后又相继引进韩国和我国台湾纸袋,目前已在苹果、梨、桃、葡萄、香蕉、枇杷等水果上普遍应用,平均亩收入增加1000元以上。

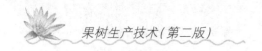

(5) 改革栽培方式，减少劳动成本

为了解决乔砧稀植果园树冠培养期长、结果晚、早期产量低、投资回收慢、管理难度大等问题，20世纪70年代中后期，农技人员开始总结推广果树矮化密植丰产栽培技术。经过20余年的努力，水果单产水平大幅度提升，总产量显著提高，对满足市场供应起到了至关重要的作用。

随着树龄的增长，密植果园的弊端逐渐显露，树密枝多早交叉，树旺直立光照差，经济效益不高，给管理带来困难。因此，20世纪90年代后期开始推广合理栽植，即根据生态和栽培条件以及砧穗组合综合生长势确定适宜株行距，对老密植园，因地、因园制宜，或间伐，或控冠改形，充分满足生产优质果需要，取得了较好的效果。过去每公顷种植840～1 245株的乔化密植园和1 665株以上的矮化中间砧果园，通过间伐降低到825株以下；而新建苹果园则直接将乔化园密度调整到675株/公顷以下，矮化中间砧果园调整到1 245株/公顷以下。新建柑橘园平地为675株/公顷，山地为825株/公顷。

3. 我国果树产业发展中存在的问题

目前是我国果树产业发展的最好时期，成绩显著，但与发达国家相比还有很大差距，亟待重视。

(1) 缺乏宏观规划，盲目发展造成波动和浪费，注重种植规模，忽视单产和质量

总结近30年果树发展的经验教训，总体上果树产业发展缺乏宏观规划和市场研究，盲目发展造成了历史上多次种植面积的大起大落，普遍表现为注重规模扩张和数量效益，忽视单位面积产量和质量效益，低产园面积所占比例达1/3。与发达国家相比，我国果业发展水平还有很大差距，平均单产低，产品单价低，产品安全性低。虽然我国有基础的主产县平均亩产量都在2吨以上，但全国主要水果的平均单产都在1吨以下，低产和无产园比重达40%，鲜果产品损失率高达20%，降低鲜果损失率是果树产业发展中挖潜增效的一个重要任务。我国果树栽培有最高单产的系统经验，利用现代科学总结这些成功经验，可在一定程度上克服盲目性。应提倡成熟理性发展，科学发展，以达到发达国家中等产量水平，在今后10年从现有面积中增收1.5亿吨，挖潜增效是今后工作的主要方向。

(2) 主栽品种依赖引进，缺乏自主知识产权的优良品种和砧木，育种创新能力低

我国是果树资源大国，对世界果树产业做出了很大贡献，但主栽树种如苹果、葡萄、草莓都以国外品种为主栽品种，重要树种如柑橘、梨、桃、杏、李等的更新换代都依赖外来新品种，自主知识产权的品种缺乏将成为产业发展的重大障碍。国外苹果自20世纪50年代就基本实行了矮砧宽行密植，但由于这些无性系砧木不适应我国干旱瘠薄的土壤条件，我国长期以来一直采用乔砧密植，人工管理投入高，修剪技术要求高，相当部分果园因管理不当而郁闭、低产、果实着色差，果园收益低。随着生产资料和人工成本的不断上升，培育生态适应性强的矮化砧木并简化栽培技术体系已经迫在眉睫。国内育种工作扶持力度小，缺乏长期性和连续性，缺乏创新能力强的团队，如果这种状况不发生根本改变，势必制约我国果树产业的发展。

(3) 组织化、标准化程度低，规模小，服务体系滞后，制约产业化水平的提高

我国果树经营主体是以家庭为单位的个体，95%的果园规模在0.33 hm^2以下，土地流转机制尚未形成，农民合作经济组织发展滞后，组织化程度低，从根本上制约了标准化生产技

术的推广和实施,也增加了公共服务体系的服务难度;公共服务体系尚未健全,缺乏足够的市场信息,信息滞后、不对称或失真,缺乏方便快捷的咨询服务网络,对假冒伪劣生产资料缺乏辨识能力等,均困扰着生产第一线的农民。大部分果品营销企业和加工企业规模小、实力不足,带动农户的能力较弱,多以商品为纽带进行合作,真正的利益联结不够,贸工农一体化的道路还很漫长。

(4)多头管理造成资源浪费,事倍功半,急功近利不利于产业持续发展

我国果树产业长期以来由农业和林业两个部门管理,同一地区不同县市果树的行政归口单位亦有不同,以至于政出多门,各自为政,各行其道,基层无所适从,造成混乱;科研工作管理部门广泛,导致项目重叠,人力分散;由于缺乏实质性的长期规划和人才、团队的长期定向培养,科研项目往往存在短期行为和随意性,造成人、财、物浪费;科研管理体制的不健全导致了竞争的无序或缺乏公正,助长了不良风气,不利于年轻人兢兢业业埋头苦干,更不利于科研工作者亲临生产第一线为产业服务。以上这些因素均妨碍解决我国果树产业应用基础研究薄弱、技术储备不足的缺陷,制约果树产业的可持续发展,因此亟须转变观念,理顺行政管理关系,改革行政和科研管理体制。

4. 果树产业可持续发展的任务和策略

(1)优化产业结构,挖潜增效,促进产业升级是今后一定时期内推动果树产业可持续发展的重要任务

以扶持龙头企业和基地建设为主线,带动操作规范和可追溯制度的实施,实现标准化、安全环保和高效优质生产;以市场为导向,以扩大出口为带动,进一步优化调整不同树种的适宜结构和布局,调整同一树种鲜食和加工的比例,合理布局同一果品成熟期供应比例,增加加工产品的多样性,提高深加工终端产品的比例,促进产业的升级换代。

我国土地资源短缺,发展果树应坚持"上山下滩"、"林果结合"的原则,稳定规模,重在布局与结构调整,提高单产,重视安全,提高质量,延长产业链,增加效益。根据各地区经济发展水平的差异,东部老果区以增产增效,发展加工业,扩大出口业,调整树种结构,提高产业化水平,增强竞争力为主;西北部开发坚持林果结合,以现代企业经营,规模化发展为主。在退耕还林中,预计到2020年可望新增果树120万~150万公顷(按近30年自然增长速度计);西南高地重点利用生态资源优势,以边贸为主,多样化、小规模种植方式发展。

建议在退耕还林中适当增加经济林面积,发展三北杏资源带以及林果兼用的核桃、榛林、欧李等;将果树高效砧木树种列入造林树种中;城市休闲观赏森林公园增加果树资源;保护新疆、长白山、云南、西藏、海南、神农架等野生果树原产地;实施能源果林栽培化,果树高产的经验亦可为当前木本能源植物的发展提供借鉴。

(2)沃土养根壮树,简化栽培技术体系,节本增效,创新发展是果树种植业发展的重要措施

我国果树栽培区大多土地瘠薄,缺乏有机质,偏施化肥导致土壤和树体营养失衡,果树寿命缩短,果实品质变差,必须通过培肥地力改善土壤生态条件,通过养根壮树提高果园质量。我国20世纪80年代发展的果树陆续进入更新换代时期,重茬障碍问题日趋严重,如何克服再植病,修复土壤或选择适宜的替代树种成为亟须研究的重大课题。

由于果园规模小,机械化程度低,青年农民外流,我国农村人力资源优势正在逐步丧失,

目前果园用工量高出国外主产国5倍以上,生产成本快速增加,简化栽培技术体系已经提到议事日程,必须研究矮化、矮砧、柱形、宽行、密植的栽培模式,生草、免耕、节水灌溉、营养诊断施肥等一系列可持续发展管理模式,研究开发适应我国果园的小型机械设备,节工增效,提高管理的标准化程度。

(3)加大科技支撑力度,提高果树产业的科技含量和创新水平是促进果树产业可持续发展的重要途径

加强拥有自主知识产权的果树品种的选育研究。发挥资源优势,集中人力、物力和财力,以超优品种育种为目标,对重点育种单位、团队进行长期稳定的支持。继续重视引种,规范新资源引进,防止有害生物入侵。挖掘企业的创新能力,引导企业在引育种中发挥作用,逐步形成商品性选育种产业。

整合和优化资源,建立全国性和区域性的果树科技创新团队。以人为本,加大人才培养力度,改革和创新培养模式,优化培养环境,加强国际合作。农业科研院校科学定位,优势互补,加强开放性团队的合作。

加大对果树基础研究的支持,不断追踪现代科技前沿并加以创新,将其应用于果树技术体系研究,对果树产业发展有战略意义。国家要对有实力的团队和单位有长期稳定的支持。

重视栽培业,以现代基础理论与群众系统典型相结合,进行科学总结,建立适应国情的栽培理论和技术创新体系,制定达到国际先进水平的技术系统标准,实现平均单产大幅度提高,重视特色,重视差异,在比较中建立适应我国国情的新栽培制度。在向新区扩展中,确保西南高原的优质生产,并对西部沙地进行改土种植。

苹果蠹蛾、柑橘黄龙病、小实蝇、香蕉束顶病、枯萎病以及葡萄根瘤蚜等检疫病虫害正在对我国果树造成巨大危害,如果不重视检疫,对重大病虫害缺乏强有力的监测监控,将对我国果树产业造成毁灭性打击。各级政府必须从战略上给予高度重视,建立非疫区,建立无病毒苗木生产体系及检测体系,建立重大检疫性有害生物入侵的快速反应机制。

我国果树科技基础工作不系统,大部分果园基础设施薄弱,抵御自然灾害的能力差,霜冻、干旱、冰雹、台风、湿涝等发生频率明显增加,必须加大研究力量,提高投入水平,研究农业自然灾害的发生规律,开展早期预警,研发应急性技术措施和防治设备,加强果园基本设施投入;选育抗性品种,推广无公害栽培管理技术,实现生物避灾、技术减灾、工程抗灾的三结合。

(4)加快果树生产新技术的示范推广工作,改革技术推广体系,加强基层技术队伍建设是果树产业可持续发展的重要条件

基层技术推广服务体系目前大多涣散失效,不能满足产业发展的要求,而现代化的传媒在短时间内尚不能起到替代作用,因此必须加强乡镇基层技术服务队伍的建设,发挥信息化作用,改革技术服务形式,丰富技术服务的内容和方法,加强示范基地建设,创建新一代技术体系样板,使新技术及时便捷传送给果农并转化为生产力,通过多种形式加大对农民文化和科技教育的培训力度,努力提高果农素质,使果品产业的发展转移到依靠科学技术和提高劳动者素质的轨道上来。

(5)重视法律制度建设,加强产业服务体系建设,完善相关产业政策是果树产业可持续发展的重要保证

改善果园质量应从苗木标准化抓起,加强果树苗木法制化管理,苗木实行商业性经营,

注册企业法人责任制,推广苗木生产标准化及追溯制,是保证果园正常发展,提高果园整齐度的关键。严格实施果品质量安全管理制度,对质量检测机关实行严格责任追究制。重视果品经济学的研究,加强国内外市场信息网络建设,发展和扶持果业龙头企业和各种经济合作组织,提高果品产销组织化水平。

加强果树产业的宏观指导和调控,克服主观性和盲目性,坚持科学发展观,研究经济规律和市场竞争法则。从基地建设、信息服务、市场开拓、组织合作、人才培训等多方面对果品企业进行有力扶持,充分利用"绿箱政策",在公共服务领域加大对农民的扶持,施惠于民,促进我国果树产业化水平的提高,使我国由果品生产大国发展成为果品生产强国。

1.2 果树的分类

果树的种类很多,有野生类型和栽培类型。现在全世界的果树包括野生果树在内约有60科、2 800种,其中较重要的约300种,主要栽培的约70种。我国是世界上原产果树最多的国家,而且从古代开始就重视从国外引种。因此,我国拥有世界上绝大多数的栽培果树。据文献记载,我国现有的果树(包括原产和引入)约有50多科,近300种。为便于学习研究和利用,常根据果树栽培学、果树的生态适应性和果树的植物学进行分类。

1.2.1 果树栽培学分类

栽培学分类依据果树冬季是否落叶、果树的植株形态、果实结构等进行分类。
(1) 根据冬季是否落叶分类
落叶果树:如苹果、梨、桃、核桃、板栗、葡萄、柿等。
常绿果树:如柑橘、枇杷、杨梅、荔枝、龙眼、杧果等。
(2) 根据植株形态特征分类
乔本果树:如梨、银杏、板栗、橄榄、杧果等。
灌本果树:如树莓、无花果、番荔枝等。
藤本果树:如葡萄、猕猴桃、西番莲等。
草本果树:如草莓、菠萝、香蕉等。
(3) 根据果实构造分类
仁果类:如苹果、梨、山楂、榅桲、枇杷等。在植物学上称假果,果实主要由花托发育而成。因种子俗称仁,故名仁果。
核果类:如桃、李、梅、杏、樱桃、橄榄、杧果等。果实由子房发育而成,食用部分为肉质的中果皮,内果皮发育成坚硬的核。在植物学上称真果。
浆果类:如葡萄、猕猴桃、无花果、醋栗、柿、番木瓜等。果实为柔软、多浆汁的中内果皮。
柑果类:如柑、橘、柚、柠檬等。果实由内果皮发育而来的瓤瓣构成。

坚果类：如核桃、板栗、银杏等。果实或种子外部具有坚硬的外壳，食用部位为子叶或胚乳。

1.2.2 果树的生态适应性分类

果树的生态适应性分类是依据栽培地区的气候条件进行分类。

（1）热带果树

一般热带果树：如香蕉、菠萝、番荔枝、番木瓜、番石榴、人心果等。

典型热带果树：如榴莲、面包果、槟榔、山竹子等。

（2）亚热带果树

落叶性亚热带果树：如柿、石榴、无花果、猕猴桃、枳等。

常绿性亚热带果树：如柑橘类、荔枝、龙眼、杨梅、枇杷、黄皮等。

（3）温带果树

喜冷凉干燥的气候条件，适宜在温带和北亚热带地区栽培的果树，如苹果、梨、桃、李、杏、梅、枣、樱桃、山楂、板栗、葡萄等。

（4）寒带果树

如山葡萄、秋子梨、醋栗、树莓、越橘、榛子等。

1.2.3 果树的植物学分类

果树的植物学分类依据植物亲缘系统进行分类。

（1）裸子植物（Gymnospermae）果树

银杏科（Ginkgoaceae），如银杏（白果），我国原产，食用种仁。

紫杉科（Taxaceae），如香榧，主产浙江，食用种仁。

松科（Pinaceae），如海松、华山松，食用种仁。

（2）被子植物（Angiosperm）果树

① 双子叶植物（Dicotyledoneae）果树

猕猴桃科（Actinidiaceae），如中华猕猴桃，河南、陕西、湖南、湖北、广西等地有栽培。果实可鲜食或加工。

漆树科（Anacardiaceae），如腰果、杧果、阿月浑子等，台湾、海南、福建、广西、广东等地有栽培。腰果种仁可食或榨油，杧果果实可鲜食或加工。

番荔枝科（Annonaceae），如番荔枝（佛头果），台湾、海南、福建、广西、广东等地有栽培。

酢浆草科［Averrhoaceae（Oxalidaceae）］，如杨桃，产于华南地区，果酸或甜。

木棉科（Bombaceae），如榴莲，台湾、海南等地有栽培。果肉和种子可食。

橄榄科（Burseraceae），如橄榄，华南、西南及台湾等地有栽培。果鲜食或加工。

仙人掌科（Cactaceae），如火龙果，台湾、海南、广西、广东等地有栽培。

番木瓜科（Caricaceae），如番木瓜（万寿果），华南各地有栽培。

榛科（Corylaceae），如榛子，东北、华北、西北及西南等地分布，种仁可食。

柿科(Ebenaceae),如柿、君迁子、油柿,陕西、河南、山西、山东、河北盛产,南方各省也有栽培。君迁子常作柿砧木。

胡颓子科(Elaeagnaceae),如牛奶果,华南、西南等地有栽培。

大戟科(Euphorbiaceae),如余甘(油甘),华南、西南地区野生。果实含维生素C,可鲜食或加工。

山毛榉科(Fagaceae),如板栗、茅栗、锥栗。板栗全国各地都有分布,华北最多,果可食;茅栗作砧木,果可食;锥栗华南、西南地区及浙江、台湾有分布,果食用。

醋栗科(Grossulariaceae),如醋栗。东北地区有栽培,品种繁多。

山竹子科(Guttiferae),如山竹子。台湾、海南、广东、广西栽培,果可食。

核桃科(Juglandaceae),如核桃(胡核)、山核桃。核桃产于西北、华北、华中地区,种仁富含脂肪,可食用或加工。

樟科(Lauraceae),如油梨,台湾、海南、广西、广东等地有栽培。果可食用。

金虎尾科(Malpighiaceae),如西印度樱桃。果实维生素C含量极高,果鲜食或加工,广东、台湾、云南等地有栽培。

桑科(Moraceae),如面包果、无花果、果桑、菠萝蜜。面包果在海南、台湾有少量栽培,果可食用;无花果在山东、江苏、浙江、福建、广东、广西、湖南等地均有栽培,果可食用或加工;果桑以新疆、江苏、浙江栽培最多,果可食;菠萝蜜在华南各省均有栽培。

杨梅科(Myricaceae),如杨梅。浙江、江苏、福建、广东等地栽培最多,果可食或加工。

桃金娘科(Myrtaceae),如番石榴、蒲桃、莲雾,在华南各省、台湾有栽培。

西番莲科(Passifloraceae),如西番莲、鸡蛋果,华南地区及台湾种植。

山龙眼科(Proteaceae),如澳洲坚果,世界有名坚果之一,台湾、云南、广西、广东等地有栽培。

安石榴科(Punicaceae),如石榴,华北、西北、华东、华中、西南广泛栽培,果供食用或观赏。

鼠李科(Rhammaceae),如枣、酸枣、毛叶枣。枣大多数地区有栽培,品种繁多;酸枣多用作砧木;毛叶枣在台湾、广东、广西、海南有栽培。

蔷薇科(Rosaceae),如桃、李、梅、杏、樱桃、山楂、榅桲、枇杷、草莓、苹果、海棠、花红、刺梨、树莓、山定子等。

芸香科(Rutaceae),如甜橙、宽皮柑橘、柚、柠檬、枸橼、佛手、黄皮、枳、金柑、九里香等。

山榄科(Sapataceae),如人心果、蛋黄果、神秘果等,广东、广西、福建、台湾、海南有栽培。

无患子科(Sapindaceae),如龙眼、荔枝、韶子(红毛丹)。龙眼、荔枝在华南、西南地区及台湾栽种。

梧桐科(Sterculiaceae),如苹婆(凤眼果)、可可,在广东、广西、福建、台湾、海南栽培。

葡萄科(Vitaceae),如葡萄,大多数地区都有栽培,种与品种较多。

② 单子叶植物(Monocotydoneae)果树

凤梨科(Bromeliaceae),如菠萝(凤梨),在广东、广西、福建、台湾、海南等地栽培。

芭蕉科(Musaceae),如香蕉、粉蕉、大蕉,在广东、广西、海南、福建、台湾、云南广泛栽培。

棕榈科(Palmae),如椰子,海南、台湾、广东、广西等地栽培。

复习思考

1. 简述果树栽培的意义及我国果树生产技术推广现状。
2. 以江苏省为例,谈谈江苏省果树栽培现状及发展策略。
3. 将江苏地区的各种果树按栽培学分类方法试行分类。

 考证提示

高级工掌握本地区的各种果树按栽培学分类方法试行分类。
初级工、中级工不作要求。

第 2 章 果树育苗技术

> **本章导读**
>
> 本章重点介绍了实生育苗培育技术、嫁接育苗技术及建园技术，了解扦插、压条、分株等育苗方法的相关理论和技术，掌握嫁接技术及提高嫁接成活率的措施，熟悉果园规划、苗木栽植等要求。

2.1 露地育苗技术

2.1.1 实生苗的培育技术

1. 实生苗的特点和利用

实生苗的培育技术是利用种子繁殖苗木的方法。果树生产上多用以繁殖砧木苗，也可以繁殖果苗，这种苗木称为实生苗。实生繁殖是原始的繁殖方法，具有种子来源丰富、方法简便、成本较低、适于大量育苗等特点。其主要特点如下：实生苗主根强大，根系发达，入土较深，对环境的适应能力、抗逆性较强，寿命长，但管理不便；实生苗有童期，进入结果期要迟，具有很大的变异性及相应的适应性；大多数实生苗不能保持母本植株的优良经济性状，少数果树具有无融合生殖特性，如柑橘、杧果等树种有无融合生殖类型，其后代极少分离，苗木整齐一致。

实生苗不能保持果树的优质、丰产特性，多数果树已采用分株、压条、扦插、嫁接等方法进行繁殖，其主要利用方式有以下几个方面：一是作为砧木，以增强树体的抗逆性和适应性；二是少数果树实生变异较小，或无性繁殖比较困难的种类和品种还沿用实生繁殖；三是果树杂交育种工作中获得的实生苗，经选择、鉴定，是培育新品种的基础材料；四是柑橘类果树利用珠心胚或其他无融合生殖类型种子播种，获得不带有病毒的生长一致的实生苗。

2. 种子采集

种子采集总的要求是：品种纯正、无检疫性病虫、充分成熟、籽籽饱满、无混杂。正确的采集方法必须做到如下几点：

① 选择优良母本树,培育实生树苗,如核桃、板栗等,更要注意选择丰产、稳产、品质优良的母株进行采种。实践证明生长健壮的成年母株所产生的种子,充实饱满,其苗木对环境条件的适应能力强,生长健壮,发育良好。

② 适时采收,过早采收会导致种子未成熟、种胚发育不全、贮藏养分不足、生活力弱、发芽率低。生产实践中依据多种果实和种子成熟时表现出的特征来鉴定,如果实多由绿色变成该品种固有的色泽,果肉由于果胶酶的活性加强而变软,种子中所含水分减少,干物质逐渐积累,重量增加,充实饱满,种皮色泽加深而有光泽。

③ 选择果实,通过从果实发育的好坏看出种子发育情况,凡果实肥大、果形端正的种子也饱满,果实发育不正常的,往往在发育不正常的一边,种子也发育不好。

从果实中取种的方法要依据果实的特点而定,凡果实无利用价值者,如山定子、秋子梨、杜梨等,果实采收后放入缸里或堆积促使果肉软化,堆积期间要经常注意翻动,以防温度过高使种子失去生活力。果肉软化后揉碎,然后洗净取出种子。凡可以利用的果实,可结合加工过程取种,但必须选用未经45 ℃以上温度处理过的有生活力的种子。主要果树砧木种子采收时期见表2-1。

表2-1 主要果树砧木种子采收时期

树种	采收时期(月)	采种地区
枳	8~9	鄂、皖、苏
枇杷	5~6	长江中游
杨梅	6月中旬~7月上旬	浙江、江苏
杜梨	10月中下旬	长江中游
豆梨	8~9	长江中游
湖北海棠	9~10	长江中游
毛桃	7~8	长江中游
李	6~8	长江中游
君迁子	11	西北
板栗	9	长江中游

3. 种子调制与贮藏

大多数种子从果实中取出后,需适当干燥,贮藏时才不会发霉。通常将种子摊薄置于阴凉通风处晾干,晾干后,应进行精选,除去瘪子、烂子、病虫子、畸形子和杂屑,使种子纯洁度达95%以上。根据种子大小、饱满程度或重量加以分级。

板栗、甜樱桃、银杏、枳和大多数常绿果树的种子在采收后应立即播种,或用湿沙层积贮藏,才能保持种子的生活力。适于干藏的种子应贮藏在干燥、通风、防鼠害的室内,贮藏室须经消毒后才可使用。进行干藏时应将精选后的种子装入布袋、麻袋或筐、箱内存放。贮藏期间经常检查温度、湿度和通气情况,尤其是夏季期间气温高、湿度大,种子易发热,应及时摊凉散热降温，并加强通风换气。

大多数落叶果树的种子，在取种后需要通过一定的低温条件才能顺利完成生理后熟作用。例如，进行秋播，可使种子在自然条件下通过后熟作用。进行春播，在播前前对种子要进行湿沙层积贮藏，其方法是将种子与清洁的湿润河沙分层相间堆放，或将种子与清洁湿润的河沙混合均匀后存放于沟或器具内。种子多，冬季不太寒冷的地区，可采用露地沟藏或堆藏，即选地势较高、干燥、背阴和排水良好的地方挖沟，沟深60～90 cm，长、宽依种子多少而定。先在沟底铺一层厚约6 cm的干净湿润河沙，然后将种子层积。层积用沙量，中小粒种子一般为种子容积的3～5倍，大粒种子为种子容积的5～10倍。沙的湿度一般是沙的最大持水量的50%，用手握住能成团，放开时能慢慢散开为宜。当堆放到离地面5～7 cm后，可用湿沙将沟填平，盖上稻草或草帘，再用土培好并高出地面成屋脊形，并开好排水沟。如果堆藏，则应在种子的外围上下四周多放一些沙，厚4～5 cm。层积厚度以不超过50 cm为宜。不管沟藏或堆藏，为了通气，可按一定距离插入一把蒿秆。层积期间应经常检查，调控好温度、湿度。层积时间长短因果树种类而异（见表2-2）。杜梨、湖北海棠需40～50天，毛桃、李、枣需120天，板栗需50～60天。待种子开始萌动时，及时取出播种。还有一些种子，如山楂、橄榄、葡萄种子的种壳，不易吸水膨胀开裂，层积前需进行机械的、物理的或化学方法处理使其发芽。也有的种子种胚发育不全，如银杏采收后需经4～5个月的后熟，种胚才能成熟。

表2-2 主要果树砧木种子的层积时间（天）

砧木种类	层积时间	砧木种类	层积时间
湖北海棠	30～35	猕猴桃	60～90
山定子	25～90	山桃、毛桃	80～100
秋子梨	40～60	中国樱桃	90～150
杜梨	60～80	中国李	80～120
板栗	100～150	杨梅	150～180

4. 种子生活力的鉴定

为了确定种子质量和播种量，应在层积前或播种前对种子的生活力进行鉴定。常用的鉴定方法有目测种子质量、发芽试验。

① 目测种子质量：直接观察种子，凡种粒饱满，种皮有光泽，粒重而有弹性，胚及子叶呈乳白色的种子，为生活力强的种子；而种粒瘦小，种皮发白且发暗无光泽，弹性小或无弹性，胚及子叶变黄或污白，都是生活力减退或失去生活力的种子。

② 发芽试验：可直接测定种子发芽能力。供测定的材料必须是无休眠或已解除休眠的种子，每次使用50～100粒种子，重复3～5次。每次种子分别放在垫有吸水纸的4个培养皿中，将种子均匀地分布其上，置于培养箱内，保持恒定温度在20 ℃～25 ℃。每天检查1次，记载发芽种子数，注意补充水分。计算发芽率，判断种子的活力。

5. 播种

(1) 苗床准备

苗床应在前一年秋冬清除植物残体,通过平整土地消灭圃地杂草和病虫,深翻熟化土壤,耕翻不宜过深,一般达 25 cm 即可,以控制主根生长过长,促使侧根生长。整地时,结合道路与排灌沟渠,开好围沟、腰沟,多雨地区可用高床,少雨地区可用平床,要求床面平整,以利灌溉,床面宽度一般为 1.0~2.0 m。播种前要施好基肥,一般每亩施堆肥 2 000~3 000 kg,草木灰 150~200 kg,过磷酸钙 20~25 kg。

(2) 播种期

适宜播种期的确定,应能保证种子顺利发芽,提高发芽率,出苗整齐,苗子生长健壮,抗逆性强。一般温带地区可分春播和秋播,在亚热带地区以南可全年播种。采用春播或秋播要根据当地的土壤、气候条件和种子特征决定。在土质好、温度适宜、冬季不寒冷的地区,宜实行秋播,秋播种子能在田间通过后熟,翌春出苗较早,生长期较长,生长快而健壮,但在秋冬风沙大、严寒、土壤黏重的情况下,则不宜秋播。许多常绿果树采种后,种子容易丧失发芽力,应随采随播。例如,枇杷常在 4~6 月播种,龙眼、荔枝、杧果于 6~9 月播种。

长江流域春播时期一般在 2 月下旬至 3 月下旬,秋播时期一般在 11 月上旬至 12 月下旬。

(3) 播种方式方法

种子播种可分为大田直播和畦床播种两种方式。大田直播可以平作,也可以垄作,播后不进行移栽,就地成苗或供作砧木进行嫁接培育成苗出圃。畦床播种时整地较细,可节省用地,也便于管理,幼苗期再进行移栽,或秋季起苗后翌春再行嫁接育苗。

播种的方法有撒播、条播和点播等多种。小粒种子,如山定子、柑橘等可用撒播,播种前,于畦上施腐熟肥料,与土壤充分混合后,整平,灌足水分,再撒播种子,然后盖土,并覆盖稻草或薄膜。条播是按一定的行距开沟播种,在苗床上开横沟,沟深 3~4 cm,沟距 10~15 cm,将种子均匀播在沟内,然后盖土覆草灌水。点播一般应用于大粒种子,如桃、杏、板栗等,点播的种子分布均匀,营养面积大,生长快,苗木质量好,缺点是产苗量低,工作量大。点播一般畦宽 1 m,每畦播 2 行,行距 50 cm,株距 20 cm,按行距开沟点播。点播时应注意种子放置方向,核桃应将种子侧放,使缝合线与地面垂直,板栗应以腹面朝下,这样利于幼苗出土和生长。

播种深度因种子大小、气候条件和土壤性质的不同而有所差异。覆土深度一般为种子直径的 2~4 倍,柑橘、枳、杜梨种子覆土为 2~3 cm,桃、板栗种子为 4~5 cm。在干旱地区的播种深度要稍深,在潮湿地区、土壤黏重可稍浅。秋、冬季播种比春季播种可稍深。

(4) 播种量

播种量是指单位面积内所用种子数量。播种量的大小直接影响出苗量的多少和成本的高低,通常用"千克/亩"来表示,主要依据计划育苗数量、株行距离、种子大小、种子纯净度、种子发芽率等因素来决定,生产上实际播种量都比计算的要高,常用的主要果树和砧木种子每千克粒数及播种量列于表 2-3 以供参考。计算每亩播种量的公式如下:

$$每亩播种量(kg) = \frac{每亩计划育苗数}{每千克种子粒数 \times 种子发芽率 \times 种子纯洁率}$$

表 2-3　主要果树砧木种子每千克粒数及播种量

树种	每千克种子粒数	播种量（千克/亩）
枳	4 400~6 000	10~15
枇杷	500~5 400	40~50
杨梅	1 000~2 000	15~20
杜梨	70 000~90 000	2.0~2.5
豆梨	80 000~90 000	2.0~2.5
湖北海棠	50 000~60 000	1.0~1.5
毛桃	200~400	30~50
君迁子	3 400~8 000	5~10
板栗	120~300	100~150

（5）苗期管理

苗期管理十分重要，关系到果苗健壮成长，应主要做好以下几个方面的工作：

① 检查出苗情况。种子播下后要及时检查出苗情况，及时补种或补栽。

② 间苗。通常播种后出土的幼苗数量都大于计划培育的幼苗数，在幼苗密集的地方要及时间苗，以调整幼苗密度，使幼苗在良好的通风、营养和光照条件下整齐健壮生长。一般间苗分两次进行，第一次间苗在幼苗出现 3~4 片真叶时，适当拔除。第一次间苗后 2~3 周便可第二次间苗，结合最后留苗量进行间苗。

③ 施肥。在种子发芽长出 2~3 片真叶时，或幼苗移栽成活后，应追施稀薄粪水，以后每隔 15~20 天追肥一次，促使幼苗迅速生长。

④ 中耕除草。为保持育苗地土壤疏松，保蓄水分，促进幼苗根部空气交换，应及时松土。同时结合松土除草，使养分和水分不为杂草所消耗。

⑤ 防治病虫害。苗圃地病虫种类较多，应及时防治。

⑥ 其他方面。注意防涝、防旱，及时抹芽、摘心，促进苗木健壮生长，达到出圃的规格。

2.1.2　嫁接苗的培育技术

1. 嫁接苗的特点和利用

通过嫁接技术将优良品种的枝或芽接到另一植株的枝、干或根上，接口愈合长成一个新的植株称为嫁接苗。用作嫁接的枝或芽称为接穗（芽），承受接穗（芽）的部分称为砧木。

嫁接繁殖主要是为了保持栽培品种的优良经济性状，提早结果年限，克服有些果树用其他方法不易繁殖的困难，利用砧木的风土适应性，扩大栽培区域，抗病免疫，预防病虫等。

在果树生产中，利用砧木调节树势，使果树矮化或乔化，增强抗性，满足栽培上的不同需要；利用接根的办法，救伤防衰，恢复树势；利用嫁接更换品种；利用嫁接技术加快新品种的推广应用。所以嫁接苗在生产上的应用是最广泛的。

2. 嫁接繁殖的生物学原理

嫁接繁殖的过程是由亲缘关系很近的砧木和接穗能够亲合，嫁接后砧、穗密切愈合，使接穗和砧木彼此长在一起而成活。其主要机制是在砧木和接穗伤口的表面,由死细胞的残留物形成一层褐色的薄膜,由于愈伤激素的作用,刺激伤口周围的薄壁细胞生长和分裂,形成愈伤组织,两者的愈伤组织细胞相互连接,并进一步分化,把形成层连接起来,分化增殖向内形成新木质部,向外形成新的韧皮部,这样将两者的导管与导管、筛管与筛管相互沟通,同时愈伤组织外部的细胞也分成新栓皮细胞,与两者栓皮细胞相连接,这时砧木与接穗愈合成一个新植株。

3. 提高嫁接成活率的方法

影响嫁接成活率的因子有很多,在生产中主要注意如下几点:

首先是选择生长充实的砧木与接穗。砧木、接穗的生活力和生理特性,是影响嫁接成活的因素之一,一般树体生长健壮,器官发育充实,体内贮藏营养物质多,嫁接容易成活。所以嫁接时要选用木质化程度高,适合本地环境条件,生长充实的枝条作接穗,在一个接穗上也宜选用充实部位的芽或枝进行嫁接。

其次选择适宜的季节进行嫁接。各种果树形成愈伤组织的最适宜温度有所不同,一般以20 ℃~25 ℃为宜,温度过高或过低,愈合均会缓慢,甚至引起细胞的损伤或愈伤组织死亡。空气湿度对愈伤组织的形成也有影响,过干、过湿都不利于愈伤组织的形成。伤面在饱和湿度下,对愈伤组织的形成有促进作用。因此,宜用薄膜包扎。强光直射能抑制愈伤组织的产生,黑暗则有促进作用。故而以春、秋两季树液流动旺盛期嫁接较好,但柿、板栗等果树嫁接期宜在春季树液流动前或休眠期嫁接较好。

最后嫁接技术要好,嫁接技术的优劣直接影响嫁接成活率。嫁接技术关键点可总结为五字,即快、平、准、紧、严。"快"是指嫁接刀快和嫁接动作快,以使削面平滑并避免削面长时间暴露在空气中造成伤口氧化褐化;"平"是指嫁接伤口或削面保持平滑,以使接穗和砧木之间的空隙尽量减小;"准"是指砧木和接穗的形成层要对准,以有利于二者愈伤组织尽快对接,这一点并非绝对,有些树种愈伤组织形成的主体并非形成层,如银杏和草本植物;"紧"是指嫁接口绑扎一定要紧,以使接穗和砧木的削面紧密接触有利于二者愈伤组织的对接,并使砧木和接穗按要求固定起来,不会因外力作用而错位或掉下来;"严"主要是从保湿的角度考虑,只要能起到保湿效果即可,不能过严,否则易造成嫁接口呼吸作用受阻,特别对于葡萄等需氧量大的树种更要注意这一点。在嫁接过程中,接穗处于离体状态,更容易失水,其保湿尤为重要,因此最好在嫁接前用石蜡封住上剪口或在包扎时将薄膜绕于上剪口,防止从剪口流失水分。

4. 嫁接前的准备

嫁接前必须做好工作准备,主要从砧木选择、接穗的采集及嫁接工具的准备等方面开展工作。

(1) 砧木的选择与准备

不同类型的砧木对气候、土壤环境条件的适应能力是不一样的。不同砧木对各种自然条件的适应能力,是在原产地的自然条件下,长期自然驯化而形成的生物学特性。所以在一定的地势、土壤、气候等条件下选出的砧木,一般只能用于当地或与当地环境条件差异不大的地区,不能无限扩大。选择砧木时,尽可能地采用当地应用较好的砧木,应根据与接穗的亲合性好,对接穗的生长、结果有良好影响,如生长健壮、丰产、优质、长寿;对栽培地区的环境条件适应能力强,如抗旱、抗涝、抗寒、抗盐碱、抗病虫等;易于大量繁殖;具有特殊需要的性状等来选择。生产常用砧木介绍见表2-4。

表2-4　生产常用砧木

树　种	名　称
柑橘	枳、酸橙、香橙
梨	杜梨、豆梨、川梨、砂梨
苹果	山定子、湖北海棠
桃	毛桃、李
葡萄	巨峰、河岸葡萄
枇杷	枇杷、石楠、榅桲
杨梅	杨梅
板栗	板栗、茅栗、锥栗
李	山桃、中国李、杏
柿	君迁子、油柿、普通柿

（2）接穗的采集与贮藏

接穗应根据品种区域化的要求，选择适于定植地的优良品种。接穗一般从母本园或采穗圃的母株上采集，母株应是经过选择、鉴定，品种纯正、生长健壮、丰产无病虫的成年植株。枝条应选择生长充实、芽眼饱满的一年生营养枝。高温时期最好在早晨或傍晚采取，并去掉叶片及尖端不充实部分。

采取接穗后，如需贮藏，常规贮藏办法是穗条采回整理后，要及时放在低温保湿的深窖或山洞内贮藏，温度要求低于4 ℃，湿度达90%以上，在窖内贮藏时，应将穗条下半部埋在湿沙中，上半截露在外面，捆与捆之间用湿沙隔离，窖口要盖严，保持窖内冷凉，这样可贮至5月下旬到6月上旬，在贮藏期间要经常检查沙子的温湿度，防止穗条发热霉烂或失水风干。若无地窖也可在土壤结冻前在冷凉高燥背阴处挖贮藏沟，沟深80 cm，宽100 cm，长度依穗条多少而定。入沟前先在沟内铺2～3 cm的干净河沙（含水量不超过10%），穗条倾斜摆放沟内，充填河沙至全部埋没，沟面上盖防雨材料。也可将整理好的穗条放入塑料袋中，填入少量锯末、河沙等保湿物，扎紧袋口，置于冷库中贮藏，温度保持3 ℃～5 ℃。其优点是省工、省力，缺点是接穗易失水，影响成活率。还有一种方法即蜡封接穗法。其目的是：使接穗减少水分的蒸发，保证接穗从嫁接到成活一段时间的生命力。其方法是接穗采集后，按嫁接时所需的长度进行剪截，一般接穗枝段长度为10～15 cm，保留3个芽以上，顶端具饱满芽，枝条过粗的应稍长些，细的不宜过长。剪穗时应注意剔除有损伤、腐烂、失水及发育不充实的枝条，并且对结果枝应剪除果痕。封蜡时先将工业石蜡放在较深的容器内加热融化，待蜡温95 ℃～102 ℃时，将剪好的接穗枝段一头迅速在蜡液中蘸一下（时间在1秒以内，一般为0.1秒），再换另一头速蘸。要求接穗上不留未蘸蜡的空间，中间部位的蜡层可稍有重叠。注意蜡温不要过低或过高，过低则蜡层厚，易脱落，过高则易烫伤接穗。蜡封接穗要完全凉透后再收集贮存，可放在地窖、山洞中，要保持窖内温度及湿度。凡从外地调运接穗，必须检疫。

（3）嫁接工具准备

嫁接用的工具主要有：枝剪、修剪刀、嫁接刀、磨刀石、工具箱、缚扎材料、湿布、小凳等。高接还应有采果梯、环割剪。所有工具都应在嫁接前做好准备，尤应磨好足够数量的嫁接刀,以利提高嫁接成活率及工作效率。

5. 嫁接方法

嫁接方法很多,依接穗利用情况,分芽接和枝接;根据嫁接部位不同,分根接、根茎接、二重接、腹接、高接;从接口形式分,有劈接、切接、插皮接、嵌芽接、舌接、靠接等,但基本的嫁接方法是芽接和枝接。

(1) 芽接

以芽片为接穗的繁殖方法,包括"T"字形芽接、嵌芽接和方块形芽接。

① "T"形芽接

因砧木的切口很像"T"字,也叫"T"字形芽接。又因削取的芽片呈盾形,故又称盾形芽接。"T"形芽接是果树育苗上应用广泛的嫁接方法,也是操作简便、速度快和嫁接成活率最高的方法。芽片长1.5~2.5 cm,宽0.6 cm左右;砧木直径在0.6~2.5 cm之间,砧木过粗、树皮增厚反而影响成活。

具体操作如图2-1。左手拿接穗,右手拿芽接刀。选接穗上的饱满芽,先在芽上方0.5 cm处横切一刀,切透皮层,横切口长0.8 cm左右。再在芽以下1~1.2 cm处向上斜削一刀,由浅入深,深入木质部,并与芽上的横切口相交。然后用右手抠取盾形芽片。开砧:在砧木距地面5~6 cm处,选一光滑无分枝处横切一刀,深度以切断皮层达木质部为宜。再于横切口中间向下竖切一刀,长1~1.5 cm。用芽接刀尖将砧木皮层挑开,把芽片插入"T"形切口内,使芽片的横切口与砧木横切口对齐嵌实。用塑料条捆扎:先在芽上方扎紧一道,再在芽下方捆紧一道,然后连缠三四下,系活扣。注意露出叶柄,露芽不露芽均可。

1:削取芽片;2:剥下芽片;
3:插入芽片;4:绑缚状态

图2-1 "T"字形芽接示意图

② 嵌芽接

在砧、穗均难以离皮时采用嵌芽接。选健壮的接穗,在芽上方1 cm处向下向内斜削一刀,达到芽的下方1 cm处,然后在芽下方0.5 cm处向下向内斜削到第一刀削面的底部,取下芽片,在砧木平滑处,用削取芽片的同一方法,削成与带木质部芽片等大的切口,将砧木上被削掉的部分取下,把芽"嵌"进去,使接芽与砧木切口对齐,然后用塑料条绑紧。具体操作见图2-2。

③ 方块芽接

主要用于核桃、柿树的嫁接。用双刀片在芽的上下方各横切一刀,使两刀片切口恰在芽的上下各1 cm处,再用一侧的单刀在芽的左右各纵割一刀,深达木质部,芽片宽1.5 cm,用同样的方法在砧木的光滑部位切下一块表皮,迅速放入接芽片使其上下和一侧对齐,密切结合,然后用塑料条自下而上绑紧即可。

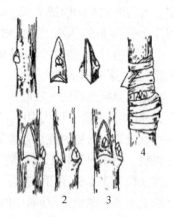

1:削接芽;2:削砧木接口;
3:插入接芽;4:绑缚

图2-2 嵌芽接示意图

（2）枝接

以枝段为接穗的繁殖方法。枝接季节多在惊蛰到谷雨前后，砧木芽开始萌动但尚未发芽前。有些树种要到发芽后至展叶期或更晚，如板栗的插皮接、核桃的劈接或葡萄的绿枝接。枝接的优点是成活率高、接苗生长快，但比较费接穗，要求砧木要粗。

① 切接

此法适于较细的砧木，在适宜嫁接的部位将砧木剪断，剪锯口要平，然后用切接刀在砧木横切面的三分之一左右的地方垂直切入，深度应稍小于接穗的大削面，再把接穗剪成有 2~3 个饱满芽的小段，将接穗下部的一面削成长 3 cm 的大斜面（与顶芽同侧），另一面削一长约 1 cm 的小削面，削面必须平，迅速将接穗按大斜面向里、小斜面向外的方向插入切口，使砧穗形成层贴紧，然后用塑料薄膜绑好。具体操作见图 2-3。

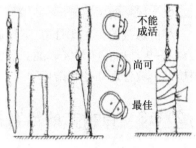

图 2-3 切接示意图

② 腹接

多用于填补植株的空间，一般是在枝干的光秃部位嫁接，以增加内膛枝量，补充空间。嫁接时先在砧木树皮上切以 T 形切口，深达木质部，横切口上方树皮削一三角形或半圆形坡面，便于接穗插入和靠严，切口部位一般在稍凸的地方或弯曲处的外部，砧木直立或较粗时 T 形切口以稍斜为好。腹接接穗应选略长、略粗、稍带弯曲的为好。选一年生生长健壮的发育枝作接穗，每段接穗留 2~3 个饱满芽，用刀在接穗的下部先削一长 3~5 cm 的长削面，削面要平直，再在削面的对面削一长 1~1.5 cm 的小削面，使下端稍尖，接穗上部留 2~3 个芽，顶端芽要留在大削面的背面，削面一定要光滑，芽上方留 0.5 cm 剪断，在砧木的嫁接部位用刀斜着向下切一刀，深达木质部的 $\frac{1}{3}$ ~ $\frac{2}{3}$ 之处，然后迅速将接穗大削面插入砧木削面里，使形成层对齐，用塑料布包严即可。

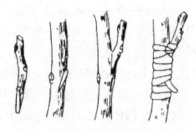

图 2-4 腹接示意图

6. 嫁接苗的管理

（1）喷药防虫

嫁接后至发芽期最易遭受早春害虫的为害，要及时喷药防治。

（2）除萌蘖补接

嫁接后十几天砧木上即开始发生萌蘖，如不及时除掉会严重影响接穗成活后的生长。除萌蘖要随时进行，对小砧木上的要除净，大砧木上的如光秃带长，应在适当部位选留一部分萌枝，第二年嫁接，如砧木较粗又接头较小，则不要全部抹除，在离接头较远的部位适当保留一部分，以利长叶养根。嫁接十天后要及时检查，对未成活的要及时补接。

（3）松绑与解绑

一般接后新梢长到 30 cm 时，则应及时松绑，否则易形成缢痕和风折。若伤口未愈合，还应重新绑上，并在 1 个月后再次检查，直至伤口完全愈合再将其全部解除。

(4) 绑支棍防风

在第一次松绑的同时,用直径3 cm、长80~100 cm的木棍,绑缚在砧木上,上端将新梢引缚其上,每一接头都要绑一支棍,以防风折。采用腹接法留活桩嫁接,可将新梢直接引缚在活桩上。

(5) 摘心

8月末摘心以促进新梢成熟,提高抗寒能力。

(6) 嫁接幼树追肥

小苗嫁接的要在5月中、下旬追肥一次,大树高接的在秋季新梢停长后追肥,各类型嫁接树8~9月喷药(0.3%磷酸二氢钾)2~3次,有利于防止越冬抽条及下年雌花形成,同时要搞好土壤管理和控制杂草。

2.1.3 自根苗的培育技术

1. 自根苗的特点

采用扦插、压条和分株方法等无性繁殖方法获得的苗木称为自根苗。自根苗的根系不是由胚根生成的,而是由不定根发育而成的。自根苗的发育阶段是母株阶段发育的继续,阶段性已经成熟,能保持母株的优良经济性状。其特点是自根苗没有主根,也没有真正的根颈,变异小,进入结果期较早,一般根系较浅,寿命较短,繁殖方法简便,应用广泛。

不定根和不定芽发生的部位均有极性现象。一般枝或根总是在其形态顶端抽生新梢,下端生根,因此扦插时要特别注意不要倒插。

2. 自根苗生物学基础

自根繁殖主要是利用植物器官的再生能力生根或发芽而形成一株完整的新的植株。无论采取扦插、压条或分株中的哪一种方法,能否成活关键在于茎上能否发生不定根或根上能否发出不定芽。多年生果树的不定根通常在枝条的次生木质部产生。有的果树其不定根从形成层和髓射线交界处产生,而葡萄主要是从中柱鞘与髓酶线交接部分的细胞分裂而产生。不定芽的发生没有一定的位置,在根、茎、叶上都可能分化发生,但大多是在根上发生。

3. 自根苗的繁殖方法

(1) 扦插繁殖

扦插繁殖是指切取植物的枝条或根的一部分,插入基质中,使其生根、萌芽、抽枝,长成为新植株的繁殖方法。

① 种类及方法

a. 茎插

(a) 硬枝扦插:指使用已经木质化的成熟枝条进行的扦插,如葡萄、石榴、无花果等。

(b) 嫩枝扦插:又称绿枝扦插。以生长季枝梢为插条,通常5~10 cm长,组织以老熟适中为宜(木本类多用半木质化枝梢),过于幼嫩易腐烂,过老则生根缓慢。嫩枝扦插必须保留一部分叶片,若全部去掉叶片则难以生根,叶片较大的种类,为避免水分过度蒸腾可将叶片剪掉一部分。切口位置应靠近节下方,切面光滑。多数宜于扦插之前剪取插条,但多浆植物务使切口干燥半天至数天后扦插,以防腐烂。无花果、柑橘等可采用此法繁殖。

b. 根插

利用根上能形成不定芽的能力扦插繁殖苗木的方法。用于那些枝插不易生根的种类。果树和宿根花卉可采用此法,如枣、柿、山楂、梨、李、苹果等果树。一般选取粗 2 mm 以上,长 5~15 cm 的根段进行沙藏,也可在秋季掘起母株,贮藏根系过冬,翌年春季扦插。冬季也可在温床或温室内进行扦插。根抗逆性弱,要特别注意防旱。

② 促进生根的方法

a. 机械处理

(a) 剥皮:对木栓组织比较发达的枝条(如葡萄),或较难发根的木本园艺植物的种和品种,扦插前可将表皮木栓层剥去(勿伤韧皮部),对促进发根有效。剥皮后能增加插条皮部吸水能力,幼根也容易长出。

(b) 纵伤:用利刀或手锯在插条基部一两节的节间处刻画五六道纵切口,深达木质部,可促进节部和茎部断口周围发根。

(c) 环剥:在取插条之前 15~20 天对母株上准备采用的枝条基部剥去宽 1.5 cm 左右的 1 圈树皮,在其环剥口长出愈合组织而又未完全愈合时,即可剪下进行扦插。

b. 黄化处理

对不易生根的枝条在其生长初期用黑纸、黑布或黑色塑料薄膜包扎基部,能使叶绿素消失,组织黄化,皮层增厚,薄壁细胞增多,生长素积累,有利于根原体的分化和生根。

c. 浸水处理

休眠期扦插,插前将插条置于清水中浸泡 12 小时左右,使之充分吸水,插后可促进根原始体形成,提高扦插成活率。

d. 药物处理

应用人工合成的各种植物生长调节剂对插条进行扦插前处理,不仅生根率、生根数和根的粗度、长度都有显著提高,而且苗木生根期缩短,生根整齐。常用的植物生长调节剂有:吲哚丁酸(IBA)、吲哚乙酸(IAA)、萘乙酸(NAA)、2,4-D、2,4,5-TP 等。使用方法有涂粉法和液剂浸渍法。涂粉法:以研匀的惰性粉末(滑石粉或黏土)为载体,配合量为 500~2 000 mg/kg。使用时先将插条基部用水蘸湿,再插入粉末中,使插条基部切口黏附粉末即可扦插。液剂浸渍法:配成水溶液(不溶于水的,先用乙醇配成原液,再用水稀释),分高浓度(500~1 000 mg/L)和低浓度(5~200 mg/L)两种。低浓度溶液浸泡插条 4~24 小时,高浓度溶液快蘸 5~15 秒。

此外,ABT 生根粉是多种生长调节剂的混合物,是一种高效、广谱性促根剂,可应用于多种园艺植物扦插促根。1 g 生根粉能处理 3 000~6 000 根插条。

③ 扦插技术

a. 插条贮藏

硬枝插条若不立即扦插,可按 60~70 cm 长剪裁,每 50 或 100 根打捆,并标明品种、采集日期及地点。选地势高燥、排水良好地方挖沟或建窖以湿沙贮藏,短期贮藏置阴凉处湿沙埋藏。

b. 扦插时期

不同种类的果树扦插适期不一。一般落叶果树硬枝插在 3 月份,嫩枝插在 6~8 月份,常绿果树多夏季扦插(7~8 月)。

c. 扦插方式

一般露地分成畦插和垄插。畦插,一般畦床宽 1 m,长 8~10 m,株行距(12~15)cm×(50~60)cm,每公顷插 120 000~150 000 条,插条斜插于土中,地面留 1 个芽。垄插,垄宽约 30 cm,高 15 cm,垄距 50~60 cm,株距 12~15 cm,每公顷插 120 000~150 000 条,插条全部插于垄内,插后在垄沟内灌水。

d. 插床基质

易于生根的树种如葡萄等对基质要求不严,一般壤土即可。生根慢的种类及嫩枝扦插,对基质有严格的要求,常用蛭石、珍珠岩、泥炭、河沙、苔藓、林下腐殖土、炉渣灰、火山灰、木炭粉等。用过的基质应在火烧、熏蒸或杀菌剂消毒后再用。

e. 插条的剪截

在扦插繁殖中,插条剪截的长短对成活率及生长率有一定的作用。在扦插材料较少时,为节省插条,需寻求扦插插条最适宜的规格。一般来讲,落叶果树休眠枝长 15~20 cm,常绿果树枝长 10~15 cm。插条的切口,下端可剪削成双面楔型或单面马耳朵形,或者平剪,一般要求靠近节部。剪口整齐,不带毛刺。还要注意插条的极性,上下勿颠倒。

f. 扦插深度与角度

扦插深度要适宜,露地硬枝插过深,地温低,氧气供应不足;过浅易使插条失水。一般硬枝春插时上顶芽与地面平,夏插或盐碱地插使顶芽露出地表,干旱地区扦插,插条顶芽与地面平或稍低于地面。嫩枝插时,插条插入基质中 1/3 或 1/2。扦插角度一般为直插,插条长者可斜插,但角度不宜超过 45°。扦插时,如果土质松软,可将插条直接插入;如果土质较硬,可先用木棒按株行距打孔,然后将插条顺孔插入并用土封严实,也可向苗床灌 1 次透水,使土壤变软后再将插条插入。已经催根的插条,如不定根已露出表皮,不要硬插,需挖穴轻埋,以防伤根。

(2) 压条繁殖

压条繁殖是在枝条不与母株分离的情况下,将枝梢部分埋于土中,或包裹在能发根的基质中,促进枝梢生根,然后再与母株分离成独立植株的繁殖方法。这种方法不仅适用于扦插易活的树种,对于扦插难于生根的树种、品种也可采用。因为新植株在生根前,其养分、水分和激素等均可由母株提供,且新梢埋入土中又有黄化作用,故较易生根。其缺点是繁殖系数低。采用一些方法可以促进压条生根,如刻伤、环剥、绑缚、扭枝、黄化处理、生长调节剂处理等。压条方法有直立压条、曲枝压条和空中压条。

① 直立压条

直立压条又称垂直压条或培土压条。苹果和梨的矮化砧、石榴、无花果等,均可采用直立压条法繁殖。现以苹果矮化砧的压条繁殖为例说明如下:第一年春天,栽矮化砧自根苗,按 2 m 行距开沟作垄,沟深、宽均为 30~40 cm,垄高 30~50 cm。定植当年因长势较弱,粗度不足,可不进行培土压条。第二年春天,腋芽萌动前或开始萌动时,母株上的枝条留 2 cm 左右剪截,促使基部发生萌蘖。当新梢长到 15~20 cm 时,进行第一次培土,培土高度约 10 cm,宽约 25 cm。培土前要先灌水,并在行间撒施腐熟有机肥和磷肥。培土时对过于密集的萌蘖新梢进行适当分散,使之通风透光。培土后注意保持土堆湿润。约 1 个月后新梢长到 40 cm 时第二次培土,培土高约 20 cm,宽约 40 cm。一般培土后 20 天左右生根。入冬前即可分株起苗。起苗时先扒开土堆，自每根萌蘖基部，靠近母株处留2 cm短桩剪截，未生根萌蘖梢也同时短截、起苗后盖土。翌年扒开培土，继续进行繁殖。直立压条法培土简单，建圃初期繁殖系数较低，以后随母株年龄的增长，繁殖系数会相应提高。

② 曲枝压条

葡萄、猕猴桃、树莓、苹果、梨和樱桃等果树均可采用此法繁殖。可在春季萌芽前进行，也可在生长季节枝条已半木质化时进行。由于曲枝方法不同又分水平压条法、普通压条法和先端压条法。

a. 水平压条法

采用水平压条时，母株按行距1.5 m，株距30~50 cm定植。定植时顺行向与沟底呈45°角倾斜栽植。定植当年即可压条。压条时将枝条呈水平状态压入5 cm左右的浅沟，用枝杈固定，上覆浅土。待新梢生长至15~20 cm时第一次培土。培土高约10 cm，宽约20 cm。1个月左右后，新梢长到25~30 cm时，第二次培土，培土高15~20 cm，宽约30 cm。枝条基部未压入土内的芽处于优势地位，应及时抹去强旺萌蘖。至秋季落叶后分株，靠近母株基部的地方，应保留一两株，供来年再次水平压条用。水平压条在母株定植当年即可用来繁殖，而且初期繁殖系数较高，但须用枝杈，比较费工。

b. 普通压条

有些藤本果树如葡萄可采用普通压条法繁殖。即从供压条母株中选靠近地面的一年生枝条，在其附近挖沟，沟与母株的距离以能将枝条的中下部弯压在沟内为宜，沟的深度与宽度一般为15~20 cm。沟挖好以后，将待压枝条的中部弯曲压入沟底，用带有分杈的枝棍将其固定。固定之前先在弯曲处进行环剥，以利生根。环剥宽度以枝蔓粗度的1/10左右为宜。枝蔓在中段压入土中后，其顶端要露出沟外，在弯曲部分填土压平，使枝蔓埋入土的部分生根，露在地面的部分则继续生长。秋末冬初将生根枝条与母株剪离，即成一独立植株。

c. 先端压条法

果树中的黑树莓、紫树莓，花卉中的刺梅、迎春花等，其枝条既能长梢又能在梢基部生根。通常在早春将枝条上部剪截，促发较多新梢，于夏季新梢尖端停止生长时，将先端压入土中。如果压入过早，新梢不能形成顶芽而继续生长；压入太晚则根系生长差。压条生根后，即可在距地面10 cm处剪离母体，成为独立的新植株。

③ 空中压条

通称高压法，因在我国古代早已用此法繁殖石榴、葡萄、柑橘、荔枝、龙眼等，所以又叫中国压条法。此法技术简单，成活率高，但对母株损伤太重。

空中压条在整个生长季节都可进行，但以春季和雨季为好。办法是选充实的二三年生枝条，在适宜部位进行环剥，环剥后用5 000 mg/L的吲哚丁酸或萘乙酸涂抹伤口，以利伤口愈合生根，再于环剥处敷以保湿生根基质，用塑料薄膜包紧。两三个月后即可生根。待发根后即可剪离母体而成为一个新的独立的植株。

(3) 分株繁殖

利用母体的根蘖、匍匐茎、吸芽等营养器官，在自然状况下生根后，分离栽植的方法称为分株繁殖。在果树上常用的有根蘖分株法、吸芽分株法、匍匐茎分株法。此法繁殖的新植株，容易成活，成苗较快，方法简便，但繁殖系数低。

① 根蘖分株法

李、枣、石榴等易生根蘖，可在休眠期分离栽植。为促使多发生分蘖，可于休眠期或萌发前，将母株树冠外围部分骨干根切断或刻伤，并加强生长期肥水管理，使根蘖苗旺盛生长发根。

② 吸芽分株法

香蕉、菠萝常用此法繁殖。香蕉生长期能从母株地下茎抽生吸芽，茎基部自然生根，生根后在4~5月将其与母株分离栽植。菠萝的地下茎叶腋间能抽生吸芽，选其健壮，并有一定大小的吸芽，切离母体后先行扦插，待生根后移栽。

③ 匍匐茎分株法

草莓地下茎上的腋芽，在形成的当年就能萌发匍匐茎，在匍匐茎的节上发生叶簇和芽，下部生根长成一幼株。夏末秋初将幼株挖出，即可栽植。

4. 自根苗的管理

自根苗的管理重点应放在保证成活，减少养分无效消耗，促进苗木生长和提高苗木质量上。如扦插后，生根前或生根初期吸水能力弱，常因水分不足而枯死，因而在插条未成活前，主要是保证土壤含水量，增加空气湿度，降低光照和气温，以减少蒸腾失水和促进生根。控制空气湿度可采用喷雾、薄膜覆盖，或在雨季扦插。

2.2 其他育苗技术

2.2.1 容器育苗技术

利用各种容器装入培养基质培育苗木称容器育苗。容器育苗，是现代育苗技术的特色之一，近几十年来有很大的发展。容器育苗是利用现代的容器，如盆、袋、篓、篮、筐，以及泥炭、纸浆、塑胶和塑料薄膜袋等材料，作育苗容器，装入科学配方的营养土（或培养基）繁育苗木。营养土容器育苗，具有苗木生长快、移栽成活率高、节省土地、育苗效率高和便于运输等优点。

（1）选择容器

目前，在果树上多选用塑料薄膜袋。一般采用宽18~20 cm，高24~30 cm的黑色或无色塑料薄膜袋作容器，下半部打直径为0.5~1.0 cm的排水孔12~18个，腰部的孔较小，底部的孔较大。育苗容器种类很多，据报道，已有各种类型的容器50多种，归纳起来主要有两大类。一类是容器与苗木一起栽入土中，容器在土中被水、植物根系所分散或被微生物所分解，如泥炭容器、黏土营养杯、蜂窝式纸杯和细毡纸营养杯等；另一类是容器不与苗木一起栽入土中，移苗时可将苗木从容器中取出，然后栽植，如塑料容器（多孔聚苯乙烯的泡沫塑料营养钵、多孔硬质聚苯乙烯营养杯）和金属容器等。现在国内外用以进行枇杷育苗的容器规格不一，一般高度为15~40 cm，其中25~30 cm高的较多；直径为12~25 cm，其中18~22 cm的用得较多。常用的有以下五种：

① 塑料杯：用聚苯乙烯或聚乙烯或聚氯乙烯制成，四周有排水通气孔。这种容器在国

内外应用较广。我国还用无底的塑料薄膜钵(塑料薄膜筒)育苗。

② 泥浆稻草杯：这是用泥浆和切碎的稻草充分混拌后做成的圆筒形土杯。做时将稻草和泥浆混合均匀,糊在木模(可用酒瓶、竹筒或木棒)上,并封上底,然后将模型取出晒干,制成土杯。泥浆稻草杯育苗移栽后,根能穿过袋体进入土中。

③ 纸钵：纸质袋营养体,通常用旧报纸黏合而成的,不用时可以折叠成册。纸袋装上营养土,即可播种。纸钵容易腐烂,不妨碍苗根生长,苗根能穿过纸袋进入土中,正常生长。

④ 育苗袋：这是用聚乙烯薄膜制成的育苗袋,袋内盛以泥炭等基质,所以也称为泥炭袋。在袋底部有很小的排水孔,以利于幼苗生长。育苗袋轻巧,便于运输。采用育苗袋培养苗木,既不掉土,又能渗水,土壤混入牛粪渣等肥料后,装入袋内,苗木根系全在袋内,须根多,枝叶茂,定植时除去塑料袋即可。

⑤ 竹篮：是指用劈削的竹篾所编织成的篮子。按需要可大可小。

(2) 容器育苗营养土的配制

营养土又叫培养土,是容器育苗成败的关键之一。因此,培养土要具备材质轻便(重量小),疏松通气,保水性强,排水良好,多次浇灌后不结块和板结,土壤 pH 弱酸至中性,以适合大部分植物需要,富含有机质,肥料较全面,无病虫、杂草种子等条件。

配制营养土的材料,有自然界的土壤、塘泥、草炭、河沙、园土、腐叶土、泥炭、腐熟堆肥、木屑和其他有机质,以及人造的陶粒、珍珠岩、蛭石、化学纤维与岩棉等。近年来,国外使用垃圾配制营养土,既丰富了营养土原料来源,降低了成本,又为城市垃圾提供了一条广阔出路。

营养土配制,主要根据植物种类及其生长需要的具体情况而定。如我国用于枇杷育苗的营养土,一般是用土 5～6 份,再加一些砻糠灰、细砂和化肥等。树苗培养土用量大,多就地采用火烧土。营养土中还可加入菌根土 10% 左右,过磷酸钙 2%～3%,培育菌根苗木。为使营养土的 pH 稳定,可适当加入缓冲溶液,如腐殖质酸钙、磷酸氢二钾等。如果原配方 pH 不适应,可进行药剂处理,加以调整。如 pH 低时,可加入碳酸钾、苛性钠以及生理碱性肥料,进行调整。pH 过高时,可加入磷酸或生理酸性肥料,进行调整。为防止苗期病害,带有害微生物特别是土传病菌的材料,应于消毒处理后再使用。

营养土可将不同的原料按一定比例混合而成,同时补充所缺乏的适量肥料。大多以腐殖质土和泥炭土为营养土。常用的配方有：腐叶：园土：河沙为 3：5：2；火烧土 78%～88%,腐熟堆肥 10%～20%,过磷酸钙 2%；泥炭土、烧土、黄心土各 1/3；松针土：泥炭土：粉砂土为 1：1：1；泥炭沼泽土 25%～50%,蛭石 6%～25%,再加入 5% 的一般壤土；烧土：锯末：堆肥为 1：1：1；塘泥：粗砂：腐叶：猪粪为 1：1：1：1；火烧土 1/3～1/2,山坡土或黄心土 1/2～2/3 混合。

(3) 容器育苗的培养

每 8～12 只容器为一排,挨个放整齐,畦间走道 50 cm 宽。将经过精选、消毒和催芽的种子播入容器内,每袋(杯)播入种子 2～3 粒。为减少水分蒸发,保持营养土湿度,常用稻草覆盖,待幼苗出土后再及时揭去。一个多月后可定苗,去弱留强,每只容器中只留一株矮壮苗。对缺苗的容器,可结合间苗进行补植。

（4）容器育苗的常规管理

由于容器中装的营养土远比苗圃中的土壤少，其所含的养分远不能满足苗木生长的需要，必须在整个育苗过程中，对苗木经常施肥来补足肥料短缺。施肥方法：将含有一定比例的氮、磷、钾养分的混合肥料，用1∶200的浓度配成水溶液，结合浇水进行施肥。要根据苗木各个生长期的不同要求，不断调整氮、磷、钾比例和施用量。在一定范围内，增加矿质营养，可以促进根系增长，进而促进茎叶生长。但在夏季连续施用氮肥，会过分延长茎叶生长和降低抗性，故在苗高达到一定规格时，必须加以控制，在夏末秋初要停止施用氮肥，维持或增加磷肥的数量，促使苗木封顶和苗干健壮。当苗木进入硬化期以后，恢复使用含氮的混合肥料。可以促进生根和提高苗木体内养分浓度，而不增加苗木地上部分的生长，使苗木具有较高的抗性。

灌水是容器育苗成败的关键环节之一。尤其在干旱地区应更加注意灌水。在幼苗期水量应足，促进幼苗生根，到速生期后期控制灌水量，促其径的生长，使其矮而粗壮，抗逆性强。

容器育苗很少发生虫害，但要注意防治病害，要保持通风以降低空气湿度，并适当使用杀菌剂。

2.2.2 离体快繁

离体快繁也称离体繁殖或微型繁殖，是指通过无菌操作，将植物体的器官、组织乃至细胞等各类材料切离母体，接种于人工配制的培养基上，在人工控制的环境条件下进行离体培养，并经过反复继代，达到周年生产。这种繁殖方法材料来源单一，增殖系数高，增殖周期短，通常需要很少的外植体（切离母体的植物材料统称为外植体），在一年内就可以繁殖数以万计遗传性状一致的种苗，大大提高了繁殖系数，故称之为快繁。对于常规繁殖系数较低的果树作物、名贵的果树品种、稀优的种质资源、优良的单株或新育成的新品种等的快速育苗有重要的应用价值。

离体快繁一般需经过以下四个阶段：第一阶段是无菌体系的建立（也称初代培养或初始培养）；第二阶段是增殖培养，即在较短时间内获得足量的繁殖材料；第三阶段是生根培养，即将大量的繁殖材料诱导生根，使之成为试管内的独立个体；第四阶段是驯化移栽，即将试管内的独立个体移栽到适宜的基质上，在人为控制的环境下逐步适应外界的条件而成为可移植田间的独立个体。以上四个阶段比较起来难度较大或更为关键的是前两个阶段，这两个阶段是植物或植物的组织、器官在试管内生长和在田间生长的互换，常常会有不适应环境的现象出现，严重时会全军覆没。第一阶段是离体快繁的开始，它是离体快繁成功与否的前提，无菌体系建立后才可逐步为第二阶段增殖培养提供大量的繁殖材料；第二阶段是离体快速繁殖的关键，必须经过该阶段才能达到快速繁殖的目的。

2.3 苗木出圃技术

苗木出圃是育苗工作的最后一个重要环节。苗木出圃包括起苗、分级、检疫、消毒、包装、运输和假植等。出圃中的任一环节的工作没有做好，都会影响苗木的质量、栽植以及栽植后的成活率。

2.3.1 起苗

起苗时间因果树种类和地区而不同，北方落叶果树多在秋季幼苗新梢停止生长、枝条木质化、顶芽形成并开始落叶时起苗。南方常绿果树周年均可出圃，但必须在每次新梢停止生长、枝条充分成熟时进行，在生长期起苗必须剪去新梢。无论是秋末冬初还是春季起苗，都应避免伤根。

起苗前几天应做好准备工作。对所育的苗木都应挂牌标明品种、砧木类型、来源、苗龄、起苗时间等。土壤过于干燥时，应充分灌水一次，待土壤稍疏松、干爽后再起苗，这样起苗时较为省力，又可避免起苗时过多地伤根。因果树种类不同，可分为带土和不带土起苗。常绿果树多在生长期起苗，带有多量叶片，最好是带土起苗。落叶果树多在秋季落叶后起苗，起苗时不带土，对成活率影响不大，如苗木较大或就地移栽还是带土成活率高。人工起苗时千万不要用手拔苗，以免损伤须根。

2.3.2 分级

苗木出土后，要尽快按照国家相关苗木标准进行分级，不合格的苗木应留在圃内分大小集中栽植继续培养后才能出圃。在进行苗木分级时，应同时剪除生长不充实的新梢、病虫危害的枝梢，以及起苗时受损伤的根。修剪断根时，剪刀一定要锋利，剪口要平滑，以利伤口愈合。不同树种、品种的出圃规格虽然有所不同，但基本的要求是一致的，即品种纯正，砧木类型一致，地上部枝条健壮、充实，具有一定的高度和粗度，芽眼饱满，地下部的根系发达，须根多，断根少，没有严重的病虫害和机械损伤，更没有检疫对象，嫁接苗的接合部位愈合良好。

2.4 建园技术

果树是多年生深根性植物，栽植后要在固定地方生长十几年或几十年。因此，在建园之前，必须对地形、土质、土层、水利条件等影响果树生长发育的重要条件加以选择，要选择和利用有利于果树的各种条件。园地选择要因地制宜利用土地资源，科学规划，便于田间管理和轻简化栽培,适地适树,为果树优质、高产、高效创造良好的生态条件。

2.4.1 园地规划建设

1. 园地规划

果园的规划,通常包括生产小区的划分、道路系统的安排、排灌系统的设置、防护林的营造、建筑物的规划等内容。

2. 栽植小区

为了便于管理和有利于果树生长,果园常划分为若干个作业区,或称小区。小区的形状通常以长方形为宜,其长边与短边的比可为 2∶1 或 5∶3~5∶2,以便于机械化操作,其长边即小区走向应与防护林的走向一致,可减轻风害。小区的大小因当地的地形、地势、土壤及气候等自然条件而定。山地自然条件差异大,灌溉和运输不方便,小区面积宜小,一般 1~4 hm² 为一小区;平原、高原、地势平坦的地带,小区面积可大至 6~12 hm²。

3. 道路、包装场和建筑物

道路应以建筑物为中心,便于全园的管理和运输。道路由干路、支路和小路组成。干路贯穿全园,并与公路、包装场等相接。山地果园的道路可呈"之"字形绕山而上,上升的坡度不要超过 7°。干路路面宽 6~8 m。支路是果园小区之间的通路,需沿坡修筑,路面宽 4~6 m。小路又称作业道,是田间作业用道,如行驶小车或机动喷雾器等,路面宽 2 m 左右。

包装场尽可能设在果园的中心位置,药池和配药场宜设在交通方便处或小区的中心。如山地果园,畜牧场应设在积肥、运肥方便的稍高处,包装场、贮藏库等应设在稍低处,而药物贮藏室则应设在安全的地方。

4. 防护林带

防护林的主要作用是阻挡气流,降低风速,减少对果树的伤害,同时还可以减少土壤水分蒸发,防止风蚀和冲刷,从而改善生态环境,有利于果树生长发育。

防风林带的有效防风距离为树高的 25~35 倍,由主、副林带相互交织成网格。主林带是以防护主要有害风为主,其走向垂直于主要有害风的方向,如果条件不许可,交角在 45°以上也可。副林带则以防护来自其他方向的风为主,其走向与主林带垂直。林带栽植的行数可根据风的大小而定,主林带 5~8 行,副林带(与主林带垂直)2~4 行,采用乔木和灌木混栽的形式。乔木林带在果园南侧者,距果树至少应保持 10~15 m,以免林带遮阴,影响果树的生长发育。林带与果树间的空地,可种植绿肥或设置道路。

防护林的树种应选择适应当地风土条件、生长速度快、寿命长、没有与果树相同病虫害、经济价值高的树种,如香樟树、杉树、女贞、桉树、油茶、毛樱桃、山花椒等树种。防护林乔木树种的株行距可为 1 m×(1.5~2.5)m,灌木可为 0.5 m×(1~1.5)m。

5. 排灌系统

丘陵山地果园大多是利用水库、塘坝拦截地面径流蓄水灌溉,或在有河处截潜流,或利用山地泉水抽水灌溉,或将灌水沟设在梯田埂旁,排水沟放在梯田内侧。灌溉渠道由干渠、支渠和灌水沟组成。干渠的位置要高,缓坡丘陵山地一般设在分水岭或上坡,平地设在干路的一侧,坡降一般为千分之一;支渠设在支路的一侧,坡降一般不超过千分之三,以使水流速度适宜。灌溉渠道应本着就地取材、节约的原则修筑,并应尽量做到实用、耐久、减少渗漏。应由山上往下逐个梯田面灌溉,由上个梯田面到下一个梯田面之间,要修好跌水口,以免冲刷损坏梯田壁。地下水位高、易积水的平地果园,应重视排水系统的设置,挖排水沟和排水干沟与园外相连,以便及时排涝。排灌系统要与小区的形式、方向以及道路系统相配合,丘陵山区可利用自然切沟为总排水沟。

2.4.2 树种品种选择

选择树种品种时要注意两点,一是必须适应当地的自然条件,二是必须有较高的栽培价值。一个优良的品种必须具备适应当地自然条件、丰产、质优和抗性强等特点。为了改变品种的组成,需从外地引种时,要了解该品种的生物学特性,看本地条件是否适应再行引种,经过试栽成功后才能推广到生产上。栽培价值受品种的经济性状、适应能力及人们对产品的需求情况等制约。

2.4.3 苗木栽植

1. 栽植方式与密度

(1) 栽植方式

栽植方式要符合充分合理利用土地和光能,便于机械化管理的要求。常用的栽植方式有以下5种:

① 等高栽植:是丘陵山地果园常用的一种形式。果树按等高线栽植,有利于水土保持,管理也很方便。

② 长方形栽植:行距大,株距小。由于行间距离大,通风透光好,便于耕作和间作;株距小能减少风害,增加株数。

③ 带状栽植:以两行或几行作为一带,带与带间距离加大,带内株数较多,可以合理密植。

④ 三角形栽植:按等边或等腰三角形栽植。在许多较宽的山地梯田或撩壕果园,利用这种形式可以充分利用空间,光照好。

⑤ 正方形栽植:株、行距相等,是过去采用较多的方式之一,通风透光,便于耕作和管理,但土地利用不经济。

(2) 栽植密度

栽植密度应根据果树的种类、栽培的品种、砧木的种类和果园的地势、土壤、气候及管理技术水平确定。一般地势平坦、土层厚、土壤肥沃、气候温暖、雨量充足、生长期长的地方,树势生长旺盛的品种,可适当稀一些;而山坡地、土层浅、土质瘠薄、低温干旱的地方,树势缓和的品种,应适当密一些。主要果树常用栽植密度见表2-5。

表 2-5　主要果树常用栽植密度

树种	每公顷株数	树种	每公顷株数
苹果(乔化砧)	210～405	柿	210～660
苹果(半矮化砧)	660～1 665	枣	210～1 005
苹果(矮化砧)	1 245～2 250	柑橘	495～1 110
梨	405～660	荔枝	180～330
桃	405～840	黄皮	405～495
葡萄(篱架)	1 665～4 440	龙眼	180～330
葡萄(棚架)	1 245～2 220	杨梅	375～495
核桃	210～285	枇杷	334～1 110
板栗	210～405	李	405～510

（3）计划密植

采用永久植株(从建园开始到全园更新永久保留的植株)和临时植株(根据空间和地面情况逐渐去掉的植株)同时定植。在幼树期间适当增加株数，以弥补由于树体小、枝量少、叶面积不足的问题，增加叶面积系数(平均单叶面积×叶片数÷调查的面积)，尽快使枝叶满冠，树满园，有利于充分利用光能，形成更多的有机物质，发挥群体结果优势，从而获得较多的果实，提高单位面积产量。待枝叶过密时，再逐年通过回缩修剪或移植、间伐临时植株，调节群体结构，使产量稳步上升。

（4）授粉树的混植

一些树种、品种是自花不结实的，或异花授粉才能丰产；还有些树种、品种虽然可以自花结实，但是多个品种混栽则能提高坐果率。所以，果树建园时必须配置授粉树。

良好的授粉树应具备产量高、品质好、适应性强、花粉多而且与主栽品种亲和力强、花期相近等条件。亲缘关系比较相近的一些品种，如国光与红国光，元帅与新红星、红冠、红星不能互为授粉树。大多数梨品种自花授粉坐果率低或不能结实，故一般需要配置授粉品种。桃大部分品种能自花授粉，但异花授粉可以增产。而肥城桃、上海水蜜、五月鲜、冈山白、晚黄金等品种的花粉不完全，需几个品种混栽为好。核桃、栗、枣、葡萄、李也应进行品种混栽，以得授粉。如果授粉品种也是优良品种，可以等量栽植，每个品种各栽3～6行；否则，就差量栽植，授粉品种与主栽品种按1∶4～1∶8栽植，互相之间距离以不要超过50 m为好。蜜蜂等昆虫常常在同行活动，所以授粉品种应均匀配置。

2. 栽植时期

果树栽植时期应根据各种果树不同的生长特点和当地气候特点而定。常绿果树一般在春秋两季栽植，夏季多雨地区，也可在春梢停长、夏梢萌发前进行。落叶果树一般多在落叶后到春季开始生长以前进行栽植，但在冬季较温暖、土壤湿度大的地区，秋栽成活率高，生长好。

3. 栽植方法

（1）栽植穴

果树和防风林带的距离一般为7～10 m，这个距离确定后便可按照预定的株行距用石灰、木棍或秫秸标记栽植穴。丘陵山地如果已经修好梯田,可按株距顺梯田定点,把点定在梯田外沿向内的 1/3 处。梯田面宽可栽双行时,按三角形定点,若先栽树后修梯田,必须沿等高线定点。定植穴的大小因品种、土质以及肥料多少而异。一般来说,根系深广的梨、苹果、葡萄、杏和李的定植穴宜大,穴深和直径各 60~80 cm;穗醋栗、醋栗、树莓等小浆果根系较浅,穴深和直径各 50 cm 左右即可。挖穴时要把表土和底土分开放置,挖成圆柱形坑,坑的中心点应正好是定植点。挖好定植穴后,每株施 5~12.5 kg 腐熟的质量好的基肥、0.5 kg 的草木灰。

(2) 苗木处理

栽植果树时取出假植苗,剪掉根系发霉、折坏的部分和接口枯桩,一边修整一边定植。根系最易失水,注意不要在空气中暴露时间过长。外购果苗要弄清有无检疫对象、品种和数量,并看失水情况,失水过多时,要将根部浸泡一夜后经修整再行定植。

(3) 栽植

先将表土与肥料混拌好,填入坑内至坑深一半左右,呈馒头形踩实,将苗干放入定植穴,即可继续填土,注意根系要向四方自然舒展,当填至略高于地表时,要轻轻提动树苗,使根系伸展开,随后踩实,让根与土密切接触,再用剩余底土以树为中心,直径与定植坑相近,围成水盘,以便灌水。栽后要马上灌水,待水渗后及时覆土,覆土时可做高于地表 10 cm 的土堆,以便保墒。

(4) 栽后管理

定植一年生单干苗的,定植后要定干。定植在圃内已留有主枝的整形苗要重剪,以减少萌芽量和蒸发量,确保成活。常绿果树苗木定植后要剪掉生长不充实的新梢和少量叶片。在多风地区,苗木栽植后应在旁边插一支柱,用绳将苗木扶正和固定在支柱上。当天气干旱时,还要及时浇水,以提高成活率,促进幼树生长。

案例分析

梨树秋季如何采用绿枝嫁接

(1) 接穗的采集与贮藏

在品种纯正,生长健壮,无病虫害的早酥梨丰产树体上采集接穗,所采接穗为树冠外围当年生新梢,长势中庸,发育充实。接穗采下后立即去掉叶片,留下叶柄,按品种每 30~50 根一捆,系上标签,以防混杂,然后将接穗下端 1/3~1/2 插入水中,并存放在阴凉处,防止日晒失水干枯。

(2) 接前准备

除去圃中地面杂草,并喷药防病治虫,尤其是刺蛾,接前 10 天喷 20% 灭扫利 3 000 倍液,在接前一个星期还需施少量尿素和灌一次水,以利于嫁接。

(3) 嫁接

嫁接时间在 7~9 月,采用劈接法嫁接。嫁接时取一根接穗,在接穗芽的下端削成长 3~4 cm 的楔形,削面要求对称、平滑。然后在芽的上端留 2 cm 平口剪下,其次选一粗度与接穗相仿的砧木,在砧木基部 5~10 cm 处平口剪断,在断面中央垂直向下纵切一刀,深度与接穗削面长度相近,再把削好的接穗迅速插入劈开的砧木中,插入深度以接穗稍露白 1 mm 为宜,并使接穗、砧木形成层对齐。再次,用长 40 cm,宽 1 cm 的薄膜从砧木顶端开始向下绑紧,再自下向上绑到接穗顶端(仅露出接穗芽眼),所有伤口包扎封严。

(4) 成活率检查和解绑

接后 2 个星期检查成活率,如接穗芽呈新鲜状态,叶柄一触即掉,说明接穗已活。否则未成活,可重新补接。成活的嫁接苗于次年萌芽后解绑,以免影响加粗生长。

(5) 嫁接过程中的注意事项

一是砧穗应长势中庸,发育充实,质量好。二是接穗削面长 3~4 cm,光滑平直。三是砧木垂直纵切一刀,一次性切好,形成层对准,所有伤口封严。四是嫁接技术熟练,时间短,速度快。

 复习思考

1. 什么是果树实生苗?其形态生育特点是什么?
2. 果树种子采集、调制和贮藏应注意哪些问题?
3. 怎样鉴别果树种子的好坏和生活力的高低?
4. 怎样进行果树种子的播前层积处理?
5. 果树实生苗播种应掌握哪些技术要领?
6. 什么是果树嫁接苗?其主要优点是什么?
7. 常用的果树嫁接方法有哪些?
8. 影响果树嫁接成活的因素有哪些?如何提高果树嫁接的成活率?
9. 为提高嫁接成活率,嫁接操作的关键环节和要领是什么?
10. 什么是果树自根苗?其形态和生育有何特点?
11. 影响插穗生根的因素有哪些?生产上如何促进插穗生根?
12. 果树自根苗繁殖的方法有哪些?扦插繁殖的基本程序是什么?
13. 建园时为什么要配置授粉树?配置授粉树的依据是什么?
14. 怎样提高苗木移栽成活率?

 考证提示

中级工掌握果树种子采集、调制和贮藏应注意的问题,鉴别种子好坏和生活力高低的方法,种子的播前层积处理,影响插穗生根的因素,生产上促进插穗生根的方法及苗木栽植方法。

高级工掌握本章的全部知识。

第3章 果树枝叶调控技术

本章导读

本章的任务是讲授果树枝叶调控的基本原理、知识及整形修剪的基本方法,首先介绍了与果树枝叶调控相关的果树枝、叶、芽等的分类、特性及栽培利用,然后介绍了叶面积与产量的形成及丰产树体结构要素,最后重点介绍了整形修剪的基本概念、不同时期适用方法及整形修剪的综合应用。本章的重点是掌握果树整形修剪的依据、方法及综合应用。

3.1 与果树枝叶调控有关的果树习性

不同的果树及同一种果树不同品种其生长结果习性是不同的,有些甚至相差较大,这对我们进行枝叶调控的影响是相当大的。在整形修剪之前,对果树的枝、叶、芽等的形态和作用应有全面的了解,作为整形修剪的依据。

3.1.1 芽的类型、特性及栽培利用

1. 概述

芽为植物生长点的原始体,枝是由芽发展伸长而来的。果树的芽一般是被芽,以鳞片包被保护安全越冬。但也有无鳞片保护的,则为裸芽,如山核桃。芽在不同的生长条件下形成不同类型的芽。芽形成后在一定的条件下,萌发成枝、叶、花。

2. 类型

根据芽的性质、状态和特点,主要分为以下几类:

① 根据芽的性质和构造,可将芽分为叶芽、花芽两大类,而花芽又分为纯花芽和混合芽两类,花芽和叶芽的解剖结构见图3-1和3-2,图3-3是桃的叶芽和花芽形态图,其性质详见表3-1。

表 3-1　芽的分类及性质

类型		构造	性质	形态特征	备注
叶芽		叶原基	萌芽后只抽枝	细瘦、先端尖、鳞片较狭	幼年未结果树的芽几乎都是叶芽
花芽	花纯芽	花原基	萌芽后只开花或抽生花序	较叶芽丰满肥大、先端钝、鳞片较广	桃、梅、李等
	混合芽	叶原基和花原基	萌芽后先抽枝、再开花	外观与叶芽相近，多着生在粗壮充实枝条的先端数节或枝中下部各节	柑橘、柿、栗、葡萄等

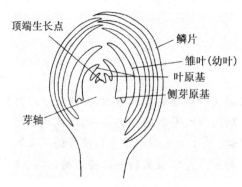

图 3-1　果树的叶芽结构

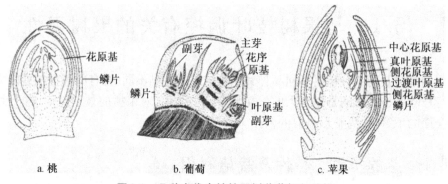

a. 桃　　　　　　b. 葡萄　　　　　　c. 苹果

图 3-2　几种有代表性的果树花芽解剖结构

图 3-3　桃的叶芽与花芽

芽初生时都呈叶芽状态，后因营养等条件，一部分芽的芽内生长点向花原基转化而发育成花芽(图3-4)。春季花芽一般较叶芽早萌发,且即使其位置在枝的基部,对萌发很多不利,也会萌发开花。也就是说,花芽是不会成为隐芽的。

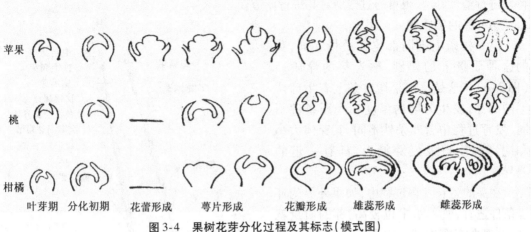

图3-4　果树花芽分化过程及其标志(模式图)

② 按照芽在枝条上的着生位置,可分为定芽和不定芽。

生长在枝条上的具有一定位置的芽称为定芽,其中着生在枝顶端的叫顶芽,着生在叶腋处的称腋芽。桃、梅、李等核果类果树的顶芽常为叶芽,梨及苹果的顶芽有时为叶芽,有时为混合芽。

根部或不是节的部位上萌发的芽叫不定芽,如枣、石榴、银杏、无花果、苹果、梨等的根、叶及其他组织形成的芽都是不定芽。植物组织或细胞培养中,除茎尖、胚芽等以外的器官离体培养而成的都是不定芽。

③ 按照同一节上着生芽数多少分为单芽和复芽。

单芽:同一节上只有一个明显的芽,如苹果、梨等。

复芽:同一节上具有两个以上明显的芽,如桃、葡萄、核桃等。复芽又可分为主芽和副芽。主芽是叶腋中央大而充实的芽。有的主副芽并列着生,如桃、葡萄等;有的则上下排列,如核桃、枣等。

④ 按照能否按时萌发分为活动芽和隐芽。

正常状态下能按时萌发的芽为活动芽,不能萌发的芽为隐芽。大部分花芽和顶芽为活动芽,枝条中上部的叶芽,由于顶端优势的关系也多为活动芽,其余下部或基部的叶芽或水平枝、斜生枝下的叶芽多为隐芽。隐芽一般不萌发,但受到某种刺激,如其上部或芽附近受损伤,营养液大量流入,会促使隐芽萌发,生产上多作为更新复壮。各种芽的示意图见图3-5。

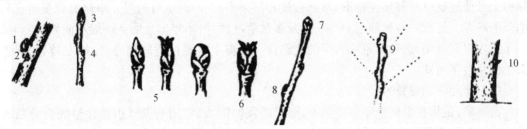

1:主芽;2:副芽;3:顶芽;4:侧芽;5:叶芽;6:花芽;7:顶花芽;8:腋花芽;9:定芽;10:不定芽

图3-5　果树芽的示意图

3. 特性及栽培利用

修剪直接作用于枝芽上,因此,了解其特性是指导果树整形修剪的重要依据,既要依其特性进行整形修剪,也可通过修剪对其进行调节。

(1) 芽的异质性

同一枝条上不同部位芽质量不同,芽的这种质量上的差别,称为芽的异质性(图3-6)。这是由于果树枝条上着生部位不同的芽,发生时期的温度和光照条件不同,发育过程中营养条件不同,其芽体大小和饱满程度以及发芽能力,都有一定的差异。

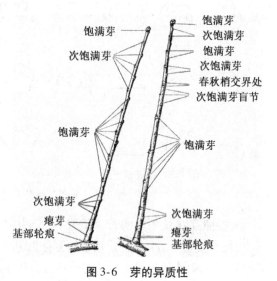

图3-6 芽的异质性

在芽的生长发育过程中,如果外界的环境条件适宜,营养水平也较高,芽的质量就好,外观也充实饱满。质量好的叶芽,抽生的新梢粗壮,叶片肥大,生长势强,形成的潜伏芽寿命也长,遭受刺激后,萌发成枝的能力也强;质量差的叶芽,萌发力弱,成枝力低,形成的潜伏芽寿命也短,遭受刺激后,萌发也较困难,所萌发的枝条也纤细瘦弱;质量好的花芽,开花后,坐果率高,果实个大,质量也好;质量差的花芽,开花晚,花朵小,坐果率低,所结果实较小,质量也差。

在果树整形修剪中,常常利用芽的异质性来调节树体的生长和结果。整形中培养骨干枝时,要在枝条的中部饱满芽处短截。更新复壮结果枝组的结果能力时,常在壮枝、壮芽处回缩或短截。为了缓和枝条的生长势或促发中短枝,往往在一年生枝春秋梢交界处的盲节、枝条基部的瘪芽处短截,或在弱枝、弱芽处回缩,或剪去大叶芽枝饱满的顶芽并留下一些发育弱的侧芽。修剪技术也会影响芽的质量。例如,夏季修剪时,摘去先端旺盛生长的嫩尖,削弱枝梢的生长强度,可以提高芽的发育质量,使弱芽变为壮芽。在葡萄的夏季修剪中,及时摘心和多次摘心,可使花芽形成的部位降低,控制结果部位的上移。

(2) 芽的早熟性和晚熟性

有些果树的芽,当年形成,当年即可萌发抽梢,称为芽的早熟性,如柑橘、李、桃和大多数常绿树木等。具有早熟性芽的树种一年可抽生2~3次枝条,一般分枝多,进入结果期早。修剪上可通过夏季修剪加速整形、增加枝量和早果丰产,同时也可通过夏季修剪克服树冠易郁蔽的缺点。另有一些树种,如苹果、梨及多数落叶树种,当年形成的芽一般不萌发,要到第二年春才萌发抽梢,这种现象称为芽的晚熟性。修剪上可通过适时摘心、涂抹发枝素,促进新梢侧芽当年萌发。

(3) 萌芽率和成枝力

萌芽率,是指在果树一年生枝条上,芽眼萌发的能力,常用萌发芽占总芽量的百分数表示。不同树种和品种之间,桃树的萌芽率,高于苹果树和梨树,梨树又高于苹果树;同一树种之间的不同品种之间,也有一定差异,苹果中的国光、印度、青香蕉的萌芽率最低,金冠、秋花皮

（倭锦）、元帅系（红星和新红星等）较高，鸡冠、红玉、祝光等的萌芽率最高。

另外，不同的枝条类型和不同的年龄时期，萌芽率的高低也不一样。一般徒长枝的萌芽率比长枝弱，长枝又比中枝弱，直立枝比斜生枝和水平枝弱，幼树比成龄树弱。随着树龄的增大、结果数量的增多和枝条角度的开张，萌芽率也相应提高。在多数情况下，萌芽率的高低与成花、结果的早晚有关。萌芽率高的品种，抽生中、短枝多，成花容易，结果较早，早期产量也高；萌芽率高的品种，由于枝量多，树冠也易郁闭，所以，修剪时应注意采用多疏少截的办法。此外，萌芽率高的品种，采用延迟修剪或喷施乙烯利时，也易收到早成花、早结果的明显效果。

成枝力是指枝条上的芽眼萌发后，抽生枝条的能力（图3-7）。抽生长枝比例大的为成枝力强；抽生长枝比例小的为成枝力弱。成枝力的强弱，也与树龄、树势和品种密切相关。成枝力强的品种，一般年生长量较大，生长势较强，整形也比较容易，但形成花芽和结果较晚，如苹果中的国光、印度、青香蕉等，虽然幼树整形比较容易，但因总枝量不足，尤其中、短枝数量少，修剪时应适当短截，促进增加分枝数量，利于提早成花和早期丰产。成枝力较弱的品种，如烟青、玫瑰红等短枝型品种，年生长量一般较小，生长势也比较缓和，树冠紧凑，光照良好，整形和修剪都比较容易。成枝力较弱的品种总生长量虽然较小，但短枝比例较大，所以，成花、结果也早，只是选择和培养骨干枝较为困难，在整形修剪时应当注意这些不同之处。对成枝力强的乔砧品种，宜采用

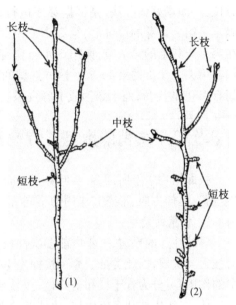

图3-7 枝条的成枝力与萌芽力

高级次、多分枝的树枝整形；对成枝力弱的短枝型品种，则宜采用低级次、小骨架树形。

因此在生产上萌发力和成枝力均强的品种易于整形，但枝条过密，修剪时应多疏少截，防止郁闭。而萌芽力强而成枝力弱的品种，易形成中短枝，但枝量少，应注意短剪、施用发枝素、抽枝宝等药剂促其发枝。

（4）芽的潜伏力

隐芽潜伏时间的长短称为芽的潜伏力。

潜伏力的大小依果树种类及品种而不同。例如，桃的隐芽寿命最短，越冬后经一年，大多数隐芽失去发芽力。但也有个别隐芽能保持十数年以上的。梅、梨、柿、苹果等隐芽潜伏力强，能保持数年乃至数十年。隐芽萌发后，抽枝力很强，多形成徒长枝。

生产上主要利用隐芽的潜伏性进行更新复壮，而潜伏力弱的树种不易进行更新，如桃树树冠下部多空虚无枝。

（5）芽序

芽序又称叶序，是指果树的腋芽（或叶片）在枝条上的排列顺序。果树种类不同，芽序也不一样；大多数果树为2/5式，即每节的芽和次节的芽正在茎周相距2/5（144°）处着

生。葡萄和栗为1/2芽序,即第1和第3芽同侧(图3-8)。树势强弱不同,芽序有时也会发生变化。例如,柿的芽序普通为3/8式,但也有为2/5式的;栗生长旺盛时由1/2变为2/5式。

果树的芽序,在果树的整形修剪中,有非常重要的作用。苹果树的整形,采用疏散分层形,选留基部3主枝时,必须选好3个适宜的方位芽,而最好的办法,是根据芽序进行选择。确定了第1个芽的位置后,第2个方位芽应选在第1个芽上的第7节,而第3个方位芽应该选在第1个芽上的第13节。这样选留的芽,所抽生的枝条,基本上可以保证基部三大主枝间有120°的夹角,而不致形成卡脖现象。

图3-8　葡萄的1/2式芽序

3.1.2　枝梢的类型、特性及栽培利用

枝即植物学上所谓茎,从叶芽或混合芽萌发伸长而来。果树的枝条,因其抽生时间、着生位置、延伸方向、形态和作用的不同,而分为若干类别。

1. 枝梢的类型

早熟性芽的果树,一年内能多次抽枝,其中第一次抽生的枝称一次枝,着生于一次枝上的枝为二次枝,以此类推。亦可按抽生季节不同称为春梢、夏梢、秋梢等。按其在树冠结构中的作用,可分为骨干枝和辅养枝;按枝条年龄的大小,可分为新梢(包括春梢和秋梢)、一年生枝、二年生枝和多年生枝;按枝条的功能,可分为生长枝和结果枝。

(1) 生长枝

枝条以生长枝叶占优势,基本上没有花芽而仅具叶芽的称为生长枝。有的树种,如桃,生长强旺的枝上虽有花芽,但它的主要作用是生长枝叶,为形成骨干枝或枝组,所以栽培上仍属生长枝。生长枝中又可分发育枝、徒长枝、纤弱枝、短枝等。

徒长枝生长特别快,枝特别长而粗,叶片大,节间长,但芽小,组织不充实,用来生长与结果都较困难,转化慢,而消耗养分较多,占领空间较大,使树冠通风透光不良,甚至影响周围枝条的生长与结果,所以叫徒长枝。这种枝是由位置特别好,易得到大量养分与水分的芽,或者是隐芽受到特别刺激后抽生而成的。但这种枝是更新复壮、填补残缺及内膛空秃部位的很好的枝条,所以如位置恰当可用来迅速恢复树冠,如位置不当,不需要用或不宜应用时应及早除去。

发育枝一般生长健壮,枝条充实,芽体饱满。这种枝可塑性强,可用于扩大树冠,形成骨架;可培养成结果枝组;可形成辅养枝,辅养树体,填补空隙;亦可使之迅速转化,形成花芽结果。

纤弱枝是由质差、着生位置不好的芽抽生成的枝,因得不到较好养分和阳光,使枝细长、瘦弱,叶小而薄,芽尖而扁,组织不充实,更新能力差,长势弱,成花难,除少数可保留利用外,多余者应及早疏除。

叶丛枝枝条的长度多在1 cm以下，节间极短，莲座叶多，一般有叶4～9片，停止生长早，积累养分多，最易形成花芽，修剪时应注意保护。

(2) 结果枝

直接着生花芽能够开花结果的枝条，称为结果枝。有些果树如葡萄、枣、栗、柿等，在当年抽生的新梢上，就能开花结果，称为一年生结果枝；而有些果树如苹果、梨、桃、梅、李、杏等，是在头一年着生的枝上形成花芽，第二年开花结果的，称为二年生结果枝。

依结果枝的长短分为长果枝、中果枝、短果枝和花束状结果枝。

长果枝 苹果、梨等果树上的长果枝，其长度在15 cm以上，具有顶花芽；桃、梅、李、杏等果树的长果枝，其长度在20 cm以上，半数以上的侧芽是花芽，特别是华中系统的桃品种，多以长果枝结果，修剪时应保护利用。

中果枝 长度因树种、品种而不同：苹果、梨等果树的中果枝长度为5～15 cm；桃、杏等果树的中果枝长度为10～20 cm。

短果枝 苹果、梨等果树的短果枝长度在5 cm以下；李、杏等果树的短果枝长度在10 cm以下。果树的树龄越大，短果枝数量越多。苹果幼树和初果期树，以长、中果枝结果为主，进入盛果的树以及长势弱的树，则以短果枝结果为主，修剪中应根据树种、树龄的不同，注意培养、保护和利用。短果枝群是短果枝结果后，又连续分枝而形成的群状短果枝，也是苹果、梨特有的结果枝。短果枝群的结果能力，一般为4～7年。修剪时应注意更新复壮，延长结果年限。

花束状结果枝 长度仅为1～2 cm。顶芽多为叶芽，枝上密生花芽，开花时形似花束，是桃、梅、李、杏、樱桃等核果类果树特有的一种结果枝。此种果枝随树龄的增大和树势的减弱而增多，连续结果年限只有1～2年。

(3) 结果母枝

春季萌发抽生的一段着生混合花芽，可抽生结果枝的枝条，为结果母枝，而着生花序的枝应为结果枝。

2. 枝梢的特性及栽培利用

(1) 极性

① 顶端优势

顶端优势又称先端优势，是指活跃的顶端分生组织、生长点或枝条对下部的腋芽或侧枝生长受抑制的现象。顶端优势是枝条背地生长的极性表现。通常木本果树都具有较强的顶端优势，表现为枝条上部的芽能萌发抽生强枝，愈向下生长势愈弱，最下部的芽处于休眠状态。顶端枝条沿母枝枝轴延伸，愈向下枝条开张角度愈大。

其原因是树体养分、水分首先相对较多地运送到先端，光照也较好，引起先端部分的芽或枝条生长较旺，同时由于先端萌芽，产生的生长素向下移动，对下部的侧芽有抑制作用。此外，和同来自根的细胞激动素，以及赤霉素、脱落酸等各类激素的综合协调也有关系。

顶端优势的强度同枝条着生的角度有关，枝条愈直立，顶端优势表现越强，反之则弱；枝条平生，顶端优势减弱，使优势转位，造成背上生长转强；当枝条下垂时，顶端生长更弱，而使基部生长转旺(图3-9)。

顶端优势的强弱与剪口芽的质量有关,留瘪芽对顶端优势有削弱作用。在幼树整形修剪时,为保持其顶端优势,要用强枝壮芽带头,使骨干枝相对保持较直立的状态;顶端优势过强可加大枝梢角度,用弱枝弱芽带头,还可用延迟修剪的方法削弱顶端优势,促进侧芽萌发,减缓并延长枝梢的生长势。

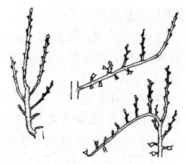

图3-9 枝条的顶端优势与垂直优势

顶芽保留与否对抽生新梢生长的影响较大。顶芽保留后,所抽生的新梢基角大,生长势较弱,反之基角小,生长旺。另外,若中心干不短截,顶芽抽生的新梢对其他新梢生长的抑制较强,因此一年生枝上发生长梢的数量少,但二年生及三年生枝上却能抽生出较多的新梢。

② 垂直优势

因枝条着生方位不同而出现强弱变化的现象称为垂直优势。一般来说树冠内直立枝生长最旺,斜生枝次之,水平枝再次,下垂枝生长最弱。形成垂直优势的原因除与外界环境有关外,与激素含量的差异也有关系。直立枝内乙烯含量上下差异很小;枝条开张角度越大,乙烯含量越高。乙烯抑制吲哚乙酸的产生和转移,削弱顶端优势与新梢生长量,从而有利于营养物质的积累、根系生长和花芽形成。根据这个特点,可以通过改变枝芽生长方向来调节枝条的生长势,是修剪时剪口芽的选择及撑枝、拿枝、弯枝等整形的依据。

(2) 干性与层性

干性是指果树自身能形成中干并维持其生长势强弱的能力。自身形成的中干能力强,而中干的生长优势又容易维持的,则称为干性强;反之,则为干性弱。干性的强弱,除因品种而不同外,也和自然条件及肥水等管理水平有关。不同树种之间,苹果树和梨树的干性较强;桃树和杏树的干性较弱。苹果的不同品种之间,金冠、国光的干性较强,青香蕉、红富士的干性较弱,用矮砧M9作砧木嫁接的红富士干性最弱。对干性较强的品种,整形时宜采用具有中干的树形,修剪时对中心干宜采用弯曲上升的办法,以控制树冠上部的生长势,防止出现上强下弱的现象。对已经出现上强下弱的树,可采用增加基部枝量的办法,平衡树势。对干性较弱的品种,整形时宜采用开心形或基部三主枝错落较远的树形,以防出现下强上弱,修剪时应注意防止上部早衰。

层性是指枝条在树冠中自然分层的能力(图3-10),是顶端优势和芽的异质性共同作用的结果,中心干上的芽萌发为强壮的枝梢,

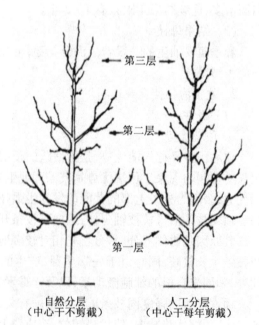

图3-10 发枝的层性

中部的芽萌发为较短的枝梢,基部的芽多数不萌发抽枝。以此类推,从苗木开始逐年生长,强枝成为主枝,弱枝死亡,主枝在树干上成层状分布。分层明显的,称为层性强;分层不明显的,称为层性弱。树种或品种层性差异较大,一般成枝力较强的树种和品种,层性较弱,如柑橘、桃、李等顶端优势弱,层性不明显。而成枝力较弱的品种,层性较强,如苹果、梨、核桃、枇杷的顶端优势强,层性明显。乔化果树树种,幼龄期间的层性较强,进入盛果期后,则层性逐渐变弱。主枝上也有层性现象,但不及中心干明显。

干性和层性对果树整形具有重要意义。对于层性较强的品种,宜采用主干疏层性,不使层间距离过大;对层性较弱的品种,则宜采用开心形,并要保持较大的叶幕间距,还要控制其叶幕厚度,不使过厚,以利通风透光。

（3）开张性

开张角:主枝斜向上生长与主干间形成的分杈角度。通常主枝基部与主干的夹角称为基角,中部与主干垂直平行线形成的夹角称为腰角,前部枝梢与主干垂直平行线形成的夹角称为梢角(图3-11)。

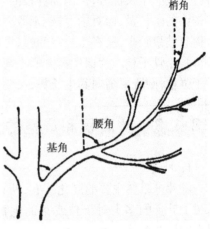

图3-11 主枝的开张角

根据主枝开张角的不同,果树可分为直立型、半开张型、开张型3类。主枝开张角视树种、品种而异。开张角太小,树形直立,主枝结合不牢固,营养生长过旺,不利于成花结果,在修剪时要注意开张角度。例如,梨树一般主枝的基角应为40°~50°,腰角为60°~70°,梢角为40°左右。枝性较硬且直立的品种可大些,枝性较软容易受重力开张的品种可小些。当枝出现外强内弱现象时,应适当加大梢角的角度,如60°~65°,以缓和枝前端的长势;辅养枝基角可在60°~65°,腰角80°~85°,梢角75°~80°。而桃适宜的基角50°~60°,腰角70°~80°,梢角45°~55°。对结果后骨干枝易下垂的品种应适度抬高角度,基角45°~50°,腰角60°~70°,梢角45°~55°。

开角方法:主枝主要采用留外芽、背后枝换头、里芽外蹬、撑枝、拉枝等方法;中长辅养枝采用曲别拉压的方法进行。

枝条角度与花数、含糖量、果实大小等均有密切的关系(图3-12)。

（4）生长量与生长势

生长量是指在果树的年生长周期中,枝条的粗度和长度所增加的数量。粗度和长度增加多的,为生长量大;反之,为生长量小。生长势是指枝条在年生长周期中,所抽生枝条的长短和壮旺程度。生长量越大、越壮的,生长势越强;生长量越小、越弱的,则生长势也越弱。

果树的种类不同,年龄时期不同,枝段的年龄不

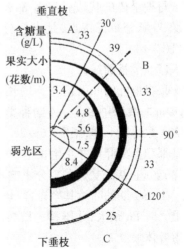

图3-12 苹果枝条生长角度与花芽形成和果实品质的关系(Faust,1980)

同,生长量和生长势是不一样的。在一年生枝上,生长量和生长势的表现是基本一致的,生长量大的,生长势也强,生长量小的,生长势也弱;而在多年生枝段上,生长量和生长势有时是一致的,而有时也不一致。如果在多年生枝段上的一年生枝数量多,而且生长势又比较强的,则多年生枝段的生长量也会随之增强;而当多年生枝段上的一年生枝数量少时,即使生长势较强,因其总生长量小,多年生枝段的生长量也会减少。但是,如果在多年生枝段上的一年生枝数量多时,即使一年生枝的生长势较弱,多年生枝段仍然会有较大的生长量。

熟悉并掌握生长量与生长势的相互关系,对果树的整形修剪具有重要的意义。为了维持骨干枝的生长优势,控制辅养枝的生长势,就要既保持骨干枝的较强生长优势,又要保持其较大的生长量;而对辅养枝,则既要控制其生长势,又要减少其生长量。如层间距离较大,全树总枝量较少,又有生长空间时,可以使辅养枝有较大的生长量,但是,绝不能让辅养枝生长势强于骨干枝。为保持树体的平衡长势,既要增大弱枝的生长量,又要增强其生长势;而对于强枝,则既要削弱其生长势,又要控制其生长量。

3.1.3 叶面积和产量的形成

1. 叶片

叶片是果树主要的同化器官,所以在单位面积内或一株树上叶量的多少对于枝或芽的生长和发育以及开花结果有密切的关系。

(1) 叶的组成

叶由叶片、叶柄和托叶三部分组成(图3-13)。果树的叶片大体分三种:单叶,如仁果类、核果类、香蕉、葡萄、菠萝等;复叶,如核桃、荔枝、龙眼、香榧等;单身复叶,柑橘类。每种果树的代表性叶片都有相对固定的形状、大小、叶缘、叶脉分布等特点,是进行分类和识别品种的依据之一(图3-14)。

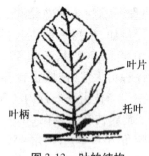

图3-13 叶的结构

(2) 生长曲线

果树单叶的叶面积开始增长很慢,以后迅速加强,当达到一定值后又逐渐变慢,呈现Logistic 曲线(S曲线)。不同种类、不同枝条和枝条上不同部位的叶片,从展叶至停止生长所需天数并不一样,梨需 16~28 天,苹果 20~30 天,猕猴桃 20~35 天,葡萄 15~30 天。新梢基部和上部叶片停止生长早,叶面积小;中部晚,叶面积大。上部叶片主要受环境(低温、干燥)影响,基部受贮藏养分影响较大。

生长初期的叶片其净光合(Pn)往往为负值,此后随叶片增长 Pn 逐渐增高,当叶面积达到最大时 Pn 最大,并维持一段时间。以后随着叶片的衰老和温度下降,Pn 也逐渐下降,直至落叶休眠。

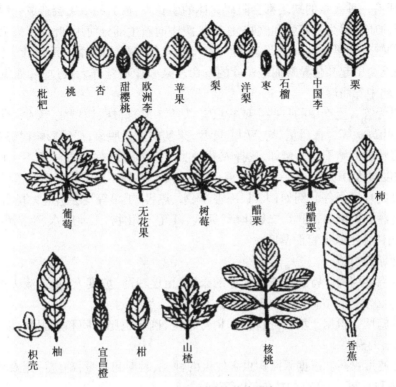

图3-14 不同果树的叶片形态

常绿果树与落叶果树的叶片生长不完全相同,前者叶片形成和落叶同时进行,老叶的脱落主要集中在新梢抽生之后。叶片的衰老主要是细胞激动素的调节,生长素和赤霉素也有类似的作用。细胞激动素可能促进核酸或蛋白质的合成,因为叶片的衰老首先表现为蛋白质分解为氨基酸,叶绿素也随之解体,脱落酸可以加速叶片的衰老,环境条件可影响衰老过程。

叶片的寿命也以果树的种类和不同的农业技术措施而异。落叶果树的叶片寿命多为一个生长季,常绿果树的叶片寿命多在一年以上,如柑橘叶片寿命大约为17个月,最长可达两年以上。叶片在环境条件良好,营养供应充分时,衰老得慢,旺盛进行光合作用的时期长,落叶或衰亡亦迟,这对果树的生长发育都有利。但北方不宜落叶过迟,以防受冻。

(3) 早期落叶

正常的落叶会受到外部环境条件的影响,如自然光照(少于12小时)、温度低于15 ℃(桃、李、枣低于15 ℃、梨低于13 ℃、苹果低于9 ℃),同时也受到内部因素的影响,如生长势、离层细胞的活动等。在生产中由于环境条件或栽培等因素也会导致果树早期落叶。早期落叶导致光合产量下降,树体贮藏营养减少,枝条不充实,易受冻害,影响树势、花芽分化和产量。为了确保最多的健壮绿叶,扩大树冠叶面积,提高光合效能,保护叶片、生长叶龄,是增强树势、提高果品产量和品质的重要措施。

① 早期落叶的原因

a. 矿质营养元素缺乏或过多。树体正常的生长发育需要较多氮、磷、钾、钙、镁及多种微量元素,任何一种元素的缺乏都会阻碍树体的生长发育,氮的缺乏会造成叶绿素和叶的其他组织的蛋白质分解为氨基酸和酰胺,作为氮源输向新生部分使用,叶片因失去叶绿素而早落。磷、钾的缺乏则早落叶和花期落叶严重。缺镁、钼可导致冬季严重落叶。锌、铁、锰、硼等元素的缺乏会引起叶色异常而缩短叶的寿命。某些矿质营养元素过多,如氯、铜、锰、硫、铁等均会引起中毒而落叶。

b. 病虫为害。生产中的一些主要病虫害,如红(黄)蜘蛛、锈壁虱、天牛及炭疽病、脚腐病、流胶病、叶斑病等为害严重,均会引起叶片、果实的大量脱落,严重影响树势和产量。

c. 栽培管理措施不当。例如,选择农药种类、使用浓度、使用方法的不当而造成药害;根外追肥浓度过大,施肥过多造成的肥害;断根、环割、环剥不当等均会引起落叶。

d. 不良的环境条件。例如,大风、冻害、积水、热害、干旱等均会引起大量落叶。

e. 环境污染。例如,烟尘、二氧化硫、臭氧、氯气、氟化物、工业废水、生活污水等都会形成污染,影响树体生长发育而落叶。

② 综合保护措施

a. 改良土壤结构。特别是坡耕地上的果园,土层浅薄、坡度大、水土流失严重,树体生长发育不良,必须坚持等高开梯、壕沟压绿,以改良土壤结构。

b. 科学施肥。根据土壤特征特性和树势情况,确定施肥时间和施肥量,以确保果树对各种营养元素的需要。

c. 合理使用农药。根据果园病虫害发生的种类、时期和数量,确定使用农药的种类、浓度、防治方法和时间,做到有的放矢,提高防效。

d. 及时排灌。在完善果园水利设施的同时,夏季可用作物秸秆、杂草进行全园覆盖,可减少土壤水分蒸发,抑制杂草生长。干旱发生时,要及时灌溉。低洼排水不良的地块,挖深 80~100 cm、宽 50 cm 的排水沟,以利于排水。

e. 防止根群受伤害。减少中耕次数,提倡免耕覆盖法。可用除草剂分别在 4 月和 6~7 月进行除草;施肥穴应在树冠滴水线外开挖;避免冬季深翻。

f. 合理使用植物生长调节剂。做到准确掌握使用浓度、使用时间,切勿随意加大使用量。冬季可喷 10 ppm 的 2,4-D,减轻叶片的脱落。

g. 防寒。冬季有冻害的地区,可采取树冠喷布抑蒸保温剂、霜冻来临前熏烟等办法,保护枝叶安全越冬。

2. 叶幕与叶面积指数的形成

(1) 叶面积指数

叶面积指数是指树冠总叶面积与其所占土地面积之比,它反映单位土地面积上的叶密度。单株叶面积与树冠投影面积的比值,称为投影叶面积指数。在一定限度内,果树的产量与叶面积指数成正比。一般认为,适宜的叶面积指数,落叶果树为 4~5,常绿果树为 4.5~5。指数太高,叶片过多相互遮阴,功能叶比率降低,果实品质下降。指数太低,光合产物合成量减少,产量降低。果树只有保持合适的叶果比,才能达到丰产优质的要求,桃的叶果比为 20:1,温柑为 20~25:1,苹果为 30~40:1。果实不但要求合理的叶片数量,也要求叶片在树冠中的分布合理,一般接受直射光的树冠外围叶具有较高的光合效率,所以也可用叶片曝光率表示叶片在树冠中的分布状况,即树冠表面积与叶片总面积之比。

果树叶面积和 Pn 在年周期中的变化规律与单叶变化相似,春季逐渐增大,生长季节达到高峰,夏末至秋季逐渐下降。生命周期中,在盛果期之前单株叶面积总是不断增加,结果后期逐渐下降。

随着树冠的扩大,获得直射光叶片的比率降低,多数落叶果树当叶片获得光照强度减弱至 30% 以下时(光补偿点以下),叶片的消耗大于合成,变成寄生叶,只有那些获得 70% 以上全光照的叶片才能获得充分有效的生理辐射(有效叶面积)。从透光 30% 以上的要求来看,要求内膛秃裸部分小,叶幕厚度以 1.5~2 m 为宜。

(2) 叶幕

树冠内集中分布并形成一定形状和体积的叶群体。不同密度、整形方式和树龄,叶幕的形状和体积不同。适当的叶幕厚度和叶幕间距,是合理利用光能的基础。合适的叶幕层和密度,使树冠内的叶量适中,分布均匀,充分利用光能,有利于优质高产;叶幕过厚,树冠内光照差,过薄则光能利用率低,均不利于优质高产。

叶幕可分内、中、外三部分。叶片的 90%、产量的 80% 左右,都分布于入射光强的 30% 以上的中外层叶幕的范围内。这一范围的厚薄与树种品种、整形修剪、树冠高矮、大小及树冠的表面状况有关。叶片大或节间短的树种品种,因消光系数大,叶幕厚度也较薄。同样树冠高大,树冠表面平整的,叶幕厚度也较薄;树冠较矮小,冠面波状多的树,则叶幕厚度较厚。

叶幕形成动态呈 S 型曲线,即开始时慢,后来快,最后又慢的过程。开始时形成的叶片少,单叶面积小,以后即大量叶片形成,使叶幕迅速增长,80% 以上的叶片都在这时形成。以后为新梢上部少量叶及芽外分化的叶,副梢叶,占叶幕叶片的 20% 左右。落叶果树叶幕的形成早晚、持续时间长短和形态结构与果树当年的产量和品质密切相关。

3. 产量的形成

产量又称为生产能力。广义产量的概念又叫生物学产量,指在果树生育期间生产和积累的有机物的总重量。狭义产量的概念称为经济产量,指单位土地上人类栽培目的物的那部分产量。经济产量 = 生物产量 × 经济系数 = [(光合面积 × 光合能力 × 光合时间) - 消耗] × 经济系数,称为光合性能的 5 个方面。经济系数:生物产量转化为经济产量的效率,即经济系数 = 经济产量/生物产量。经济产量是由单株(个体)产量和单位面积株数(群体)来决定的,即亩株数 × 单株果数 × 果重。

在果树的生物学总产量中,有机物质占 90%~95%,无机物只占 5%~10%。有机物的形成首先要靠土壤中的水分和空气中的二氧化碳,还要靠土壤中的矿物质营养元素,但在目前条件下,有机物的形成,无机营养元素起决定作用。

因此,光合作用形成的有机物质的生产和积累是果树产量形成的主要物质基础。

4. 果树的生命周期和年周期

(1) 果树的生命周期

果树的生命周期,是指从幼苗定植到衰老死亡的全部历史过程。果树在其整个生命周期中,要经历生长、结果、衰老、更新和死亡等 5 个时期。在每个时期中,又可以根据果树生长结果的情况,划分为若干个更小的历史时期。生长期,是指从幼苗定植到开始结果,这个时期的长短,与苗木的种类如实生苗、嫁接苗有关,也与栽培管理水平的高低和修剪程度的轻重密切相关;结果期,又可细分为初果期、盛果前期、盛果期和盛果后期;衰老期又可分为衰老更新期和衰老死亡期。每个时期的长短，也都与栽培管理水平和整形修剪技术有关。

在现代果树生产中，依据繁殖方法可分为有性繁殖果树和无性繁殖果树，下面分别叙述这两种果树的生命周期。

① 有性繁殖果树的生命周期

有性繁殖的果树是由种子萌发长成的果树个体。从栽培实用出发，可将有性繁殖的果树个体的生命周期划分为幼年阶段、成年阶段和衰老阶段。

a. 幼年阶段（童期）：指从种子萌发起，经历一定的生长阶段到具备开花潜能的这段时期。

童期的长短是植物的一种遗传属性。各种果树从播种到开花的时间不同，如有"桃三杏四梨五年，柑橘类七、八年，银杏、荔枝、龙眼等则十几年"的说法。童期长短与栽培环境和管理技术措施等因素有关。良好的栽培环境条件和管理技术，可促进树体营养积累，促进代谢物质及激素在树体内的平衡，缩短童期。同一树种不同品种的童期长短也有所不同。

果树童期的生长特点：植株只有营养生长而不开花结果；在形态上表现为枝条生长直立、具针刺或针枝、芽小、叶片小而薄。

b. 成年阶段：有性繁殖果树具备了开花潜能后，在适宜的外界条件下可随时开花结果，这个阶段称为成年阶段。根据结果情况又将成年阶段分为初果期和盛果期。

初果期：果树开始结果到大量结果前的一段时期为初果期。特点是：树冠和根系迅速扩展，叶片同化面积增大，部分枝条开始形成少量花芽，开花结果。在初果期树体扩大，产量增加直至盛果期。

盛果期：树冠分枝级次增多并达到最大限度，年生长量逐渐稳定。叶果比较适宜，花芽容易形成。结果部位扩大。果实大小、形状及风味达到本品种的最佳状态。产量达到并稳定在最高水平。在正常情况下，生长、结果和花芽形成达到平衡。

c. 衰老阶段：指盛果期后树体生命活动进一步衰退的时期。特点是：树势明显衰退；大小年现象明显；树体的骨干枝、骨干根逐步衰亡；枝条生长量小、细小纤弱；结果枝或结果母枝越来越少；结果量少，果实小而品质差；树体更新复壮能力和抗逆能力显著下降。

② 无性繁殖果树的生命周期

a. 幼树期：指从苗木定植开始到最初结果这一段时期。这一时期的特点是：树冠和根系迅速扩大，开始形成树体骨架；枝条生长势强并呈直立状态，树冠呈圆锥形；新梢生长量大，长枝多、短枝少，中枝和短枝主要发生在树冠中心位置。幼树期果树一般不结果。幼树由于生长旺盛而且生长期长，冬季来临时常来不及充分完成组织成熟过程，因而易受冻害。幼树期的长短因树种品种而不同。

幼树期的长短与栽培技术有关。缩短幼树期的栽培技术措施是：曲枝、环剥处理，利用矮化砧促进树体早结果；深翻扩穴，增施有机肥，为培养强大的根系创造条件；轻剪多留枝，及早形成树体骨架；适当使用生长抑制剂，促进花芽形成；利用早熟性的芽，早成形，提早结果。

b. 初果期：从初次结果到大量结果之前这一段时期称为初果期。初果期特点：生长旺盛，分枝量大，继续形成树体骨架；枝类组成发生变化，中、短果枝比例增大，长果枝比例减少；根系继续扩展，须根大量发生；树体从营养生长占绝对优势向与生殖生长相平衡过渡。

初果期的长短决定于树种、品种和栽培技术。这一时期栽培技术要点是：继续深耕改土，促进根系壮大；加强肥水管理，保证树体需要；轻修剪，增加枝叶面积，使树冠尽快达到最大营养面积，同时缓和树势，为提高产量创造良好的物质基础；注意培养结果枝组，使树冠增加大量的结果部位，迅速提高产量。

c. 盛果期：从果树具有一定经济产量开始，经过多年的高产稳产，到出现大小年现象为止，这一时期称为盛果期。盛果期特点：树冠和根系达到了最大生长限度；新梢生长缓和，发育枝减少，结果枝大量增加，全树形成大量花芽，产量达到高峰；果实大小、形状、品质完全显示出品种特性；苹果、梨、桃由长、中、短果枝结果为主逐渐转到以短果枝结果为主；柑橘夏梢显著减少，以春梢或秋梢结果为主；树冠外围上层郁闭，骨干枝下部开始出现枯枝现象；结果部位逐渐外移，内膛发生少量的徒长枝。

盛果期的长短与树种、品种、砧木、自然条件和栽培条件有关。这一时期栽培技术要点是：加强肥水管理，保证果树在盛果期对肥水的需求；均衡配备营养枝、结果枝和预备枝；做好疏花疏果工作，控制适宜的结果量，防止"大小年"现象过早出现；注意枝组和骨干枝的更新。

d. 衰老期：从产量明显降低到几乎没有经济产量，甚至部分植株不能正常结果以至死亡，这一时期称为衰老期。衰老期特点：骨干枝和骨干根衰老死亡，结果枝越来越少，结果少而且品质差。除某些柑橘类外，更新复壮的可能性很小，在生产上需要拔树毁园重新建园。

（2）果树的年周期

果树在一年中随气候而变化的生命活动过程称为年生长周期（年周期）。果树在一年中，生长发育有规律的变化，正好同一年中季节性气候变化相吻合的器官动态时期称为生物气候学时期，简称物候期。

各种果树的物候期及其进程是不同的，这与树种、品种的遗传特性和地理气候环境等有关。落叶果树的物候期可明显分为生长期和休眠期，而常绿果树则无明显的休眠期。了解果树各个物候期的特点，对制定果树区划和科学管理措施有重要意义。

① 生长期

落叶果树从春季萌芽到秋季落叶这一段时间为生长期，包括萌芽、开花、抽枝、展叶和开花坐果等生长发育过程，如果是从扦插枝条到形成植株，其中还包括一个生根的过程。果树在生长期中，树种不同，物候期也有所不同。例如，苹果物候期为：根系活动期→萌芽、开花坐果期→新梢生长期→果实成熟、花芽分化期→落叶期；葡萄物候期为：树液流动期→萌芽及新梢生长期→开花期→浆果生长期→浆果成熟期→落叶期；李、杏物候期为：根系活动期→萌芽、开花坐果期→新梢生长期→果实硬核期→果实成熟、花芽分化期→落叶期。各个物候期先后交错衔接进行。

② 休眠期

休眠是果树为适应不良环境（如低温、高温、干旱等）所表现出的一种特性。落叶果树从落叶后到第二年春开始生长前为休眠期。

休眠期从外观看树体没有任何生长发育的表现。但树体内部却进行着各种微弱的生命活动，如呼吸作用、蒸腾作用、根的吸收合成、芽进一步分化及树体内养分转化等。

果树的休眠又分为自然休眠和被迫休眠。自然休眠是由果树本身特性所决定的,它要求一定的低温条件,树体才能完成生长所需要的物质准备,才能顺利通过自然休眠期。在自然休眠状态下即使给予适宜的生长条件仍不能生长。被迫休眠是指由于外界条件的胁迫,暂时不能萌发生长,仍处于休眠状态。

需冷量:指果树通过自然休眠所需要的低温总量,通常以低于 7.2 ℃以下的小时数来表示。如果需冷量不足则会发生不开花,或开花延迟,开花不整齐,落花、落果,甚至果实畸形,严重影响果品的商品价值。一般认为,在 0 ℃ ~ 7.2 ℃条件下,多数果树 200 ~ 1 500 小时可以通过休眠,如苹果、梨需要 1 200 ~ 1 700 小时,无花果、草莓需要 100 ~ 300 小时。苏南地区主要落叶果树中梨的需冷量最低,油桃次之,杏较高,葡萄最高。落叶果树的需冷量可以被一些化学药剂如氰胺、硝酸钾、硫脲、石灰氮等部分代替。

果树的不同器官和组织进入休眠和解除休眠的时间不同,比如与地上部分相比,根颈进入休眠最晚,但解除休眠最早。在早春和晚秋根颈最易受冻。同一枝条不同组织进入休眠的时间也不同,如皮层和木质部较早,形成层最晚。初冬遇到严寒,形成层先受冻;一旦进入休眠后,形成层比木质部和皮层抗寒,在深冬时冻害多发生在木质部。

生命周期和年周期是果树最基本和最重要的发育过程,所采取的一切栽培技术措施,都要适应各时期的生长发育特点。幼龄期的果树,树冠和根系的离心生长都较快,生长势较旺,新梢生长较长,枝叶量和根系的吸收面积都在不断扩大,树体内所积累的营养物质,也随着树龄的增加而增多,再加上内源激素如生长素、赤霉素、细胞分裂素和脱落酸等的作用,果树便逐渐地由单一的营养生长转向生殖生长,形成花芽开始结果。因此,幼龄果树的整形修剪工作,就应在加强土、肥、水综合管理,促进幼树健壮生长的基础上,增加枝叶量,培养结果枝,促进成花结果。所以,幼树的修剪量一定要轻,要在培养丰产树体结构的同时,培养好结果枝组,为早期丰产和加速进入盛果期创造条件。果树进入盛果期以后,产量最高,质量也最好,在栽培管理和修剪方面的主要目标是尽量延长盛果年限。但在果树盛果期间,由于产量高,消耗的营养物质多,因而树体容易衰老或出现大小年结果现象,到盛果后期,树冠内膛的结果枝,由纤弱而死亡,开始向心生长,即骨干枝由多而少,树冠由大变小,产量由多到少。所以,在果树盛果期间,肥水的供应一定要充足,在树势健壮的基础上,进行细致的更新修剪,调整花、果留量,维持结果枝组的生长结果能力,延长盛果年限,提高经济效益。果树进入衰老期以后,树冠逐渐缩小,骨干枝和骨干根开始死亡,产量逐年降低,果个也逐渐变小,经济效益逐年下降,对这类果园,在尚未失去经济栽培价值的前提下,可进行更新修剪,在失去经济栽培价值之后,就应及时进行全园更新。

果树在整个生命周期中,衰老是绝对的,复壮更新是相对的,修剪是使果树在不到自然死亡时就得到更新复壮。

在果树的年周期中,营养物质的制造、输导、消耗和积累,都有一定的变化规律,枝、叶、花、果、根等器官,也都按照各自的节奏活动。这种节奏是否正常,对全树各个部分的平衡关系及果实产量的高低和质量的优劣,都会发生明显的影响。所以,确保正常的生长节奏和稳定的树体平衡关系,是实现果品优质丰产的重要技术途径。而修剪技术,特别是夏季修剪,对果树年周期生长节奏的影响是很明显的。夏季修剪的作用,在于控制、调节树体营养物质的制造、输导和积累,改变激素的产生和相互作用,借以维持生长和结果的平衡关系。夏季修剪的重点是调节生长强度，促进花芽分化和果实的生长发育。

3.1.4 果树营养代谢

1. 一年内树体营养代谢的变化

果树在年周期中，营养代谢有氮素代谢和碳素代谢两种基本类型。自春季至初夏是以细胞分裂为主的枝叶建造和幼果发育阶段。叶片光合产量处在逐渐增加的过程中，主要是在树体贮存营养的基础上，吸收大量氮素合成蛋白质，以供细胞分裂和器官建造，称为氮素营养时期或氮素代谢时期，此期内消耗有机营养多，积累少，对肥、水(特别是氮素)要求高。

随着新器官功能的逐渐增强，光合生产不断增加，积累营养的过程也随之增强，树体主要转化组织分化(鳞片、叶片分化、花芽分化等)，氮素代谢和碳素代谢都比较旺盛。

每年 7 月以后，大部分枝叶建造终了，主要进行碳素化合物生产，果实细胞分裂停止而果实肥大，并进行花芽分化。氮素代谢渐衰，继而进入积累营养为主的时期，称为碳素营养时期或碳素代谢时期。

春季的氮素代谢以上年的碳素代谢为基础；而氮素代谢扩大了营养器官，又为碳素代谢和进一步积累创造了条件。

两类代谢消长变化支配着营养水平的变化。两类代谢失调的常见表现有两种：一是植株旺长，根系和枝叶建造期长，消耗营养物质的时间长，积累少，使花芽形成受到抑制；另一种是根系和枝叶的功能差，营养水平低，因而枝叶生长弱，光合产物的总量少，也不利于形成花芽。

2. 营养物质的产生

果树的产量是叶片制造光合总产量与光合产物分配的结果，因为树体的 90% 以上的干物质是光合产物，光合产量愈高，分配给果实的较多，则产量愈高。所以光合产量的多少是最基本的。光合产量为光合面积、光合时间、光合能力三者的乘积。

光合面积用叶面积指数表示。在一定程度下叶面积指数愈大，则光合产量也愈大。但叶面积指数增大，消光系数即树冠由外向内光强逐渐减弱的比值，也随之增大，被遮光的叶面积增多，即无效叶面积增加，反而要增加消耗。图 3-15 列出了果树合光作用与经济产量的关系。

光合时间是指叶面积受光时间的长短，如叶面积平均每年每天受光时间愈长，光合产量也愈高。但叶幕中叶片的光合时间长短，除与当地日照时数有关外，与叶幕形成快慢，株行距大小，行向，树冠高低、大小，叶幕厚度，叶片密度，叶幕表面状况，叶片方位等有关。所以在栽培上要使这些都对增长光合时间有利，而又与叶面积指数相适应。

光合能力是用净光合生产力(单位时间内每单位叶面积中增加的干物重)表示的。影响光合能力强弱的因素有叶龄、叶色、叶厚、光照强度、温度及空气中的二氧化碳的含量比率等。自萌芽开始，随着叶龄增长而光合能力也增强，到叶片生长停止成熟时达到最高，以后又随着叶片的衰老而下降。所以栽培上要求叶幕形成快，成熟叶片多，衰老慢，保持成熟发育年龄时期长，叶色深，叶片厚，光合能力就强。光合能力随着光照强度的增加而增强。达到光饱和点时，光强再增加，光合强度即不能再增强。所以要使树冠表面、果园中果树的群

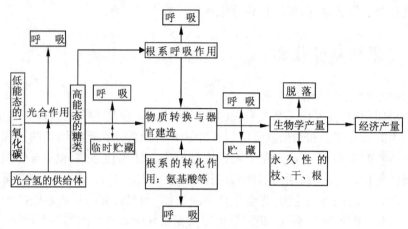

图 3-15 果树光合作用与经济产量的关系

体结构、叶幕厚度、叶片密度,有利于光的利用和增强光照强度。气温在一定范围内随着温度增高而光合能力增强,一般果树为 25 ℃~30 ℃之间为最好。

当晴天无云而太阳光照强烈时,光合进程便形成双峰曲线:一个高峰在上午,一个高峰在下午。中午前后光合速率下降,呈现"午休"现象。为什么会出现这种现象呢?有如下可能:水分在中午供给不上,气孔关闭;二氧化碳供应不足;光合产物淀粉等来不及分解运走,积累在叶肉细胞的细胞质中,阻碍细胞内二氧化碳的运输。这些都会限制光合作用的进行。

作物干物质的积累过程,大体可划分为三个阶段,呈"S"型生长曲线:

缓慢增长期:生长初期,苗小,叶少,干物质积累与叶面积呈正比。

指数增长或直线增长期:干重(W)增长决定于初始干重(W_0)、相对生长率(或干重增长系数)R 和生长时间(t),它们之间可用指数方程 $W = W_0 e^{Rt}$ 表示。

减缓停止期:随着叶片衰老,同化物由营养器官→生殖器官,群体干物质积累减慢,当进入成熟期,干物质积累停止。

3. 营养物质的分配

果树体内营养物质一经合成,一部分为呼吸所消耗,一部分用于建造器官而向需要的器官输送。在运转过程中也存在着转化与再次合成,这一过程又与环境条件密切相关。其主要特点是:

(1) 分配的不均衡性

由于各器官对营养物质的竞争力不同,运至各器官的营养物质的数量亦不相等。一般而言,代谢旺盛的器官获得的营养物质最多。以枝条而言,以位置最高、处于极性部位的枝条代谢最旺,获得的营养物质最多。

不同物候期内,果树各器官的代谢强度不同,所获得的营养物质数量也有变化。萌芽、开花期,芽或花的代谢最旺,获得的营养物质也最多。当新梢、幼果同时进入迅速生长期后,营养物质的运转分配便集中于新梢和幼果,梢、果代谢均强,导致争夺营养。当新梢生长势强时,新梢所获得的营养物质多,新梢、幼叶迅速生长,常引起大量落叶;当幼果迅速生长时,幼果获得足够营养,从而促进幼果生长发育,抑制新梢生长。

(2) 分配的局限性

果树各类枝条上的叶片数量不同,产生光合产物的能力也不同,其同化产物的运转都表现出很大的局限性。只有营养枝能调节营养,其运出营养物质的数量随营养枝距离的加大而减少。因此,营养枝在树冠内均匀分布,对调节营养,均衡树势,保证各器官的形成和提高产量都有重要意义。

营养枝有较强的光合能力,其同化产物除自身消耗外,还可运送到同一母枝上的其他枝条中,其运出量在全年中也较稳定,具有就近供应、兼有同侧供应的现象。中枝只有季节性的调剂作用;短枝则以自供为主。

长果枝也有较强的光合能力。其同化产物运送到果实中较多;运送到着生的母枝中和其他枝中较少。长、中果枝所需的同化产物基本不需要其他枝条供给,在花芽分化期主要供应花芽分化,以后则贮藏于母枝中和运送到附近的短枝中。所以长、中果枝在树冠中有季节性的调节作用。

果实在形成过程中,初期也有一定的同化能力,但主要依靠莲座叶片及果台副梢供给养分。6、7月内送到果实中同化产物最多,到成熟期逐渐下降,在同一果实中运送到果肉中最多,果心次之,种子最少。

(3) 分配的异质性

果树根系吸收的营养元素,其分配受极性的影响大,并与蒸腾面积和输导组织数量成正相关。而地上部同化产物的分配,除受代谢强度的制约外,还受器官类型的影响,因此,运转的局限性强。由于根系和地上部的吸收和同化养分的分配及运转的不同,使树体不同部位、不同时期、两类营养物质的结合形式和成分存在着质的差异。这种差异决定着器官形成的类型与速度,表现在营养生长和生殖生长的矛盾上,并直接影响到花芽分化和开花结果。栽培上,采取变更施肥时间和肥料种类的方法,抑制过旺生长,减少养分消耗,进行根外追肥,补充营养不足,以调节果树生长、结果对营养的需要,有利于提早结果,增加产量。

(4) 分配的集中性

这是果树自身调节的一种特性,也是保证器官形成的必要条件。试验结果表明,果树一年中营养集中分配的中心,按物候期可分为4个时期:

① 萌芽和开花:主要利用上年所贮藏的养分。落叶果树这一时期处于营养消耗阶段,其营养分配中心集中在开花,如花量过多,消耗大量营养,必然抑制新梢生长,枝叶量减少,影响当年养分积累。栽培上采取早春施肥、灌水和疏果等措施,以补充营养,调节花量,促进枝梢生长,提高坐果率。

② 新梢生长和果实发育:二者在时间上几乎一致,而且都需要充足的营养,是营养分配的紧张阶段。此期营养分配集中供应果实和枝叶生长,如新梢生长占优势,必然影响果实发育,甚至因营养不足而出现生理落果和缺素症状。

③ 新梢停止生长和花芽分化:此期营养来源,主要来自当年形成的营养器官。新梢生长高峰已过,开始进入花芽分化期和果实加速生长期。养分的分配中心由新梢生长转向花芽分化,后期又从花芽分化转向果实生长。在养分竞争上,主要表现为花芽分化与果实发育和新梢生长的矛盾。所以节制供水,控制枝梢后期旺长,增施磷钾肥料,有利于花芽分化,促进果实发育。

④ 果实成熟和落叶：营养生长已逐渐停止，当年的同化营养，除一部分继续向果实运送外，另一部分则向树干、骨干枝和根系运转，回流集中于树体内，直至落叶时为止。保护叶片的同化功能，防止叶片早衰和早期脱落，增强光合效能，提高营养积累水平，以便花芽的进一步分化，提高树体越冬性。

总之，果树的生长发育和整体生命活动，都是以营养物质为基础的，了解营养物质的分配和运转，采取适当的栽培技术措施，以增加营养物质的生产和积累，合理分配营养生长和生殖生长，及时地解决各个物候期发生的营养物质竞争和分配上的矛盾，以期获得果树栽培的高产、稳产，不断提高果品质量。

4. 营养物质的消耗和积累

为了提高果树产量和质量，必须使根系和枝梢生长健壮，形成足够的叶面积。组建光合器官，消耗一定的营养物质是完全必要的，但栽培上必须避免和减少不必要的消耗。以枝叶生长来说，如前期生长过旺，不但消耗大量营养物质，不利坐果，影响产量，而且光照条件恶化，无效叶比率上升，造成浪费。当新生的枝、叶、花、果的生长量尚未达到要求时，促进生长是有利的。如果达到了要求仍继续生长，不但消耗养分，而且影响花芽分化，造成来年减产。如后期生长势过旺，消耗过多，则果实发育差，果形小，产量低，品质差，树体营养积累少，影响花芽形成与发育，不利树体安全越冬。

除了果树器官的生长发育和进行呼吸作用需要消耗大量营养物质以外，不利的气候因素和农业技术措施也会增加营养物质消耗。例如，高温、干旱、强光、水分和二氧化碳供应不足，以及不恰当地施肥、灌水、修剪、病虫危害，采果过迟等都会增加养分消耗，影响营养物质的生产和积累。

果树不同年龄时期和年周期的不同物候期，其树体营养的消耗与积累也是不同的。幼树生长势强，营养生长期较长，高功能叶的比率小，枝叶常旺长，消耗多，积累少，不易成花结果。成年树大多数枝梢停止生长早，大型高功能叶片比率高，营养物质生产时间较长，树体营养积累多，容易成花结果。老年树和衰弱树营养生长期过短，枝梢生长量小，叶片小，数量少，营养物质生产少，但消耗也少，容易坐果，但树体营养水平低，后期不易成花，常导致大小年结果。

果树在年周期发育前期，萌芽、开花、坐果、新梢生长，营养消耗占优势，幼叶光合效能低，积累少；中期，新梢生长、果实发育也要消耗营养，积累很少；后期果实采收后，枝梢生长停止，秋季气温低，呼吸消耗少，成长的叶片光合效能高，消耗少，积累多，是树体营养积累的重要时期。

果树积累贮藏的营养物质，主要是碳水化合物（淀粉为主）、蛋白质和脂肪等。这些物质贮存于皮层、木质部和髓部的薄壁细胞中，大枝和基部贮藏最多，根部贮藏尤多。落叶果树叶片中的营养物质如氮、钾等在落叶前也回流枝干、根部，常绿果树的叶片是营养贮藏器官，冬季保护叶片，防止落叶，对提高树体营养贮藏水平，促进花芽分化，增强越冬性都具有重要作用。

贮藏营养是多年生果树区别于一年生作物的重要特性。一年生作物营养生长和生殖生长区分明显，而多年生果树的营养生长和生殖生长往往同时进行，呈现多重性。贮藏营养的作用，不仅在于为一年中的生长发育提供了物质条件，而且还在于调节供需关系和缓冲供需之间的矛盾,不致因营养生长和生殖生长的多重性而引起各种生命活动的生理失调。因此,增强树势,提高树体营养水平,是增强抗逆性和达到高产稳产的关键。

3.2 果树枝叶调控的技术

果树是多年生作物。自然生长的果树,大多存在树冠高大、冠内枝条密生、紊乱而郁蔽,光照、通风不良等缺点,有必要对其枝叶进行调控,使枝条的数量及分布合理而均衡,以达到充分利用光能、便于栽培管理、丰产、优质的目的。

3.2.1 果树群体结构与个体结构

1. 果树群体结构

群体结构主要是指果园的整齐度,它表示一个果园内各个单株间树体大小,干周粗细,产量高低等方面的差异程度。果园整齐度高,表示群体结构好,个体差异小,能承担优质高产的重任,一般密植苹果园的整齐度应在85%以上。果树群体结构虽由果树个体组成,但它有自己的特性和发展规律,随着果树密植程度的提高,群体特性更加重要,所以有必要从果树群体结构特点来考虑整形修剪问题。

(1) 果树群体的类型

随着栽植密度的增加,果树群体类型趋于多样化。按照株间群体叶幕的连续性,可分为不连续和连续两大类。

在栽植密度不大的情况下,多以单株整形为主,株与株之间虽然是相互独立的,叶幕是不连续的,但树冠大小、形状和间隔,也会影响果树群体的光照条件。

株间叶幕呈连续状的,按其栽植方式和密度不同,也可为不同类型:单行篱栽,树冠株间叶幕相连,行间保持适当间隔,把一行树当做一个整体进行整形;双行篱栽,即每两行树作为一个树篱,由于减少操作通道,栽植密度提高,群体叶幕连续性增强;多行篱栽,即数行成为一个树篱,其中间保持较大间隔,以利机械操作,此类型栽植密度进一步提高,群体叶幕连续性更强;草地果园,目前在苹果和桃上的研究已取得进展,由一般亩栽百株左右提高到数千株,定植第二年即成园获得高产,其群体叶幕的连续性达到1~2年生作物水平。

除上述类型外,在一穴栽数株情况下,则要把穴内几株树作为一个单位整形。水平棚架,由于叶幕厚度薄,树冠间隔小,群体叶幕也有比较强的连续性。总之,栽植密度的增加,株间叶幕由不连续发展到连续,由一行连续发展到数行、甚至更大范围的连续,其早果丰产性能相应得到加强,但也易带来果园郁蔽和果品品质下降等问题,从整形修剪来讲,就必须相应降低树高,减小叶幕厚度。

(2) 果树群体的发展

果树群体结构随着树龄和一年内物候期的变化而改变,应采取相应的整形修剪技术措施,按动态的群体结构,使果树群体发挥最大的生产效能和经济效益。

幼年果园植株间隙大,光照充足,一般生长较旺,不易结果。因此要修剪,多留枝,干性强的可留中心干,以充分利用光照,加速群体形成和提高结果。整形修剪的任务是要迅速扩大树冠,增加枝量树冠覆盖率和叶面积指数。随着植株长大,侧光与下光逐步减弱,待植株封行时,甚至只剩下上光,造成植株下部、内膛枝叶逐步枯死,最后群体叶幕形成天棚形,产量和品质下降。因此,为保证足够光照和操作方便,随着植株长大要适当减少枝量,控制树高和冠径,保证行间树冠有适当间隔和合理的树冠覆盖率,台篱栽苹果以50%~60%为宜,温州蜜柑以60%~84%为宜,苹果自然形以75%~90%为宜。

果树群体结构也随一年物候期的变化而改变,尤其是落叶果树,由于一年内叶片增长和脱落的消长,变化最为明显。从春天到秋天,随着果树枝梢和叶片的增长,果树群体结构的截光量也加大。据Faust(1984)介绍,美国一个苹果园在4月截光量为18%,5月为35%,6月为61%,7月为69%。就苹果园来说,截光量保持在60%左右为好。对于落叶果树,通过合理整形修剪,可以增加中、短梢比例,有利于春季叶面积的增长,扩大早期的截光量。

2. 果树个体结构

乔木果树的地下部分为根系,地上部包括主干和树冠。地上部与地下部的交界处称为根颈。主干是指根颈至第一个主枝之间的树干部分,它上连主枝,下连根颈,是树冠地上部的支柱,是树体上下运输的通道,对整个植株的正常生长发育影响极大,生产上要注意保护。树冠由中心干、主枝、侧枝(副主枝)和枝组构成。从主干直立向上生长的大枝,叫做中心干,有些果树中心干不明显或没有中心干。在中心干上着生的大枝,叫做主枝。在主枝上着生的大枝,叫做侧枝。中心干、主枝和侧枝构成树冠的骨架,统称骨干枝(图3-16)。着生在中心干、主枝、侧枝先端的枝梢叫做延长枝,它向外延伸,不断扩大树冠。着生在中心干、主枝和侧枝上的各级小枝组成不同大小的枝组,在小枝梢上着生芽、叶和花,是结果的主要部位。

a:主干;b:中心干;c:主枝;d:侧枝;
e:枝组;f:辅养枝;g:叶幕

图3-16 树冠结构示意图

果树树体的大小、形状、间隔、结构等,影响到果树群体光能利用和劳动生产率,与果园早果、丰产、优质、低耗、高效关系密切。因此,合理分析和制订不同条件下的果树个体结构,对果树栽培有重要意义。

3.2.2 果树丰产树体结构要素

果树整形修剪的主要目的之一,就是培养丰产的树体结构。树体结构是否合理,关系到单位面积上空间、光能、地面的利用,产量高低,质量优劣以及结果的早晚,骨架的牢固程度和管理的难易。

树形不同,单株和群体的结构也就不一样。在整形修剪过程中,无论采用何种树形,都必须培养一个合理的树体结构。在正常情况下,树体越小,结构越简单,整形和修剪也就越容易。

什么是丰产树体结构呢？主要是树干和树冠高度、树冠形状、骨干枝的数量和级次、开张角度、叶幕厚度、树体负载量等,这诸多方面,都必须相互协调,才能保证连年均衡的质量、产量和效益。

树体结构应根据乔砧、矮砧、立地条件、栽植密度和管理水平的不同而有所变化。合理的树体结构,既要有利于丰产、稳产,又要便于田间作业。丰产树体结构,应具备如下要素：

(1) 低干矮冠(矮化)

丰产的树体结构,所以要强调低干矮冠,是因为结构合理。骨干牢固的树形是丰产的基础,而干高、冠高和冠形又是构成牢固骨架的基本因素,它们既相互协调,又相互制约,由冠高、冠形所构成的树冠体积的大小,对干周的增粗,有明显的促进作用,而干周的粗细,又是结果能力大小的标志。所以,在培养丰产树体结构的过程中,先要控制冠高,然后再逐渐培养成体积较大、长势也比较稳定的扁圆树冠。

① 主干低

主干是地面至第一层主枝之间的树干部分。其高度对树体结构影响较大。主干高,根与树冠之间距离大,树冠形成晚,体积小。主干低,相对地缩短了树冠与根部的距离,加速养分运转、交换,减少营养消耗;树体生长健壮,树冠扩展快,成形早,结果早;便于树冠管理,有利防风、积雪、保温、保湿。但主干不宜过低,过低不利于耕作和机械化,冠下郁闭,下层主枝易触及地面,降低果实品质。定干高度一般在 40~60 cm 之间,苹果一般树冠扁圆,干高一般为 50 cm 左右。应根据具体情况,决定干高:树直立形的应矮干;开张且枝较软的宜高干;而灌木、半灌木的果树应矮干;乔木,栽植距离大宜高干;大陆性气候、风大地区树木宜矮干;海洋性气候、气候较温和,树木干可高些;光照好的地区树木宜矮干,光照差的地区树木宜高干,以增加通风透光;机械耕作的果园树木宜高干;山地和丘陵薄地树木可适当偏矮;河海沙滩地及土层深厚的平地树木可适当偏高。

② 树冠矮小

树冠是果树的主体部分。树冠的体积、树高、冠径和间隔,树冠形状,树冠结构和叶幕配置等,对充分合理利用空间和光能、生长结果和果实品质以及劳动效率等,都有重要影响。适当矮冠,便于管理,提高了劳动生产率,主要是便于喷药、修剪、授粉、采收等管理操作;光能利用率高,有效叶面积大,有效生产容积和结果空间大;便于密植管理,减少风害日灼,保温保水。树冠高度控制在 2~4 m,冠径在 2.5~4 m。

③ 低干矮冠树形能获得优质丰产的原因

a. 光照条件好,光合效率高

据测定,嫁接在矮砧上的小冠形元帅系品种,受光量达 30% 以上的叶面积,占单株总叶面积的 80% 以上;嫁接在乔砧上的大冠形元帅系品种,受光量达 30% 以上的叶面积为 77%;而矮砧和乔砧的净光合强度,相差 23%~46%。

根据山东省烟台果树研究所的试验,树冠的光照情况,与红富士苹果着色和品质的关系极为密切。当树冠外围相对光照强度在 95.31% 时,果实着色度在 60% 以上的占 90.84%,可溶性固形物的含量高达 17.0%;而树冠中部相对光照强度在 69.08% 时,果实着色度在

60%以上的只有39.94%,可溶性固形物仅为14.6%;当树冠内部相对光照强度为17.54%时,果实着色度在40%以下的占89.45%,可溶性固形物只有12.3%,已失去红富士苹果应有的品质和风味。

b. 营养积累高,而且多用于开花结果

试验结果表明,乔砧大冠苹果树,其光合产物用于开花结果的部分,只占40%左右;而树冠较小的矮砧苹果树,用于开花结果的部分,高达80%以上。这对增加苹果产量,无疑有明显效果。

c. 树势健壮,发育充分,果实负载量大

低干矮冠树形,由于树势健壮稳定,因此,骨架部分可得到充分发育,为早果、丰产和优质、稳产提供了物质基础。

d. 有效结果面积大,产量高

据调查,低干矮冠树形,其树冠在一定的大小范围内时,树冠中的有效结果面积,是随树冠增大而增加的。当树冠超过一定大小时,有效结果面积反而缩小,产量也相应下降。那么,此种树冠的体积以多大为适宜呢?调查结果表明,山地苹果园的树冠,以20~25 m^3 时产量为最高。尚未达到或已经超过这一范围的树冠,都需通过修剪加以调整,并使其经常保持在这一范围之内,以保证稳定丰产。

(2)少主多侧、骨架牢固

① 少主枝、多侧枝、角度开张

大枝是骨架,结果靠小枝。空间决定了大枝少、小枝多才能丰产。对于干性弱、层性不明显的果树,其中心干消失快,树冠不用分层,一般主枝3~4个,侧枝6~8个,通常为3个主枝,6个侧枝;而对于干性强、层性明显的果树,其直立向上中心干强壮,多用分层形,主枝2~3层,5~7个,侧枝8~13个。

全树主枝数量的多少,因树形而不同,主干疏层形5~7个,自然开心形3~4个,侧枝15~20个。骨干枝的级次(中心干为一级、主枝为二级、侧枝为三级),一般以三级为宜。骨干枝的角度开张,树冠不抱合。第一层主枝的基角,一般为50°~60°,腰角65°,梢角40°~45°。基部第一和第二侧枝的开张角度宜大于主枝,向主枝的背斜方向延伸生长,其角度为70°~80°。

丰产的树体结构之所以强调主枝要少,侧枝要多,角度要开张,是因为在树体中,主、侧枝数量的多少,级次的高低,角度开张的大小,对树冠内部的光照状况,叶片的光合效能,树体内部营养物质的积累、分配和运转,以及内源激素的含量、分布等,都有明显的影响。因而在果实的产量和质量方面,也表现出明显的差异。所以,在整形修剪过程中,应根据果园立地条件、砧木、树形等实际情况,对主、侧枝的数量和主枝的开张角度,进行适当地调节。

② 骨架牢固

轮生主枝不牢固,易折裂;主枝开张角过小,易劈裂,过大易下垂。骨干枝数要根据树种本身的成枝力及所选择的树形来留取,枝的角度还要因枝条强弱来增减,要及时调整。上面各层主枝开张角度应逐层减少。

③ 骨干枝弯曲延伸

中心干要克服上强下弱,生长过高;主枝基部促分枝,枝组不易衰弱。骨干枝弯曲延伸有利于抑制生长势,达到控前促后,促进开花结果的目的。

(3) 枝杈满冠、通风透光要好

① 枝杈满冠

充分利用空间,多利用辅养枝、临时枝,多留中、小枝,全面安排大、中、小型枝组,使树冠内外、上下、四周都丰满,以增叶面积,加速骨干枝增粗早结果。

② 通风受光要好

冠面波状,大小球形体多,受光面大,光线又能从层间、窗洞射入树冠内外各部,结果空间大。

(4) 枝组配备合理

结果枝组是结果的小枝组成的枝丛。按枝丛的大小、分叉枝的多少,相对地分为大、中、小三种类型的枝组。良好的结果枝组,应结果能力强,健壮牢固,营养枝与结果枝比例适当,能较久地保持一定的结果数量。

各类结果枝组在树体内部的安排,就其生长方向而言,主枝上以斜上枝组为主,两侧为辅,侧枝上以两侧为主,斜上枝组为辅,可适当配备背上背下枝组。结果枝组的分布,一般下层的结果枝组密度较大,占全树总结果枝数量的70%左右,以中型为主,大型和小型为辅。上层结果枝组的密度较小,一般占全树总结果枝组数量的30%左右,以小型为主,大、中型为辅。形成一种上疏下密的布局。在一个主侧枝上,冠中内部可适当多留些大型结果枝组,辅以中小型;中部以中型结果枝组为主,辅以大型和小型;而在外部多为小型,辅以中型。

① 结果枝组配备原则

结果枝组配备原则为:多而不密、枝枝见光、内外通风、立体结果。一般来说结果枝组均以配备中型枝组为主(1~2个),小型最多,其形成易,衰老亦易,在配置时可灵活安排。大型枝组都分布于树冠中后部,内膛下层大型要多。背上枝组生长易旺,转化结果亦迟,易遮光,背下枝组易弱,易衰老。所以枝组配备以配置两侧为主,用侧生、斜上、斜下等不同角度使之交错。从全树来说,树冠内膛、下层可配置大型枝组,占领内部空隙。中心干中上部可有中小型枝组。辅养枝在后期留用的则多半可改为大型枝组。其他则以中小型枝组为主。幼年树是以小型枝组为主,培养树形过程中,根据枝的生长势与位置培养大、中型枝组。密植的圆柱形没有主枝,以大型枝组为主。老年树,背上枝组易形成,要充分利用背上枝形成枝组,分向各个方向,以保证产量。总之要使大、中、小枝组相互交错,大小、高低、内外交错,既占领结果空间,又通风透光。

② 分布

主枝上枝组分布呈"菱形状",即从主枝基部至上部分别配置中、大、小型枝组。

③ 配置要求(对全树而言)

a. 树冠上下层:"上稀小、下密大",使树冠下部及内膛光照充足。

b. 主侧枝前后:"前小中,中后大",正确促控,使骨干枝前后部生长势均衡。

c. 主侧四方:"背上小、背下大,两侧中",达到果树年年稳产高产的目的。

枝组在树冠内的合理配置,对抑制竞争、充分利用空间和光热资源,是很重要的。由于主、侧枝的延伸状况是外高内低、内粗外细,所以,树冠内部以配置大型结果枝组为主。由内而外,枝组逐渐变小;由下而上,枝组的配置由大而多,逐渐变为小而稀。即树冠下部的枝组,以大型为主,数量也可适当多些;树冠上部的枝组,应以中、小型为主,数量也应适当少些,以便充分利用营养、空间和光热资源。

在骨干枝两侧配置结果枝组时,同样也是内大外小。外围枝量多时,应适当疏剪或回缩;内部枝组少时,可先多留枝,多缓放,复壮之后,再对枝组适当回缩,促生分枝,保持内膛有充足的结果枝或结果枝组。

从枝组的着生位置分,主要有:背上直立枝组、背上斜生枝组、两侧枝组和背下枝组4种类型。其中,两侧着生的枝组,又可分为上侧生枝组、下侧生枝组和平侧生枝组3种类型。

枝组的着生位置不同,生长量和生长势以及对修剪的反应都有明显差异。一般的反应是:背上直立枝组生长势强,生长量大;背上斜生枝组次之;两侧枝组中庸;背下枝组长势偏弱,但结果早,衰老也快。

背上直立枝组容易旺长,很易出现上强下弱现象,因此,背上枝组应以斜生为主,如需安排背上枝组,也应穿插在斜生枝组之间,而且要通过修剪,抑制其顶端优势,并使各类枝组之间,都有较大的生长空间,且保持相对平衡,以及良好的通风透光条件,以保证稳定丰产。

着生在主、侧枝上的枝组,应有一定的延伸方向和分枝角度。主、侧枝两边的枝组,其垂直角度,多为90°左右,即水平生长;背上斜生枝组的垂直角度可为45°左右;背下枝组的垂直角度以90°左右为宜,力求层性明显。

全树的结果枝组,如果都能有统一的延伸方向和角度,枝组虽多,也可以排列得很整齐,枝条再多,也可以分布得很均匀。着生于中干上的枝组,开张角度要大,结果后及时回缩,以免影响一层主枝背上枝组的光照。

(5) 叶幕厚度与叶幕间距适当

① 叶幕厚度

叶幕厚度,是同一层骨干枝上全部叶片的垂直厚度。

叶幕厚,结果枝多,结果空间大。但也不能过厚,过厚则遮光大,无效叶多,影响产量。标准:使下层叶的受光量在光合补偿点以上,一般以600~800 m烛光为好。基部主枝叶幕厚常为150 cm。呈波状,以利透光。

② 叶幕间距

上下相邻两层叶幕间的垂直距离为叶幕间距。全树通常2~3层叶幕,距离大小以透光良好为准。

③ 叶幕成层,树冠开张

在生产中,常用叶幕厚度和叶幕间距来表示树冠中叶幕的分布状况。第一层叶幕由第一层主枝的第一、第二侧枝上的枝叶组成,第二层叶幕是由第一层主枝上的中、外部及第三、第四侧枝上的枝叶组成,第二层以上主枝的枝叶,构成第三层叶幕。第一、第二两层的叶幕间距为60~80 cm,叶幕厚度为60~90 cm。国光系、元帅系、秋花皮等耐阴性较强的苹果品种,以及山地窄幅梯田上行距较大的果园,叶幕间距可适当小些,叶幕厚度可适当大些;金冠系、青香蕉系等喜光性强的品种,以及平地树冠较大的果园,叶幕间距就要适当大些,而叶幕厚度则应适当小些。

叶幕厚度和叶幕间距在苹果树体结构中,有重要作用。叶幕体积的大小,是随树龄大小和整形方式的不同而有变化的。叶幕的厚度和间距,对树冠内部的光照条件有很大关系,因而对果品质量也有很大影响。

幼龄果树，叶片布满整个树冠，所以，叶幕的形状和体积，与树的形状和体积是一致的。未经整形修剪的成年树，在密植条件下，枝条直立生长，下部很易光秃而形成平面或弯月形的叶幕。这种形状的叶幕，结果面积小，产量低；半圆形和丛状形叶幕，绿叶层面积大，较易获得高产。

叶幕在年生长周期中，有明显的季节性变化。品种、立地条件和整形方式不同，叶幕形成的速度也不一样。在一般情况下，幼龄旺树和抽生长枝比例大的品种，叶幕形成的时间较长，叶片形成高峰出现也较晚；短枝型品种和成龄弱树，形成叶幕的时间较短，叶片的形成高峰出现也早。

叶幕的厚度和间距不同，树冠内的光照状况也不一样，苹果产量、质量也有明显差异。研究结果表明，中干形苹果树冠的光分布状况，一般可分为4个光照层：

第一层，在树冠的最外面，其厚度为1 m左右，其外缘的光照强度，近于自然光照，其内缘的光照强度，约为全日照的70%。这一层的受光条件最好，因而果实质量也最高。

第二层，位于第一层以内，厚度约为1 m。其外缘的光照强度，约为全日照的70%，其内缘的光照强度，约为全日照的50%。这一层的光照状况，虽不如第一层，但光照分布比较均匀，可基本满足苹果树生长结果的需要，果实质量较好。

第三层，位于第二层以内，厚度约为1 m。由于第一、第二两层遮光，因此，这一层的光照强度，只相当于全日照的30%~50%，有效生理辐射大为减少，难以满足苹果生长发育的基本需要，因而果实不易着色，质量也差。

第四层，位于树冠中心，其光照强度为全日照的30%以下，而且多为散射光。由于这一层的光照不足，影响了光合作用的强度，也减少了营养物质的积累，因此，处于这一层内的果实，着色不良，品质也差。

从上述分析中可以看出，光照强度是随着叶幕厚度的增加而减少的，果实的着色程度和质量也是随叶层厚度的增加而递减的。所以，在果树的整形修剪过程中，不仅要有数量充足的叶片，而且要使这些叶片在树冠内外合理分布。在正常情况下，接受直射光的外围叶片，具有较高的光合强度，随着树冠厚度的增加，受光量逐渐减弱，当减弱到全光照的30%以下时，叶片光合作用的合成能力就低于本身的消耗而变成寄生叶。因此，树冠过大，叶幕过厚，树冠内的无效光照区越大，非但不能增产，反而会导致产量、质量下降。出现这种现象时，必须通过修剪，疏除过密大枝，改善树冠内部的光照条件，提高光合强度，增加营养积累。目前生产中应用的小冠形和篱壁形，都可提高树冠内部的光照强度，增强光合效能，增加营养积累，提高产量，改善品质。

（6）果树丰产树形模式

果树的丰产树形可分为以下几类：

① 有中心干形

主要有疏散分层形、纺锤形、圆柱形等，见图3-17和图3-18。

图 3-17　自由纺锤形

图 3-18　细长纺锤形

② 无中心干形

主要树形有自然开心形、多主枝自然形等,见图 3-19。

图 3-19　开心形

③ 扁形

主要有篱架形等,见图 3-20。

图 3-20　篱架形

④ 平面形

主要有棚架形等,见图 3-21。

图 3-21　棚架形

(7) 树形选择原则

根据果树生物学特性并实现优质果品生产是进行树形选择的基本原则。需考虑的果树生物学特性主要包括:树体的干性、层性及生长势强弱;成枝力高低;枝条生长姿势及枝条的硬度;树种的耐阴能力。干性强的树体通常选用具有中心干的树形,弱的则采用开心形;生长势强的选用大中冠树形,弱的采用小冠树形;成枝力高的选用干高主枝少、级次低的树形,成枝力低的可采用骨干枝相对较多的树形;枝条硬、生长势直立的可选用低干树形,枝条软、生长下垂的宜选用高干树形;耐阴的树种可选用闭心形树形,喜光的树种宜采用开心形树形。

对于果树生产者来说,所选择的树形最好还具有如下的一些优点:果树能在短时期内迅速地占领空间;树冠的通风透光条件好,有效容积比例大;早果、丰产性能好;整形技术相对简单,树形保持容易,管理简便、省工。

在进行树形选择时,还必须考虑如下两个重要因素:

其一,果园自身的生产目标、开发方式与投资力度。例如:对于资金投入量大的果园,可考虑采用有支架的绑缚树形进行生产,从而实现早果、丰产及高品质果品的生产和开发。

其二,气候环境条件。例如:冷凉干燥和生长季节短的地区选用中小冠树形;温暖潮湿地区应选用层形及一些通风透光好的树形;台风多发区和多季风地区应采用低干、矮冠树形及有支架的树形;寒冷地区宜采用匍匐树形。

此外,树形的选择应考虑砧木对树体的生长势及固地能力的影响,树冠的大小应与所选用树种的砧穗组合的生长势基本相适应。对于使用半矮化砧、矮化砧后固地能力差的果树,必须采用篱架栽培。树形的选择还必须与果园的土壤条件及其栽培技术和管理水平相适应。

3.2.4　果树整形修剪概述

1. 整形修剪的概念

果树在一生的生长发育过程中,始终存在着生长结果与衰老更新的矛盾;从树体内部生理生化的变化情况看,存在着同化和异化、营养物质的积累和消耗、集中与分配等相辅相成的作用;在外界条件方面,也有和多种生态环境与农业技术管理的对立与统一,以及相互适应的关系等问题。这些不协调现象,在果树不同的年龄时期,不同的生长空间和不同的器官之间是经常出现的,如不进行整形修剪,任其自然生长,则果树表现为:枝条密集,树冠郁闭,树体结构紊乱,通风透光不良,树体长势不壮,枝条纤细,叶小而薄;果形不正,色泽不鲜艳,风味较淡,品质较差,商品价值低,不耐久贮,也不能远运。这样的果园不仅产量低、质量差,且因光照条件不良,枝条容易枯死,病虫为害重,内膛易空虚,结果年限短,树体寿命不长,经济效益低。

针对上述情况,如果在加强土肥水综合管理和病虫害综合防治的基础上,能根据树种、品种的生长结果规律,进行整形修剪,培养成合理的树体形状和树冠结构,并经常调节树体各部分间的生长与结果的平衡,注意改善树体的营养积累,减少不必要的营养消耗,就能在经济利用土地、光、热资源和空间的前提下,在维持树体健壮生长的基础上,达到早结果、早丰产和长期优质、丰产、稳产、高效益、低消耗的栽培目标。

果树整形修剪是果树栽培综合管理的一个重要环节。整形、修剪是两个不同的概念,既互相关联,又不易明显分开。

整形是通过修剪枝条,使树冠的骨架形成一定的排列形式和合理的树体结构,把树冠的外形剪成一定的样式,以承担高额产量。整形多是对幼树而言的,主要解决骨架问题。

修剪是在整形的基础上,根据生长和结果的需要,采用多种措施(如刻伤、摘心、扭枝、环剥和施用生长调节剂等),对果树的枝条进行剪截或处理,以促进或抑制某些枝条的生长发育,调节生长和结果的关系。修剪多是对成龄树而言的,主要解决结果问题。

由此可知,整形、修剪是两个相互依存,不可截然分割的操作技术。整形是通过修剪来实现的,修剪又必须在整形的基础上进行。二者既有区别又紧密联系,并互相影响,不可偏废。

2. 整形修剪的原则

在整形修剪时,既要重视良好的树体结构的培养,又不能死搬树形。做到有形不死、无形不乱,因地制宜,因树修剪,随枝作形,顺其自然,加以控制,便于管理;使之既有利于早果丰产,又要有长期规划和合理安排,达到早果、高产、稳产、优质、长寿的目的。

(1) 整形原则

总原则:因树修剪,随枝作形,有形不死,无形不乱。因此应当做到:长远规划、全面安排、均衡树势、主从分明。外因要考虑气候、土壤、管理水平、地下水平,内因要考虑砧木、品种、树种、树龄、长势。总之要兼顾营养生长和生殖生长,不机械造形,不为造形而造形。要因树修剪,随枝作形。在果树的生长发育过程中,由于砧木种类不同,苗木质量不一,立地条件有差异,在实际生产中,很难找到两棵在萌芽、抽枝方面完全一致的幼树,因此,在整形修剪过程中,就很难按照预定的树形结构,同一地要求每一树株,否则,必将修剪过重而推迟结果年限。所以,在整形过程中,就只能根据每棵树的不同生长情况,整成与标准树形相似的树体结构,而不能千篇一律按同一模式要求,而是要根据树种和品种的不同特性,选用适宜树形。但在整形过程中,又不要完全拘泥于所选树形,而要有一定的灵活性。对无法整成预定形状的树,也不能放任不管,而是要根据其生长状况,整成适宜形状,使枝条不致紊乱,这也就是我们经常说的"有形不死、无形不乱"的整形原则。掌握好这一原则,在果树整形修剪过程中,就能灵活运用多种修剪技术,恰当地处理修剪中所遇到的各种问题。

因树修剪,是对果树的整体而言,即在果树的整形修剪过程中,根据不同果树种类的生长结果习性,以及果园立地条件等实际情况,采取相应的整形修剪方法,及修剪的轻重程度适宜。从整体着眼,从局部入手,否则,有可能顾此失彼,影响效果。例如,对苹果、梨的幼旺树进行修剪时,为促其及早成形并成花结果,在整体上必须采取轻剪、长放、多留枝的办法,才能抑制旺长,促进成花和早期结果;反之,如果在整体上采取重修剪、多疏枝的办法,即是对部分枝条采取轻剪缓放的修剪措施,也难收到抑制旺长和成花结果的效果;而对于已经进入结果盛期的苹果、梨等大树,在整体上就应该采取适度短截和回缩修剪的办法,以利维持健壮树势,延长盛果年限。所以,从果树的整体着眼,全面分析和正确判断树体的生长结果状况,是合理进行整形修剪的前提和基础。

随枝作形,是对果树的局部而言。在整形修剪过程中,应根据枝条的长势强弱,枝量多少,长、中、短枝的比例,分枝角度的大小,枝条的延伸方向以及开花结果等情况,正确处理局部和整体的关系,生长和结果的平衡,主枝和侧枝的从属,以及枝条的着生位置和空间利用等等,以便形成合理的丰产树体结构,获得长期优质、稳定增产的较高经济效益。所以,因树修剪、随枝作形,是果树整形修剪中应该首先考虑的原则。

(2) 修剪原则

总原则:以轻为主、轻重结合、因树制宜。因此应当做到抑强扶弱、正确促控、合理用光、枝组促壮、高产优质。修剪量与修剪程度要轻,幼树至初果期尤其要注意修剪以轻为主。

轻重结合能有效调节树势，培养结果枝组，使枝组充分占有空间、分布合理、立体结果、保证产量逐年提高。轻重的判定标准：凡剪后抽生旺枝多则为重，反之抽生旺枝少、抽生短弱枝多的为轻。

重剪会破坏上下平衡，减少总产量，寿命缩短，同时易诱发落果或果实不能充分膨大。重剪剪去大量同化器官和产物，局部生长加强，新梢生长期长，消耗营养多，导致落果、果小、花芽分化不充实、贮藏养分少。

整形修剪的目的，一是建造一个骨架牢固的树形，二是为了提早成花结果。为了长期的优质、丰产、稳产，树体骨架必须牢固，所以修剪时必须保证骨干枝的生长优势，但为了提早成花结果和早期丰产，又必须尽量多留枝叶。随着树龄的逐年增长，枝叶量也急剧增加，所以修剪时，除选留骨干枝外，还必须选留一定数量的辅养枝，用作结果或预备枝。因此，对幼树应以轻剪为主，多留枝叶，扩大营养面积，增加营养积累，同时，对骨干枝应适当重剪，以增强长势；对辅养枝宜适当轻剪，缓和长势，促进成花结果。

果树的整形和修剪，毕竟要剪去一些枝叶，因此，对果树整体来说，无疑是有抑制作用的。修剪程度越重，对整体生长的抑制作用也越强。为了把这种抑制作用尽量控制在最低限度，在整形修剪时，应坚持以轻剪为主的原则。

轻剪虽然有利于扩大树冠，缓和树体长势和提早结果，但为长远着想，还必须注意树体骨架的建造，所以，必须在全树轻剪，增加树体总生长量的前提下，对部分骨干枝和辅养枝进行适当重剪，以利建造牢固的树体骨架。由于构成树冠整体的各个不同部分的着生位置和生长势力不可能完全一致，所以，修剪的轻重程度，也就不能完全一样。因此，在修剪过程中，必须注意轻重结合，才能既建造牢固的树体骨架，又能有效地促进幼龄果树向初果期、盛果期的正常转化。这一修剪原则，对幼树来说，有利于早果丰产；对结果树来说，有利于稳定增产；对老树来说，有利复壮树势和树冠更新，维持一定产量。

在同一果园内，不同树株之间，或同一棵树的不同类枝条间，生长势力总是不平衡的。修剪时，就应注意通过抑强扶弱，适当疏枝、短截，保持果园内各单株之间的群体、长势近于一致，一棵树上各主枝间及上、下层骨干枝间保持平衡的长势和明确的从属关系，使整个果园的树株都能够上、下和内、外均衡结果，实现长期优质和稳定增产。

在果树的生命周期中，生长和结果的关系，始终处于经常的不断变化之中，所以，在确定修剪量时，应根据生长和结果状况及其平衡关系的变化而有所变动，宜轻则轻，宜重则重。总之，统筹兼顾，轻剪为主，轻重结合的原则，既能建造牢固的树体骨架，又能促进提早结果和早期丰产，以及长期的优质、丰产。

3. 整形修剪的依据

果树的整形修剪与很多因素都有密切的关系，主要考虑以下几个问题：

（1）树种品种特性

果树的种类和品种不同，其生物学特性也各不一样，即使是同一树种，不同品种间的萌芽早晚，枝量多少，分枝角度大小，枝条软硬程度，枝类的构成和比例，中干的强弱，形成花芽的难易，对修剪反应的敏感程度等，都有明显差异。因此，在整形修剪时，就必须根据树种和品种的不同生物学特性，采取有针对性的修剪方法。因树种、品种进行修剪，就成为果树整形修剪最根本和最重要的依据。

不同树种之间,如苹果和梨,其生物学特性就有明显差异:梨树的顶端优势强于苹果,幼龄期间,枝条的直立性强于苹果,进入盛果期后,骨干枝的角度又比苹果树更为开张,梨的萌芽力高于苹果,成枝力却又弱于苹果,成花比较容易,结果也早,但比苹果容易出现大小年结果现象;梨树隐芽的寿命长于苹果,因此,缩剪和更新修剪,就比苹果更为方便。由于苹果和梨的这些生物学特性上的差异,在整形修剪时,就应注意对幼龄梨树的修剪,主枝的剪截程度要轻于苹果,也就是说,要比苹果更强调轻剪多留;主枝顶端的高度,要与中心干枝的高度相近,以防出现上强下弱现象;为防止梨树进入盛果期后主枝弯曲下垂,第一层主枝的开张角度可以相对较小,一般保持在40度左右即可,而不必像苹果树那样,一开始就要整成80度左右的基角;梨树的萌芽力高,成花容易,所以进入结果期后要注意控花;梨树的隐芽寿命也比苹果树长,因此,可以利用其基部多年生隐芽,更新骨干枝和树冠,而苹果树4年生以上枝段进行缩剪时,就较难收到更新复壮的理想效果,有时还可能使缩剪枝加速衰老或干枯死亡。

在葡萄的不同品种间,果枝分生节位高的龙眼,宜采用棚架整形和长梢修剪;而长势较弱,果枝分生节位较低的玫瑰香等品种,则应采取篱架整形和短梢修剪。

(2) 自然条件和栽培管理

果园的立地条件和栽培管理水平不同,其生长发育和结果状况也不一样,对修剪的反应也有所不同。在土层薄、土质差、干旱的山地丘陵果园,树势普遍较弱,树体矮小,树冠不大,但成花快,结果早。对这种果园,除注意密植外,在整形修剪时,定干要矮,冠形要小,骨干枝要短,少疏枝,多短截,注意复壮修剪,以维持树体的健壮生长,保持较多的结果部位。在土层深厚,土质肥沃,肥水充足,管理水平较高的果园里,树势普遍较旺,枝叶量大,成花较难,结果较晚。这种果园,除建园时应当注意加大株行距外,在整形修剪时,应注意选用大、中冠树形,树干也应适当高些,轻度修剪,多留枝条,缓和长势,而且主枝宜少,层间距应适当加大,还应注意夏季修剪,以缓和树体长势,增加枝条级次,促进成花结果。

栽植密度和栽植方式不同的树种、品种,其整形修剪方式也有所不同。一般栽植密度大的果园,整形时应注意培养枝条级次低、小骨架和小树冠的树形,修剪时应注意开张枝条角度,控制其营养生长,抑制树冠过大,促进花芽形成,以发挥其早结果和早期丰产的潜力。对栽植密度较小的果园,则应适当增加枝条的级次以及枝条的总数量,以便迅速扩大树冠成花结果。对计划性密植和临时加密的果树,永久性植株和临时性植株,要分别采取不同的修剪方法。对永久性植株,则采取常规修剪措施,既要注意树形,又要注意早结果。对临时性的植株,修剪时要尽量采取促花结果、压缩树冠、控制营养生长的修剪措施,促其早结果、多结果,而不必强调树形。当临时性植株影响永久性植株树冠扩展时,要根据具体情况,进行回缩修剪、移栽、间伐或砍除。在冬季气温较低的地方栽植葡萄时,因冬季需将葡萄下架并埋土防寒,所以,整形修剪方式要适应下架埋土的需要,主干要低,芽眼的留量要适当增加;在冬季不需下架埋土防寒的地区,修剪量可相对较重,芽眼的留量也可适当减少。同样,肥水管理水平的高低,对果树生长发育也有明显影响,在整形修剪时,应根据树势强弱,以及对修剪反应的敏感程度等,采取相应的管理措施。

(3) 树龄

果树的年龄时期不同,生长和结果的状况也不一样,因而在整形修剪时,所采取的方法,也应有所区别。苹果、梨等果树,在幼龄至初果期,一般长势较旺,枝叶量较少,长枝较多,中、短枝较少,枝条较为直立,角度不易开张,花果数量也较少;进入盛果期以后,树体长势逐渐稳定,由旺长而转为中庸以至偏弱,枝、叶量显著增加,长枝数量减少,中、短枝比例增加,角度逐渐开张,花、果数量增多。因此,在整形修剪过程中,就应根据不同年龄时期的生长结果特点,分别采用轻重不同的修剪方法:对幼龄至初果期树,应适当轻剪,增加枝条总量和枝条级次,扩大树冠,提早结果和早期丰产;对已经进入盛果期的大树,则应适当加重修剪,注意调节开花、结果数量,搞好更新复壮修剪,防止树体衰老,延长盛果年限。对于长势过旺的树,不论是处于何种年龄阶段,修剪量都应从轻,以利成花结果;而对于长势过弱的树,首先要采取加强土肥水综合管理措施,增强树势和增加枝量以后,再采取相应的更新修剪措施。果树不同年龄时期的管理目标,可以描述为"小树助大,大树防老,返老还童"。

(4) 修剪反应

树种或品种不同,对修剪的反应也不一样。即使是同一品种,用同一种修剪方法处理不同部位的枝条时,其反应的程度和范围也有较大的差异,因此,修剪反应既可检验修剪的轻重程度,也是检验修剪是否合理的重要标志。只有熟悉并掌握了修剪反应的规律,才能做好整形修剪。

修剪反应,一要看局部表现,即剪口或锯口下枝条的长势、成花和结果情况,二要看全树的长势强弱。

以苹果为例,对初果期国光和红星的花枝,进行同等程度的花上缩剪时,修剪反应是不一样的:在国光的花枝上缩剪以后,其反应是长势稳定,坐果率高;在元帅系品种花上缩剪以后,特别是在初果期树上修剪时,其反应往往是促进新梢旺长,降低坐果率。所以,对元帅系品种的花枝进行缩剪时,要根据树体生长势的不同,分别在春、秋梢交界的轮痕处或新梢基部批芽处进行剪截,以缓和其修剪反应,并提高坐果率。在疏枝程度相同的情况下,对骨干枝两侧的分枝和骨干枝的背上枝进行疏剪时,其修剪反应,常因骨干枝的背上枝数量多少而不同:当骨干枝的背上枝数量多时,疏除两侧分枝后,背上枝的反应就比较缓和,但背上枝的数量少时,疏除骨干枝两侧分枝后,背上枝的反应就很强烈,往往引起旺长。因此,只有在充分掌握了不同树种和品种的修剪反应之后,才能更好地发挥修剪的增产作用。

此外,树形、花芽数量、病虫危害情况等,也是整形修剪应该考虑的因素。

4. 主要树形介绍

果树主要树形有主干形、疏散分层形、开心形、自然圆头形、篱架形等(图3-22),目前生产上常用的树形有疏散分层形、自然开心形、篱架形等。

第 3 章　果树枝叶调控技术

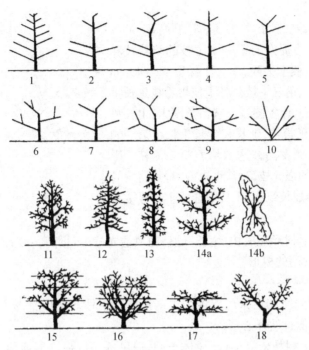

1：主干形；2：疏散分层形；3：基部三主枝小弯曲半圆形；4：十字形；5：自然圆头形；
6：主枝开心形；7：多主枝自然形；8：自然杯状形；9：自然开心形；10：丛状形；
11：纺锤形；12：细纺锤形；13：圆柱形；14a：自然扇形侧视图；14b：自然扇形顶视图；
15：斜脉形；16：棕榈叶形；17：双层棚篱形；18：Y 形

图 3-22　果树主要树形示意图

（1）疏散分层形

本树形（图3-23）定干高度 60~70 cm，全树培养主枝 4~5 个，设中心干，主枝在中心干上分两层着生，方向不同，第一层在 50 cm 范围内培养 2~3 个主枝，分枝角度 50~60 度；第二层培养 2 个主枝，分枝角度 30~40 度，两层间距 80~100 cm，每层各主枝间有一定的间距，各主枝两侧培养侧枝 1~2 个，第一侧枝距主枝基部 70~100 cm，两侧枝间距 40~60 cm。

本树形的特点是：树冠骨架牢固，结果面积大，通风透光好。是梨、枇杷、杧果及层性强的果树常用的树形。

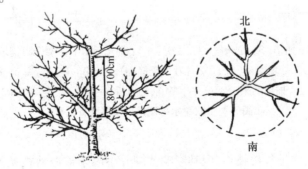

图 3-23　疏散分层形

(2) 自然开心形

本树形(图 3-24)不留中心干,定干高度 50～60 cm。只选取定干后促发的第一个主枝的培养枝和直立中心干,其余侧枝全去除,中心干保留 30～40 cm 长度短截,培养第二、第三主枝。各主枝培养枝延长生长至约 70 cm 时摘心,促发侧枝。选留角度大、生长势强的作第一侧枝和延长枝,延长枝延长生长距第一侧枝 60 cm 时再摘心,促发侧枝选取培养第二侧枝。影响主枝和侧枝生长的强旺枝,对其重短截,对其萌发的新梢进行摘心,培养成枝组;密生枝中选留生长势缓和的枝条作辅养枝。

图 3-24　自然开心形

本树形的特点:树形形成快,生长旺盛,通风透光好,产量高,寿命长。是温州蜜柑、梨、桃、李、板栗、柿等常用的树形。

(3) 篱架形

本树形(图 3-25)搭架后采用双主枝单层形或双主枝双层形整形方法。主枝及侧枝的配置和培养方法类似自然开心形。

本树形的特点:树枝依靠架面,树体牢固,通风透光性强。是葡萄、猕猴桃等蔓性果树常用的树形。梨等一些木本果树有时也采用此树形。

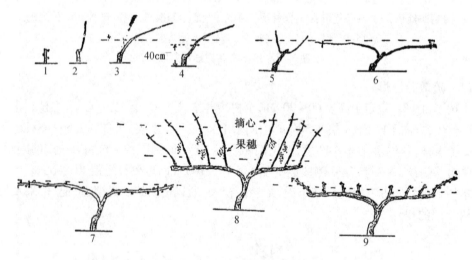

1:定植;2:抽梢;3:拉倾斜;4:强摘心;5:抽梢后留上方两个附梢培养成主蔓;
6:摘心并处理附梢(留 1～2 片叶反复摘心);7:第一年冬剪留 6～8 个芽;
8:第二年春抽梢结果;9:第二年冬,前端剪留 6～8 个芽,其余剪留 2～3 个芽

图 3-25　双臂水平篱架形及其整枝过程

5. 修剪的作用

修剪的对象,主要是各类枝条,但其影响范围并不限于被修剪枝条的本身,尚表现在对树体的整体生长有一定的作用。从整株苗木来看,既有促进作用也有抑制功能。

(1) 修剪的双重作用

① 局部促进作用。由于修剪后减少了枝芽数量，改变了原有营养和水分的分配关系，养料集中供给留下的枝芽生长。同时修剪改变了树冠的光照与通风条件，提高了叶片的光合作用效能，使局部枝芽的营养水平有所提高，从而加强了局部的生长势。促进作用的强弱，与树势、修剪程度及剪口芽质量有关。树龄越小，修剪的局部促进作用越大。同一树势，重剪较轻剪促进作用明显。短剪在剪口芽质量较好的情况下，促进生长的作用也明显，一般剪口下第一个芽生长最旺，第二、第三个芽的生长势则依次递减。疏剪只对其剪口下方的枝条有增强生长势的作用，而对剪口以上的枝条则产生削弱长势的作用。

修剪时应根据具体的树势及枝势来确定剪口芽截留的强弱。一般剪口留强芽，可抽生粗壮的长枝；剪口留较弱的芽，其发枝较弱；休眠芽经过刺激也可以发枝。重剪对衰老苗的更新复壮机制，在于修剪去掉大量的枝芽，甚至一部分主干，使养料集中供给休眠芽及留下的枝芽，在良好的肥水条件配合下，还能刺激根部发生新根，提高苗木的生理活性，从而促进植株枝条的萌发生长，达到更新复壮的目的。这种更新复壮作用，往往第一年表现不太明显，第二、第三年才显得非常突出。

② 整体抑制作用。修剪后剪除了部分枝条，树冠相对缩小，叶量及叶面减少，光合作用制造的碳水化合物相应减少；同时修剪造成的伤口，愈合时也要消耗一定的营养物质。所以修剪使树体总的营养水平下降，总生长量减少。抑制作用的大小与修剪轻重及树龄有关。树龄小、树势旺、修剪轻，则抑制作用小；反之，树龄大、树势衰、修剪重，则抑制作用大，常需要较长的时间才能恢复其生长势，因此对苗木的修剪应当掌握适度。一般情况下，修剪的抑制作用在第一年表现最为明显，随着枝叶增长，抑制作用逐渐解除。

地上部修剪对根系生长也有双重作用。在地上部生长过旺时，修剪可缓和与根部养分、水分的竞争，促进根系的生长发育。地上部分修剪过重时，营养物质的分配中心转向枝叶，加强单枝的生长势，延长了生长时间，致使秋末不能及时结束生长。而早春、秋末是根系的重要生长期，重剪由于降低了整个树体营养水平，根部得到的养分也相应减少，因而根系的生长势削弱，发根量大大减少。修剪时应全面考虑，根据具体的植株情况和栽培需要，决定是以促为主，还是以抑为主。

(2) 修剪作用的局限性

修剪是通过改变器官的数量和类型，利用和改变枝梢优势（顶端优势、垂直优势），调整枝芽质量、方位，利用不同时期修剪以及局部的相对独立性，从而调节树体营养的运转和分配。

但其调节作用也有一定的局限性。修剪是果树综合管理中的重要技术措施之一，只有在良好综合管理的基础上，修剪才能发挥作用。优种优砧是根本，良好的土、肥、水管理是基础，防治病虫是保证，离开这些综合措施，单靠修剪是生产不出优质高产的果品的。个别地区过去曾流行过"一把剪子定乾坤"的说法，片面夸大了整形修剪的作用，是不正确的。整形修剪并不能代替土肥水等基本管理措施，只能与之相配合，达到尽可能完美的栽培效果。

(3) 修剪对生长结果的影响

① 调节生长和结果的平衡。在果树的生命周期中，生长和结果的关系，经常处在不断的变化之中，这两者既同时存在，又相互制约，在一定的条件之下，还可以互相转化。幼龄果

树,多以营养生长为主,如不进行修剪调节,而任其自然生长,往往是总生长量大,但树形紊乱,总枝量多,易感腐烂病,树势衰老快,果实质量差,经济效益低。但如果通过修剪调节,如加大主枝的开张角度、拉枝、扭梢和摘心等,则可减缓树体的营养生长,促其形成花芽,使单纯的营养生长,较快地转向生殖生长——开花结果。整形修剪的调节作用,就是根据不同果树种类、品种的生长结果习性,及时地做好幼树的转化,经常调节并维持成龄树生长和结果的平衡。

② 调节光照强度,增强光合作用。科学的研究结果表明,果树产品的 90%～95% 的有机物质,都是光合作用的产物。因此,要想获得高产,就必须设法增加叶片数量、叶面积系数,延长光合作用的时间,提高叶片的光合效能。整形修剪可直接或间接地对上述因素发生影响。例如,对喜光的桃树,采用开心树形、杯状形或盘状形等;对中等喜光的树种如苹果、梨等,采用疏散分层形或延迟开心形等;合理开张骨干枝角度,适当减少大枝数量,降低树冠高度,加大层间距离,改变枝条的延伸方向,以及调整枝条密度等,都可改善整个树体或局部的光照条件,使每一个枝条都能见光,从而延长光照时间,增强光合作用,增加树体营养积累,有利于促进花芽的形成,提高早期产量。

③ 调节树体营养,提高果品产量。果树的整形修剪之所以能对果树的生长发育产生影响,其根本原因在于修剪能够改变树体内部营养物质的生产、运输、分配和利用。例如,对果树进行重剪,能提高枝条中的水分含量;环剥和扭梢,能提高环剥部位以上部分的糖分含量,提高碳、氮比例,有利于形成花芽。

④ 调节果树的叶、果比和花、叶芽的比例。果树进入结果期以后,能否稳定增产,并延长盛果年限,除应加强土肥水等综合管理外,果树的叶、果比和花、叶芽的比例,还必须适当,不能过高,也不能过低。运用修剪技术,对其进行调节,对连年丰产、稳产,克服大小年结果现象,提高坐果率和果品质量,都有明显效果。

⑤ 调节果实负载量。果实负载量,是指一棵或 667 m^2(1 亩)果树所结果实的数量。结果越多,果实负载量也越大,结果越少,果实负载量便越小。但由于果树的种类和品种不同,树龄和树冠的大小不同,树势强弱不同,果实的适宜负载量也不完全一致。一般健壮树的负载量,可适当大些,弱树和老树的负载量,可适当小些,中庸树的负载量居中。若以单位面积结果数量计算,每公顷丰产苹果园的果实留量,大型果如红富士、金冠和新红星等,以 22.5 万～30.0 万个为宜,小型果以 45.0 万～60.0 万个为宜。结果数量过多,个头小,质量差,经济效益并不高,而且容易引起大小年结果,缩短结果年限。因此,应根据果树种类和品种特性、年龄时期、树势强弱、管理水平、立地条件等情况,通过修剪调节,保持适宜的负载量。

6. 修剪时期

在过去的较长一段时期内,果树的整形修剪只在冬季进行,所以称为冬季修剪,随着科学技术的进步和修剪技术的发展,大部分果树都可在一年中根据需要进行修剪。在果树的年周期内,修剪时期可分为:休眠期修剪和生长期修剪。休眠期修剪,也就是冬季修剪;生长期修剪,又可分为春季、夏季和秋季修剪。

(1) 冬季修剪

也就是休眠期修剪。是指落叶果树从秋冬季落叶至春季萌芽前,或常绿果树从晚秋梢停长至春梢萌发前进行的修剪。

果树在深秋或初冬正常落叶前,树体营养,逐渐由叶片转入枝条,由一年生枝条转向多年生枝条,由地上部转向地下根系贮藏起来,至次年春季再由根干运向枝梢。所以,果树冬季修剪的最适宜时间,是果树落叶以后、春季树液流动以前,即果树完全进入正常休眠以后,此时被剪除的新梢中,所含营养物质最少,因而损失最轻。修剪时间过早或过晚,都会损失较多的贮备营养,特别是弱树,更应注意选准修剪时间。另外,有些树种如葡萄,春季修剪过晚,易引起伤流而损失部分营养,虽不致造成树体死亡,但却易削弱树势。所以,葡萄最适宜的修剪时间,是在深秋或初冬落叶以后。

常绿果树叶片中的养分含量高,据报道,结果柑橘树上叶片的含氮量约占全树的1/2,磷在叶片和新梢中含量仅次于花,钾在叶片中的含量仅次于果实,叶片中氮、磷、钾含量均随叶龄增长而下降,尤其在落叶前下降最快,大都被重新利用,光合效能也随叶片老化而下降。因此常绿果树的修剪宜在春梢抽生前、老叶最多并将脱落时进行,此时树体贮藏养分较多而剪后养分损失较少。

果树冬季修剪的主要作用是疏除密生枝、病虫枝、并生枝和徒长枝,过多过弱的花枝及其他多余枝条,缩短骨干枝、辅养枝和结果枝组的延长枝,或更新果枝;回缩过大过长的辅养枝、结果枝组,或衰弱的主枝头;刻伤刺激一定部位的枝和芽,促进转化成强枝、壮芽;调整骨干枝、辅养枝和结果枝组的角度和延伸方向等。

冬季修剪还要综合考虑树种特性、修剪反应、越冬性和劳力安排等因素。不同树种春季开始萌芽早晚不同,如杏、李、桃较早,修剪应早些进行,苹果稍晚,而柿、枣、栗更晚,修剪也相应可以延迟。葡萄在北方寒冷地区需埋土防寒,修剪必须在埋土前进行。落叶果树进入休眠期后早修剪可以促进剪口附件芽的分化和生长,加强顶端优势,减少分枝;晚修剪则相反,可缓和树势,增加分枝。对于大面积的果园,多从劳力合理利用的角度考虑,根据树种和树龄的不同,合理安排修剪顺序。

(2) 春季修剪

也称花前复剪,是在萌芽至花期前后,通过修剪调节花量,补充冬季修剪的不足。是冬季修剪的继续和补充。除葡萄外,许多果树都可春剪。

主要内容包括除萌抹芽和延迟修剪。除萌抹芽是在芽萌动以后,除去枝干的萌蘖和过多的萌芽。为减少养分消耗,时间宜早进行。延迟修剪,亦称晚剪。即休眠期不修剪,待春季花开时再修剪,此时贮藏养分已部分被萌动的芽梢消耗,一旦先端萌动的芽梢被剪去,顶端优势受到削弱,下部芽再重新萌动,生长推迟,因此能提高萌芽率和削弱树势。此法多用于生长过旺、萌芽率低、成枝少的品种。有的年份,有些果树的花芽,在冬剪期间尚不易识别时,以及容易发生冻害的树种,也可留待萌芽后再剪。但春季修剪量不宜过大,剪去枝条的数量也不宜过多,而且不宜连年采用,以免过度削弱树势。

春剪,多采用疏枝、刻伤、环剥等措施,以缓和树势,提高芽的萌发力,促生中、短枝。这些措施,在枝量少、长势旺、结果晚的树种、品种上较为适用。通过疏剪花芽,调节花、叶芽比例,有利于成龄树丰产、稳产;疏除或回缩过大的辅养枝或枝组,有利于改善光照条件,增产优质果品。

(3) 夏季修剪

指新梢生长期进行的修剪。此阶段树体各器官处于明显的动态变化之中,根据目的及时采用适当的修剪方法,才能收到较好的调控效果。夏季,树体内的贮备营养较少,夏剪后又减少了部分枝叶量,因此,夏季修剪对树体营养生长的抑制作用较大,因而修剪量也宜轻。在幼树和旺树上,夏季修剪的效果较为明显。夏季修剪,只要时间适宜,方法得当,可及时调节生长和结果的平衡关系,促进花芽形成和果实的生长发育;充分利用二次生长,调整或控制树冠,有利于培养结果枝组。

夏季修剪的方法除剪梢外,还有捋枝、拉枝、摘心、扭梢、曲枝、环剥、环刻等,可根据具体情况灵活运用。

(4) 秋季修剪

指秋季新梢将要停长至落叶前进行的修剪。以剪除过密大枝为主,此时树冠稀密度容易判断,修剪程度较易掌握。适当秋季修剪,可使树体紧凑,改善光照条件,充实枝、芽,复壮内膛枝条。由于带叶修剪,养分损失比较大,次年春季剪口反应比冬剪弱,有利于抑制徒长。因此,秋季修剪具有刺激作用小,能改善光照条件和提高内膛枝芽质量的作用。北方为充实枝芽以利越冬,对即将停长的新梢进行剪梢,也属于秋季修剪。

秋季修剪也和夏季修剪一样,在幼树和旺树上应用较多,对控制密植园树冠交接效果明显。其抑制旺长的作用较夏季修剪弱,但比冬季修剪强,削弱树势也不明显。

总之,生长期修剪越早,二次新梢生长越旺,花芽形成也较多,但要注意控制修剪量。所以,生长期修剪,目前在生产中已经普遍应用。

3.2.5 果树冬季修剪技术及其运用

果树冬剪的主要方法包括短截、疏枝、缩剪、长放、开张角度等多种方法,了解不同修剪方法及作用特点,是正确采用修剪技术的前提。

1. 短截

即剪去一年生枝的一部分(图3-26)。短截反应的基本特点是对剪口下的芽起刺激作用,以剪口下第一芽受到的刺激作用最大,其新梢生长势最强,离剪口越远刺激作用依次减弱。其作用为:第一,可促进分枝,并增强所抽生枝的生长势;第二,控制花芽形成及坐果。幼旺树短截重,抽枝多,长得旺,养分消耗多,抑制花芽形成,影响坐果率;第三,剪口芽的留

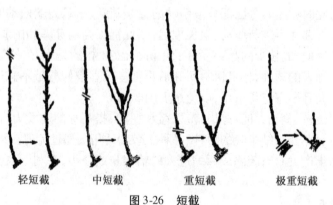

轻短截　　中短截　　重短截　　极重短截

图 3-26　短截

取可改变枝梢的角度、方向,并可改变顶端优势。剪口芽用好芽可增强顶端优势,反之则削弱顶端优势。短截对母枝有削弱作用。

按照程度的不同,短截又分为轻、中、重、极重短截4种。

① 轻短截。将枝条顶部剪去1/4~1/3,截后易形成较多的中、短枝,可缓和生长势,有利花芽分化。轻短截可削弱枝条顶端优势,增加短枝量,上部枝条易转化为中长果枝和混合枝。在成枝力强的品种上应用,有利于幼树提早结果

② 中短截。剪去枝条上部的1/3~1/2,截后形成中、长枝较多,生长势强,促进营养生长,不利花芽的形成,通常剪口芽应选取饱满芽。中短截可维持顶端优势,成枝力较高。在成枝力弱的品种上应用可扩大树冠,增加分枝数,培养中、长结果枝组。

③ 重短截。剪去枝条的1/2~2/3,如是直立枝,截后抽生的枝条强旺,促进局部的营养生长,不利花芽的形成,如是斜生枝,截后易形成短果枝。重短截能够增强顶端优势,促发旺枝。在幼树整形过程中为了平衡树势,以及利用背上直立枝培养结果枝组时经常采用。

④ 极重短截。剪去枝条超过2/3,至基部只留1~3芽,仅保留枝条基部3~5 cm,因枝条基部的芽体大多是瘪芽,故极重短截既不利于花芽形成也不利于营养生长,主要用于降低枝位、培养小型枝组。利用极重短截可培养花束状结果枝和控制树体。

2. 疏枝

将一年生枝梢或多年生枝从其基部疏除(图3-27)。其反应特点是对剪锯口上部枝梢起削弱作用,对下部枝芽起促进作用,距伤口越近,促进或抑制作用越明显。对母枝起显著的削弱作用。疏剪枝越粗,这种抑制和促进作用越大。

疏枝有减少分枝的作用,能显著改善树冠内光照条件,缓和生长势,因而有利于促进结果和生产优质果品。疏枝对母枝有较强的削弱作用,常用于调节骨干枝之间的均衡,强的多疏,弱的少疏或不疏。但如疏除的为花芽、结果枝或无效枝,反而可以加强整体和母枝的长势。

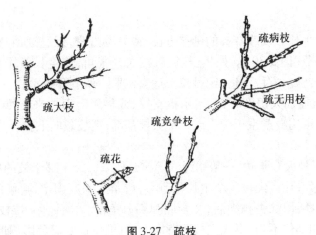

图3-27 疏枝

3. 长放

亦称甩放,即一年生枝不剪(图3-28)。修剪中不是任何长枝都可长放,一般与枝的长势和姿势有关。中庸枝、斜生枝和水平枝长放,由于顶端优势弱,留芽数量多,易发生较多

中、短枝,有利养分积累和花芽形成。强壮枝、直立枝、竞争枝长放,由于顶端优势强,母枝增粗快,易扰乱树形,因此,不宜长放,如要长放,必须配合曲枝、夏剪等措施控制生长势。长放反应不仅符合枝的自然生长结果习性,还简化了修剪,在苹果、梨、李、樱桃、杏等果树上得到了广泛应用。

4. 回缩

回缩指的是对多年生的枝条进行短截修剪(图 3-29)。

图 3-28 长放

回缩反应的特点是对剪口后部的枝条和潜伏芽的萌发起促进作用,对母枝则起较强的削弱作用。其具体反应与回缩程度、留枝强弱、伤口大小有关。如回缩留壮枝,伤口较小,回缩适度,可促进剪锯口后部枝芽生长;回缩留弱枝,伤口大,剪得过重,则可抑制生长。回缩的促进作用,在骨干枝、枝组趋于衰弱时常用此法进行更新复壮。削弱作用常用于骨干枝之间调节均衡和控制辅养枝上。

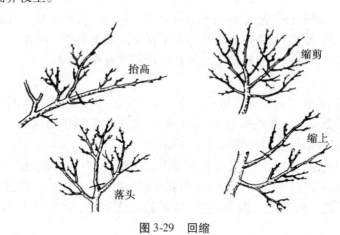

图 3-29 回缩

5. 开张角度

为了调节枝的生长势或改变枝的延伸方位,或外围过密,促进通风透光,常用改变开张角度的方法进行调节(图 3-30)。如生长过旺,拉大开张角,使生长较缓和;如生长过弱,缩小开张角,使生长转强。方位不适,则可拉至适当位置。调节开张角有下列几种方法:

① 撑枝。大枝需加大角度时,可用木棍支撑,或借用上面枝来支撑下面枝。如需向上撑抬枝,缩小角度,可用绳索系于中干或上部大枝基部,把枝条向上拉。为了防止果重压枝,亦用此法吊枝。

② 拉枝。为了加大开张角,一般用绳索等拉开枝条。绳子绑于枝的所需拉开角度的支点处,下端用桩拉紧系住。经过一个生长季节后,待角度基本固定,再解除拉绳。拉枝的角度比要求的角度大些,因除去拉绳后,枝会回弹部分角度。应注意:拉枝时防止劈裂,不能操之过急;防止拉扣部位不当,形成主枝曲背向上;钉桩位置要避免影响地面作业;为了避免绳子结扣枝上陷入皮内,可用木钩或用旧橡胶皮包填绑扎处。

③ 蹬枝。可用单芽或双芽外蹬,改变延长枝延伸方向。而对于成枝力低的梨树来说,不宜搞"里芽外蹬"或"双芽外蹬",应直接留外芽或换头。

④ 换头。换头时要注意原头和新头的状况,新头与原头粗度相差不大时,可将原头一次性缩除,如新头粗度过小,一次换头会严重影响新头长势,应根据粗细相关程度决定留活桩。相差大,留桩长,分年回缩。相差小,留桩短,一面培养新头,一面削弱原头,待新头粗细基本上赶上原头时,再彻底去掉原头。一般换头不宜太迟,以免回缩过重。一次换头不能同时在同树上过多主枝上进行,以免过分削弱树势。

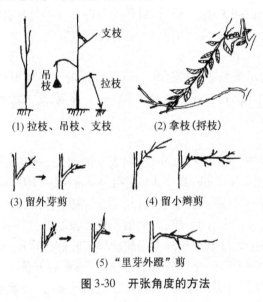

(1) 拉枝、吊枝、支枝　　(2) 拿枝(捋枝)

(3) 留外芽剪　　(4) 留小辫剪

(5) "里芽外蹬"剪

图 3-30　开张角度的方法

3.2.6　果树夏季修剪技术及其运用

这里所说的夏季修剪,是一个广义的概念,它是相对于冬剪而言的。它贯穿于果树的萌芽、开花、结果、花芽分化、果实膨大和果实成熟的整个生长过程之中。不应把它理解为狭义的在夏季才进行的修剪。夏季修剪在果树生长期中进行,故又称生长期修剪。因为在生长期修剪会剪去有叶的枝,对果树生长影响较大,故宜尽量从轻,以防对树体生长影响过大。另外,夏季修剪是冬季修剪的辅助工作,对萌芽初生的新梢及时留优去劣,调节所留新梢的生长发育并矫正其生长姿势与方向。这样将来冬季修剪轻而易举,可免大剪大砍,而导致多损伤树体和多花劳力。

1. 抹芽除萌

从春季至初夏将无用或有害的芽或枝除去,称为抹芽除萌。作用如下:徒长枝或大枝剪去后,从其剪口附近簇生许多萌蘖,宜于萌芽初生时除去;幼树正在整枝时,对妨碍主干或主枝的延长枝生长的萌枝,宜及早除去,以利主干或主枝的生长;作为侧枝的新梢或侧枝所生新梢过多时,宜将一部分萌枝除去,以免密生;以短果枝结果的果树,如短枝过于密生,常因相互牵制,使短枝上的芽不能充分分化为花芽,故宜将弱小的萌枝疏除,使所留的短枝能发育成结果枝。除萌主要是减少养分无益消耗,保证有用枝芽生长以及树冠通风透光。对拉枝后背上萌发过多的芽可隔 20~30 cm 抹去。有时,为保护过大的剪锯口,可对所发萌蘖选留 1~2 个较平斜的芽,其余全部抹去。

2. 刻伤

刻伤是指在春季果树萌芽前,在枝或芽的上方(或下方)0.2~0.3 cm处,用刀或剪刻一月牙形切口,深达木质部。在芽或枝上刻伤时,一部分养分、水分不能越伤口而上升,转流入芽或枝,从而促其生长旺盛;反之,在芽或枝的下方施用时,其目的正相反,能减弱其生长势。刻芽对于幼旺树枝量的增加效果显著。刻芽时应注意以下几点:主剪口下四个芽不刻伤,余下芽取枝两侧的每10~15 cm一刻伤,对背上及背下芽不处理;辅养枝、直立枝可逢芽必刻;枝角稍平,枝粗小于0.3 cm或大于1.5 cm的枝不宜刻伤。

3. 环刻

为防止秃裸,萌芽前,对于长势比较强旺的枝进行处理。即在需长枝的地方,用环割刀或修枝剪环刻一圈,深达木质部,也可每隔15~20 cm一环刻,此方法可促生大量中长枝,防止光杆枝发生。

4. 环剥

也叫环状剥皮,是指在枝基部3~5 cm处,剥去一圈树皮,剥宽为被剥枝剥皮处直径的1/10~1/8。一般最宽不能大于1 cm,最窄不能小于1 mm,剥后20~30天能愈合的较合适,对于较宽的剥口,可用塑料薄膜或牛皮纸包扎,5天后要去除包扎物。常以幼旺树的壮旺枝为主,细弱枝不宜环剥,在对主干、骨干枝、大型辅养枝和枝组进行环剥时,要酌情处理,尤其要慎剥主干。吉林地区多在5月末至6月上中旬雨季来临前进行环剥。

由于环剥拦截了叶片制造的同化养分向下运输,使根系生长受到影响,反过来根的吸收力减弱,又会使新梢的生长因而缓慢减弱。所以,在应用环剥时,必须增施肥水,使枝条生长健壮。为提高环剥效果,对环剥枝可进行叶面喷肥。

5. 摘心

生长季节摘去新梢顶端幼嫩部分的措施叫摘心。为了控制生长,对新梢摘心,有利于营养积累和花芽形成,提高坐果率和促进果实增大。摘心可促使强旺枝增加分枝级次,达到缓和生长势的目的。

5~6月份对旺梢连续摘心2~3次,有利于培养枝组,促进成花;对竞争枝和直立枝摘心,可加强延长枝的生长,培养敦实枝组;8月上旬于秋梢基部摘心,可在春秋梢交界处形成2~3个副梢花芽;延长枝长至60 cm时摘心,可利用二次枝扩大树冠,加速成形;在结果初期的树冠中,对内膛生长较旺的发育枝,可通过摘心,促发分枝形成结果枝组,以增加结果,达到早期丰产目的。

6. 扭梢

5月下旬至6月上中旬,对背上直立枝、竞争枝、拥挤枝等,在新梢基部5~6 cm处,半木质化的部位,用手捏住先扭曲90°,再斜下方扭转180°,使之下垂,并固定在枝杈处。扭梢后枝条营养生长势受挫,养分局部积累,有促发短枝,促成花芽的效果。扭梢后,被扭曲部位应保持圆润状态,无劈裂、折断现象,勿伤及叶片。

7. 拉枝

可分春季拉枝和夏季拉枝。拉枝的目的为矫正大枝伸展的角度与方向。拉枝时间不同,所达到的效果也不一样。幼旺树春季拉枝,在树液流动后至萌芽前进行。主要目的是开张角度,促进萌芽,防止光秃。对于骨干枝要求拉枝后,基角45~50度,腰角60~70度,辅养枝要拉成水平状态,枝绳结合处要有垫衬物,绑枝处要宽松,拉枝开张角度的同时要注意调整枝的延伸方向。6月末~7月上中旬的拉枝方法与春季拉枝一致,其目的主要是加强花芽分化,解决树体通风透光,提高果实品质,改善着色。

8. 捋枝、别枝

捋枝又称拿枝,7~8月份,在距枝基部10 cm处,用手拿住枝条中下部反复捏握,使枝条木质部轻微损伤而下垂、水平或斜向生长,可达到开张角度、控制旺长、促生花芽和中短枝,调节枝向的目的。别枝即将直立强旺枝别在附近平斜枝下,使之呈水平、下垂状态,可抑制生长,促生花芽。

9. 剪梢

8月上中旬对辅养枝过多的大树可疏除部分层间大枝,以改善风照条件,提高花芽质量。对幼旺树可行新梢短截,短截方法是对直立旺梢或外围竞争梢于秋梢基部"戴帽剪",促发二次枝并形成花芽。

这里需要说明的是,果树夏季修剪技术虽然对保证果树连年丰产、稳产等方面具有重要的现实意义,但任何技术都不是孤立的,也不是绝对的,果树夏季修剪必须与冬剪和加强果园土肥水管理相结合,才能发挥更大的作用。

3.3.7 果树修剪技术的综合运用

根据修剪的作用、时期、程度和方法,针对果树生产中存在的问题,提出解决的途径和措施,在进行果树修剪时,针对不同情况,分析思考,选择运用。

1. 调节树势

调节树势必须对树势进行全面分析和准确判断,针对不同情况,采取不同措施。

① 旺树。要求缓和树势。做到冬轻夏重,延迟冬剪。枝梢缓放,轻剪多留,开张枝角,枝轴弯曲延伸,降低芽位。应用环剥等措施控制生长。

② 弱树。采取更新复壮、加强生长的方法。冬重夏轻,提早冬剪,重短截,促发新梢,枝轴直线延伸,抬高芽位,去弱留强,少留果枝,顶端不留果,不去大枝,减少伤口,恢复树势。

③ 上强下弱。控上促下,中心干弯曲换头,削弱极性。上部多疏少截,减少枝量,去强留弱,去直留平,多留果枝,顶端留果,夏剪控势;下部少疏多截,去弱留强,去平留直,少留果枝,促进生长。

④ 下强上弱。抑下促上,方法可参照上强树,采用相反的技术措施。

⑤ 外强内弱。缓外养内,主要方法是开张角度,特别是腰角要拉开,提高内部相对芽位和改善光照条件。外围多疏少截,减少枝量,去强留弱,去直留斜,适当压缩外围密生枝组,避免齐头并长,但也不能一次疏枝过多,造成外围延长枝头衰弱,应逐年调整。

⑥ 外弱内强。缓内促外。主要方法是外围枝去弱留强,抬高骨干枝角度,直线延伸,少留果枝,多截少疏,促进生长。控制内膛枝的长势和高度,内膛枝以疏缓为主,适当增加花果量,抑制生长。

2. 调节枝条角度

① 加大角度。选留培养开发的枝条,利用枝梢下部芽作为剪口芽,如苹果顶芽抽生的

新梢较直立,其下部的芽形成的新梢依次开张。采用骨干枝换头,如里芽外蹬、里枝外蹬等措施开张角度。也可通过外力进行拉、撑、坠、扭等方法加大角度,一般在枝梢达到一定长度而未木质化时进行效果最好。也有利用枝、叶、果的自行拉垂,如长放、顶端留果,使枝条开张。

② 缩小角度。选留向上枝芽作为剪口芽。利用拉、撑、吊使枝条直立向上适于向上生长。枝顶不留果,以直立枝代替原头,缩小角度。

3. 调节枝梢疏密

① 增大枝梢密度。尽量保留已抽生的枝梢,采用短截或利用竞争枝、徒长枝;控上促下,采用延迟冬剪、摘心、骨干枝弯曲上升、芽上环剥、刻伤、曲枝等措施,增加分枝。

② 减小枝梢密度。一般通过疏枝、长放,加大分枝角度,减小枝梢密度。

4. 调节花芽量

花芽形成前后均可进行调节。形成前调节可以减少养分消耗,增加叶芽。但适当多形成一些花芽,在形成后调节,既可防止自然灾害,又可选优去劣。

① 增加花芽量。在花芽分化前疏去过密枝梢,开张大枝角度,改善光照条件,增加营养积累,促进花芽分化;幼树在保证壮旺生长的基础上,采取轻剪、缓放、疏枝、拉枝、扭梢等措施,缓和树势,促进花芽分化。结果多的树多留叶芽,以改善有机营养,为花芽分化准备芽位。花芽形成后尽量多留。

② 减少花芽量。主要是老树、弱树要解决的问题。加强树势,减少中、短枝形成。采用重短截,冬剪夏轻,提前冬剪,促进枝梢生长,减少花芽形成。花芽形成后疏剪花芽。

5. 枝组的培养与修剪

合理培养和修剪枝组,是提高产量、防止大小年和防止结果部位外移的重要措施。

① 先放后缩。枝条拉平,较快地形成花芽或提高徒长性结果枝的坐果率,待结果后再回缩,培养成结果枝组。对生长旺的果树,为提早丰产常用此法。但要注意从属关系,不然缓放几年容易造成骨干枝与枝组混乱。

② 先截后放再缩。对当年生枝留 15~20 cm 进行短截,促使靠近骨干枝分枝后,再去强留弱,去直留斜,将留下的枝条缓放,以后再逐年控制回缩,培养成大中型枝组。这种方法多用于直立枝或背生旺枝。也可冬夏结合,利用夏剪加快枝组形成,可削弱过强的枝组。

③ 改造辅养枝。随着树冠的扩大,大枝过多时,可将辅养枝缩剪改造成大、中型枝组。

④ 枝条环剥。对长放的强枝,于 5~6 月间在枝条中下部环剥,当年在环剥上部能形成花芽,次年结果,下部能抽生 1~2 个新梢,等上部结果后,在环剥处短截,即形成一个中、小型枝组。

⑤ 短枝型修剪。对苹果、梨等,可进行短枝型修剪,使形成小型枝组。

6. 老树更新

① 回缩更新。果树进入结果后期,树冠已停止扩展,并于下部出现徒长枝,则于 4~8 年生部位上选留壮枝进行回缩更新。在同一株上要逐年轮换进行。特别是常绿果树,由于其养分大部分贮藏于叶片中,轮换更新有利于同化养分积累和供给,使根活跃,有利更新复壮。

② 主枝更新。树势严重衰弱时,则应在主枝 2~3 级侧枝上进行回缩更新。主枝更新

常用于隐芽易抽生的树种,如柑橘、仁果类等果树。桃树隐芽不易抽生,要及时回缩更新。

③ 树冠更新。宜在春季萌芽前进行。大伤口要削光,用1%的硫酸铜消毒,用接蜡涂封或用黑塑料膜包扎,促进愈伤组织形成,以防病烂,减少蒸发,促进愈合和剪口新梢生长。主枝更新时,要用石灰乳剂喷洒骨干枝,以免日烧。更新枝抽生时,宜注意防风、防病虫害。对树干下部抽生的萌蘖,不影响新冠形成的可全部保留,作为辅养枝。

7. 修剪技术运用中应注意的问题

修剪方法很多,作用及其影响也有所不同,为达到整形修剪的目的,单纯采用一种剪法,难于解决整形修剪中的复杂要求。因此,必须用不同修剪方法并合理配合使用,取长补短,才能取得最佳效果。同时还应与其他农业技术措施相配合。

(1) 正确判断是制定合理修剪技术的前提

一个果园或一株树应如何修剪,除需了解果园的立地条件、肥水管理、技术水平等基本情况外,还应对树体全面情况进行调查和观察,如树体结构、树势、枝量和花芽等。树体结构方面要注意骨干枝的配置、角度、数量和分布是否合理;树冠高度、冠径和冠形;行株间隔与交接情况;通风透光是否良好等。在观察树势方面,一是判断总体的强弱,二是局部之间长势是否均衡,三是长、中、短枝比例。枝量和花芽方面,主要观察总枝量、花芽的数量及质量等。根据调查结果,抓住主要矛盾,因地、因树制定出综合修剪技术方案。

(2) 必须考虑修剪的综合反应

修剪具有双重作用,不同的修剪方法、修剪对象、修剪程度以及立地条件均可对修剪效果产生影响。所以,实施修剪时应根据果园、树种、品种的实际修剪反应,正确综合采用不同修剪方法。

修剪的双重作用是普遍存在的,一种修剪方法的主要反应是人们所希望的,可以起到积极作用;次要反应不是人们所希望的,为消极作用。例如,短截修剪,对促进局部营养生长有利,对树体或母枝会有削弱作用,也不利于成花结果。疏剪长放有利于缓和树势和成花结果,能改善通风透光条件,但长期应用树体容易衰老。如果不同剪法其作用性质相同,其反应将得到加强。例如,对缩剪后留下的壮枝再行短截,其局部刺激作用会增强;将枝拉平后再配合多道环切,萌芽率会更高,削弱生长势更强。如果不同修剪方法作用性质相反,就会相互削弱。例如,短截先端长枝后,对其着生母枝下部又疏除壮枝,短截的局部刺激作用会受到削弱;在拉枝上端又疏除大枝,由于伤口对其下枝生长有促进作用,使拉枝的缓势作用受到削弱。因此,任何修剪技术不可能只采用单一种方法修剪,必须与其他修剪方法相配合,才能使积极作用得到最大限度的发挥,消极作用得到适当地克服。

夏季修剪必须和冬季修剪密切配合,相互增益,才能发挥良好效果。特别是幼树和密植果园,夏季修剪已成为综合配套修剪技术的重要组成部分,其作用不是冬季修剪所能代替的。夏剪能克服冬剪的某些消极作用,冬剪局部刺激作用较强,而通过抹芽、摘心、扭梢、拿枝、环切或环剥等夏剪方法,可缓和其刺激作用。夏剪是在果树生命旺盛活动期间进行的,能在冬剪基础上,迅速增加分枝、加速整形和枝组培养,尤其在促进花芽形成和提高坐果率方面的作用比冬剪更明显。夏剪及时合理,还可使冬剪简化,并显著减轻冬季修剪量。

(3) 树体反应是检验修剪是否正确的客观标准

不论单一修剪方法,还是不同修剪方法的配合应用,因受树种、品种、树龄、立地条件和其他栽培措施等多种因素的影响,其反应不完全相同。一种剪法在此地此时应用合适,彼地彼时却不一定合适,甚至出现相反效果,这是修剪技术较难掌握的原因之一。多年生果树本身是一个客观的"自身记录器",能将各种修剪方法及其反应较长期保留在树体上,这是树体自身和当地各种因素综合作用的结果,调查和观察树体历年(尤其是近1、2年)的修剪反应,可明确判断以前修剪方法是否正确。基本正确,可参照继续执行;修剪不当处应予修正,使修剪趋于合理,真正做到因地、因树修剪,发挥修剪应有的效果。

（4）修剪必须与其他农业技术措施相配合

修剪是果树综合管理中的重要技术措施之一,只有在良好综合管理的基础上,修剪才能发挥作用。优种优砧是根本,良好的土、肥、水管理是基础,防治病虫是保证,离开这些综合措施,单靠修剪是生产不出优质高产的果品的。个别地区过去曾流行过"一把剪子定乾坤"的说法,片面夸大了整形修剪的作用,是不正确的。反之,认为只要其他农业技术措施搞好,果树就不用修剪,也是不全面的,其他农业技术措施也代替不了修剪的作用和效果。

（5）修剪和土、肥、水管理

冬季修剪虽然和增施肥水有相似的作用,能促进局部水分和氮素营养的增加,对营养生长有明显的刺激作用,一个未修剪或修剪很粗的果园,进行合理修剪后,产量和品质会有明显提高,但如不相应地加强土、肥、水管理,有利作用会逐渐减弱甚至消失。因为修剪主要是对树体内营养养分分配起调节作用,并未在总体上增加树的营养水平。土壤改良、施肥和灌水则能在总体上提高树体的营养水平,是果园优质高产的物质基础,也是修剪所不能替代的。而在肥水管理的基础上,修剪能发挥积极的调节作用,合理利用养分,提高产量和品质。

修剪应与土壤肥力和肥水水平相适应。土壤肥沃、肥水充足的果园,冬季修剪宜轻不宜重,并应加强夏季修剪,适当多留花芽多结果;土壤瘠薄、肥水较差的果园(特别是无灌溉条件的山地果园),修剪宜重些,适当短截少留花芽,也能获得优质果实和适当的产量。另一方面,要取得好的修剪综合效果,也必须有相应的肥水管理相配合。如树上采用促花修剪技术,在花芽分化前应适当控制灌水和追施氮肥,及时补充磷钾肥,否则也难以获得好的促花效果。

（6）修剪与病虫害防治

剪去病虫危害的枝梢和花果,有直接防治病虫害的作用。整形修剪建成一个通风透光的树体结构,有利提高喷药质量和效率,增强防治病虫害效果。不修剪或修剪不当的树,树冠高大郁蔽,喷药很难周到均匀,不利病虫害防治。

（7）修剪与花果管理

修剪和花果管理都直接对产量和质量起调节作用,修剪起"粗调"作用,花果管理则起"细调"作用,两方配合共同调节,才能获得优质、高产和稳产的效果。在花芽少的年份,冬剪尽量多留花芽,夏剪促进坐果,如再配合花期人工授粉、喷施植物生长调节剂或硼等营养元素,效果更为明显。在花芽多的年份,修剪虽然可剪去部分花芽,但由于种种原因,花芽仍然保留偏多,因此,还必须疏花疏果,才能有效克服大小年。花果管理同合理修剪,在解决大小年问题和促进果树优质丰产方面是相辅相成的。

案例分析

果树的修剪与其生命周期密切相关,下面以梨树为例介绍果树的整形修剪。

(1) 幼龄梨树的修剪

幼树,是指5~6年生以前,尚未结果或刚刚开始结果的树。这一年龄时期,是形成树冠的重要时期。修剪的主要任务是,根据所选用树形的树体结构,选择和培养骨干枝,并适当培养结果枝,使幼龄梨树在迅速扩大树冠的同时,适时进入结果期。

采用主干疏层形的梨树,定植后的第一、第二年,根据要求定干后,选留第一层主枝,第三年选留第二层主枝。第二层主枝选好以后,每年再选留一层主枝,直到选齐。从定干后的第一年起,对每年发出的长枝,除选作骨干枝外,其余枝条尽量少剪或不剪。第一层主枝选定以后,每年剪口下所发生的分枝,要适当多留少疏,以便在选留第一、第二侧枝时,有充分的余地。层间距离较大,可适当选留辅养枝。第一层主枝上的第一、第二侧枝,在2~3年生时选出,第三、第四侧枝,在4~5年生时选出。对所选出的各个侧枝,每年也要选留长势较旺,角度和方位都比较适宜的枝条作为延长枝。侧枝延长枝的剪留长度,可与主枝延长枝的长度相同或略短,但不要长于延长枝。

对每年所发生的长枝,除用作骨干枝和辅养枝的以外,其余长枝要尽量用于培养结果枝组,中、短枝则应尽量多保留一些。长势过强的,要适当控制;长势较弱的,可通过缓放,促其及早成花结果。

梨树的多数品种,虽然萌芽率较高,但成枝力普遍较低,因此,幼龄梨树的枝量普遍偏少。为迅速扩大树冠,实现早期丰产,对骨干枝以外的枝条,要尽量地多留少疏,对不影响骨干枝生长的长枝,也要缓放;对影响骨干枝生长的长枝,可以适当短截,通过降低其顶端高度的办法,抑制长枝长势。

为获得梨树的早期丰产,除修剪上应采取少疏枝、多留枝、轻短截等修剪措施,促进树冠扩大,多形成一些中、短枝外,还应配合适宜的栽培措施,通过树上、树下的综合管理,以达到提早结果和早期丰产的目的。

(2) 盛果期梨树的修剪

盛果期,通常是指树龄在13年生以上,已经大量结果的树。这一时期的树,长势趋于缓和,树冠扩大缓慢,产量逐年提高。修剪的主要任务是,在加强综合管理的基础上,维持健壮树势,调节生长结果的平衡,维持树冠结构,延长盛果年限。

盛果期的梨树,结果数量连年增加,必须在加强土、肥、水综合管理的基础上,控制适当的果实负载量,维持健壮树势,才能高产稳产和连年丰产。对长势中庸的树,可通过枝组的轮流复壮和外围枝短截,维持中庸树势;对长势趋弱的树,可以通过对骨干延长枝进行短截,对延伸过长的枝组进行回缩等措施,进行复壮;对角度开张过大的骨干枝,可在2~3年生部位回缩或利用背上枝,更新换头。

进入盛果期的梨树,冠内光照容易恶化,引起枝组瘦弱,花芽分化不良,结果部位外移等不良现象,应根据不同情况,分别进行处理:对外围长枝多的树,可适当短截外围枝,对不影响树形的长枝,可以缓放,以缓和长势;对外围多年生枝过多、过密的树,可适当疏剪或回缩,以减少外围枝的密度;对骨干枝过密的树,可适当疏除一定数量的大枝,但疏除大枝时,应分年进行,以防返旺;对中干上层主枝多、长势旺的树,可采取疏枝或落头的办法,以缓和树势。

对过多过密的层间辅养枝,可分批疏除,或缩剪改造为结果枝组。对长势过弱,分枝过多,结果能力下降的中、小结果枝组,可适当减少部分分枝;对组轴延伸过长,后部分枝过弱,结果部位外移的枝组,可在强分枝处回缩;对已失去结果能力而又无法更新的小型枝组,可以疏除,如有空间,可重新培养;对冠内发生的徒长枝,如着生位置适当,可用于培养结果枝组,以防冠内光秃。

进入盛果期的梨树,由于结果数量激增,树势容易转弱而出现大小年,因此,必须在加强土、肥、水综合管理的基础上,通过疏剪花芽和疏果加以防止。

(3) 衰老期梨树的修剪

梨树进入衰老期以后,树势逐渐减弱,生长量逐年减小,产量显著下降。如果修剪适当,肥水管理较好,还可维持相当产量。这一时期修剪的主要任务是,增强树的长势,更新复壮骨干枝和结果枝组,延缓骨干枝的衰老死亡。

当发现树势开始衰弱时,要及时采取抑前促后的办法进行局部更新。就是在主、侧枝前端2~3年生枝段部位,选择角度较小、长势比较健壮的背上枝作为主、侧枝的延长枝头,把原延长枝头去掉。如果树势已经严重衰弱,部分骨干枝也即将死亡时,可及早进行大更新。就是在树冠内部选择着生部位适宜的徒长枝,通过短截,促进生长,用于代替部分骨干枝。如因骨干枝损坏过重而出现较大空间,可利用下部萌发的更新枝,占用空间。如果树势衰老到已无更新价值时,要及时进行全园更新。对衰老树的更新修剪,必须与增施肥水相结合,才能恢复树势,稳定树冠和维持一定的产量。

复习思考

1. 试从外部形态和内部构造上区分叶芽、纯花芽和混合芽,区别结果枝和结果母枝。以当地的果树为例加以说明。
2. 试说明当地主要果树花的性型和花序。
3. 何为物候期、营养生长期和休眠期?它们的长短取决于哪些因素?
4. 果树整形修剪应达到哪些要求?
5. 当地主要果树有哪些树形?试比较各自的优缺点。
6. 如何掌握当地主要果树的修剪时期?
7. 如何掌握当地主要果树的修剪程度?
8. 修剪方法有哪些?每种方法的反应如何?怎样应用?
9. 结合当地主要果树生长情况,如何应用修剪技术?
10. 当地主要果树有哪几种树形?它们的主枝是怎样配置的?

第 3 章　果树枝叶调控技术

 考证提示

初级工掌握当地主要果树的树形、主枝的配置、修剪方法及其应用。

中级工掌握果树整形修剪应达到的要求，当地主要果树树形、主枝配置及其优缺点、修剪时期、修剪程度、修剪方法及其应用。

高级工掌握本章的全部知识。

第4章 果树花果调控技术

本章导读

通过学习花芽分化的一般过程、影响花芽分化的因素及其调控技术以及开花、授粉受精，了解和掌握果实的类型、果实生长发育规律、果实品质形成及其影响因素，掌握保花保果技术、疏花疏果技术以及套袋技术。

4.1 果树花芽分化

果树的花芽分化是开花结果的基础。花芽分化的变化规律与果树各品种的特性、植株活动状况、外界环境条件以及农业技术措施都有密切的关系。因此，掌握其规律，并在适当的农业技术措施下，充分满足花芽分化对内外条件的要求，使每年有数量足够和质量好的花芽形成，对提高产量具有重要的意义。

4.1.1 叶芽的发育与花芽的分化

叶芽是指萌发后只长枝和叶的芽。发育正常的叶芽生长点是由呈正方形、大小为 5～20 μm、充满原生质的胚状细胞构成的，整个生长点呈半圆球形。它被叶原基、过渡性叶和鳞片覆盖着。叶芽的分化又分为叶芽生长点形成时期、鳞片分化期和叶原基分化期。

花和花序均由花芽发育而来。花芽的分化是指芽的生长点经过生理和形态的变化，最终形成各种花器官的全过程，是植物从营养生长过渡到生殖生长的形态标志。花芽分化包括生理分化和形态分化两个阶段。花芽的生理分化阶段，在生长点内部发生成花所必需的一系列生理生化的变化，常由外界条件作为信号触发细胞内的变化，称为花的触发和(或)启动，又称为花芽诱导。花诱导期间，对内外条件的变化非常敏感，生长点易受内外条件的影响而改变代谢方向，或向营养生长发展形成叶芽，或向生殖生长方向发展形成花芽，称为花芽分化临界期，此期发生的主要变化是营养物质的积累、基因的活化、信息传递与内源激素的变化。花芽的形态分化阶段,从生长点突起肥大开始,至花器官各部分原基陆续形成而结束,在此期间内外条件的改变仅能影响花芽发育的质量。全部花器官原基的分化完成称为花芽形成。

花芽经过生理分化阶段后进入形态分化时期。果树花芽分化的过程一般是在花芽原基上按由外向内的顺序分化,即首先分化最外层的萼片原基,然后在其内侧分化花瓣原基,又在花瓣原基内侧分化雄蕊原基,最后在中央分化雌蕊原基。

4.1.2 花芽分化的类型

花芽分化从开始至完成所需的时间,随果树种类、品种及生态条件、栽培技术的不同而变化较大。果树的花芽分化可分为以下几种类型:

① 夏秋分化型。花芽分化一年一次,在6~9月进行,正值一年中的高温期,秋末分化完成后进入休眠状态,必须经过低温才能完成性细胞的分化,翌年春季开花。包括大部分仁果类、核果类等大部分温带落叶果树。例如,桃、苹果等果树都属于这一类型。

② 冬春分化型。原产温带地区的一些常绿果树,如柑橘是冬春进行花芽分化,并连续进行花器官各部分的分化与发育,不需进行休眠就能开花,花芽开始分化至开花通常只需1.5~3个月。

③ 多次分化类型。一生能多次开花和结实,并且一年里能进行多次花芽分化,开多次花,结多次果,均为常绿果树。常见的如四季橘、杨桃,随着一次新梢的发生,就开一次花,因此一年可开三四次花并结果。

④ 不定期分化类型。每年只分化一次花芽,但无一定时期,只要达到一定叶面积就能成花和开花。例如,香蕉、菠萝等果树一年仅分化花芽一次,只要植株大小和叶片数达到要求,可以在一年中的任何时候进行分化。

4.1.3 影响花芽分化的主要因素

花芽分化除受果树自身的遗传特性影响外,还受树体的营养生长状况、树体的负载量、外界的环境条件等因素的影响。同时所采用的栽培技术措施能影响树体的生长发育和营养生长与生殖的平衡,因此也影响果树的花芽分化。

① 遗传特性。花芽分化首先受到果树自身的遗传特性的制约。不同树种乃至同一树种内不同品种间花芽形成的难易程度有较大差别。例如,苹果、龙眼、荔枝等果树花芽形成困难,大小年现象严重;而桃、葡萄等果树每年能形成足够量的花芽,大小年现象不明显。

② 树体营养生长状况。果树营养生长状况与花芽分化既相互依赖,又相互制约。良好的根系生长发育和足够量的枝叶能形成充足的营养物质,是果树进行正常花芽分化的前提。但是果树生长过旺或过弱都不利于花芽的分化与形成。生产上常见的小老树不但成花晚,而且成花少、质量差。

③ 树体的负载量。树体结果过多是导致果树产生大小年的首要因素。果实中的大量种子产生过量的赤霉素影响体内的激素平衡。开花坐果也消耗大量的营养,树体营养

生长弱,不利于树体内的碳水化合物等养分的积累。上述的两个因素都不利于果树的花芽分化。生产上常会看到一个大年紧跟两个小年的现象,其中第二个小年就是因为头一年结果太少导致了树体营养生长过旺所致。因此树体负载量太小也不利于果树的花芽分化。

④ 光照、温度、水分等环境因素。花芽分化对光照条件有较高的要求,树体光照条件好,叶片光合能力强,同化产物积累多,花芽分化好,质量高。温度也是影响花芽分化的重要环境影响因素,在温州蜜柑、苹果等果树上的研究结果都证明了温度对花芽分化的影响作用。在夏季温度低,昼夜温差大的地区以及高海拔地区,果树花芽形成容易且质量好。土壤水分状况也是影响果树花芽分化的重要因素,如桃树第二年的开花数量与头一年的灌溉量呈直线正相关关系,但是水分胁迫对花芽形成数量的影响主要在花芽生理分化期起作用,过度的水分胁迫能导致果树花芽分化发育终止,形成畸形花。

⑤ 栽培技术措施。砧木、修剪、灌水、施肥、使用植物生长调节剂等栽培措施能影响树体的营养状况及树体内的激素平衡,从而影响花芽分化。

4.1.4 花芽分化的调控技术

通过合理的栽培措施及环境条件的合理控制,改变树体的营养条件及内源激素水平,平衡果树各器官间的生长发育关系,从而达到控制花芽形成数量和实现花芽的正常分化,确保足够高质量花芽的形成。所有技术措施仅能在一定程度上调节与控制花芽的形成,因树种、品种、年龄及树体状况的不同而采取的技术措施有所差异。

① 选择砧木。选择合适的矮化砧木,能控制树体,尤其是幼树的过旺营养生长,保证早果丰产。

② 调控时间。尽管花芽分化的持续时间较长,同一株上花芽分化时间也有早有晚,但在地区、年龄、品种相同的情况下,对产量构成起主要作用的枝条类型基本相同,花芽分化期也大体一致。例如,柑橘在适生区的北部以春梢结果为主,愈向南推移,夏梢和夏秋梢结果的比例增大。调控措施应在主要结果枝类型花芽诱导期进行,进入分化期效果并不明显,这也是许多抑制剂和环剥在苹果、梨上的应用,多在花后 3~4 周时进行的原因。

③ 平衡果树生殖和营养生长。采用疏花疏果技术可以平衡果树营养的分配,如苹果大年加大疏果量,有利于花芽的形成;合理使用植物生长调节剂能控制花芽形成的数量和质量,如在花诱导期喷一定浓度的赤霉素能抑制花芽分化。幼树轻剪、长放、拉枝缓和生长势可促进成花。

④ 控制环境条件。通过修剪,改善树膛内的光照条件;花芽诱导期控制灌水和采取合理措施增施硝态 N 和 P、K 肥,均能有效地增加花芽数量。

4.2 开花与坐果

4.2.1 开花

花由叶片演化而来,它是果树的生殖器官。花的一部分器官很快衰老,另一部分转化为果实或种子。多数果树的花为两性花,即雄蕊和雌蕊存在同一花朵中;有些果树的花为同株异花类型,如板栗、核桃等;有些果树的花为雌雄异株类型,如杨梅、猕猴桃、银杏等。还有一些特殊的果树类型,如番木瓜有雄株、雌株和两性株。有的果树依品种其花的类型有差异,如葡萄,在栽培品种中有的为两性花,有的为雌性花,而野生种中的大部分植株是雄株,只开雄花。有的果树,花为单性花,但雌雄同穗,如椰子。

4.2.2 授粉受精

1. 授粉受精

花粉从花药传到柱头上的过程叫授粉,也称传粉。受精指植物雄配子与雌配子融合形成合子的过程。大多数果树需要授粉、受精才能结实。授粉的方式和媒介因果树种类而异。

① 自花授粉、自花结实。同一品种内授粉叫自花授粉。具有亲和性的品种,在自花授粉后能得到满足生产需求的产量的为自花结实。自花授粉后不能得到满足生产需求产量的为自花不结实。

② 异花授粉、异花结实。不同品种间进行授粉叫异花授粉,只有异花授粉后才能得到丰产的现象为异花结实。

③ 单性结实。子房未经过受精而形成果实的现象。单性结实的果实大多无种子,但无种子的果实并不一定都是单性结实的。例如,无核白葡萄,是受精后胚的败育而形成的,称为伪单性结实。根据单性结实的发生情况可分为天然单性结实和刺激性单性结实。无须授粉和任何其他刺激,子房能自然发育形成果实的称为天然单性结实,如香蕉、蜜柑、柿、无花果等。必须对子房给予某种刺激才能产生无子果实的现象,称为刺激性单性结实,如利用爬山虎花粉刺激葡萄柱头,得到无子果实。

④ 无融合生殖。一般指不受精也产生具有发芽力的胚(种子)的现象。柑橘由珠心或珠被细胞产生的珠心胚即是一种无融合生殖。苹果属和树莓属的多倍体种经常发生,板栗和核桃也偶有无融合生殖现象。在柑橘生产中,可利用珠心胚苗作为培育无病毒苗木和品种复壮的手段。

2. 授粉亲和性

授粉后能否受精结子的现象称为亲和性。在雌雄性器官发育正常的同一品种内,授粉后能受精结子的,称为自交亲和性品种,如桃、葡萄、柑橘、栗和杏的多数品种;反之,自交不能受精结子的,称为自交不亲和品种,如苹果、梨、甜樱桃、欧洲李和油橄榄等的多数品种。自交不亲和品种的自交结实率很低,一般在5%以下,但也因年份与地点而有所不同,如20世纪梨品种的自交结实率最低为0,高的可达10%以上。不同品种间相互授粉能受精结子,称为异交亲和性。自交不亲和的品种多数能异交亲和,但有些品种间相互授粉不能受精结子,称为异交不亲和。

不亲和性的遗传原因主要是受等位基因的影响。自交不亲和品种是因相同基因的拮抗作用而不能自交受精。不同品种间杂交,有些组合能相互受精,这决定于花粉的基因型与母本胚珠的基因型是否能结合,如甜樱桃是二倍体,与亲和性有关的有6种不同的等位基因(S_1,S_2,S_3,……,S_6),这6种基因在同质情况下均不受精结子,只有在异质情况下才能受精。具有Sf基因型的花粉与具有任何S_1~S_6等位基因的母本均能受精,因此Sf基因对甜樱桃具有重要的价值。

克服不亲和在果树生产与育种中都已受到重视。在自然条件下,同一品种自交或品种间杂交的亲和性程度因不同年份开花期的气候条件及栽培管理技术的不同而不同。通过人工措施可以使自交或杂交不亲和的受精结子,如利用杀死的亲和花粉加入不亲和花粉授粉;用亲和花朵柱头分泌物处理不亲和花的柱头;用截短柱头、蕾期或雌蕊衰老期授粉等方法,都可以抑制柱头与花粉间的识别反应,使花粉能在不亲和的柱头上萌发,花粉管伸长进入胚囊。应用组织培养方法将胚珠取出与花粉一起在培养基上进行离体受精已有成功,但并不是在所有果树品种中都是有效的。

4.2.3 坐果

果树开花完成授粉受精后,受精子房吸收外来同化产物,进行蛋白质合成,加速细胞分裂,开花后幼果能正常发育而不脱落的现象,称为坐果。

4.2.4 果树结果习性

果实结果习性是指有性生殖器官形成、生长、发育,最终形成果实的特性。包括花芽种类,花芽和花或花序在枝梢上的着生部位,开始结果年龄,开花、授粉、受精特性等。了解不同树种、品种的结果习性是选育品种和科学管理的基础。

1. 果树结果习性的基本分类

按花芽种类、花芽和花或花序在枝梢上的着生部位分类,是果树结果习性的基本分类法。

① 纯花芽。花或花序顶生的如香蕉、菠萝;花或花序腋生的如桃、杏、梅、杨梅;花或花序顶、腋生的如草莓。

② 混合花芽。顶生的如苹果、梨、银杏;腋生的如葡萄、果桑、猕猴桃;顶、腋生的如杂柑、石榴。

2. 影响果树结果习性的主要因素

果树的结果习性,在同一树种内的表现基本上是相同而稳定的,但因下列因素而有不同程度的变化。

① 品种。如苹果多为顶生混合花芽,而秦冠、祝、鸡冠等品种腋花芽也多;梨花芽为混合花芽,而慈梨易出现纯花芽;普通核桃大多需异花授粉,而有些品种有孤雌生殖;晚实核桃类群实生繁殖开始结果迟,常需5~6年,而早实核桃类,1~2年即可结果。

② 砧木。如嫁接在矮化砧木上的苹果比接在乔化砧上的开始结果早,腋花芽多,短果枝比例也多。

③ 树龄。同一品种,一般幼树以中、长果枝结果多,随树龄增大,逐渐以短果枝结果为主。以顶生混合芽为主的品种,其腋生混合芽比例增多。

④ 气候条件。西洋梨中的巴梨,通常需授粉受精才能结果,在南非和美国加利福尼亚州的温暖地区可以单性结实。

⑤ 管理条件。树体营养条件好的柑橘树,纯花芽少,无叶果枝增多。整形修剪可以影响果枝类型、结果早晚、顶花芽和腋花芽比例。植物生长调节剂还可影响单性结实的能力,如赤霉素可使玫瑰葡萄由自花结实变为单性结实。

4.3　果实的生长发育

果实是由子房或子房与其他花器一起生长发育形成的。果实的生长发育起始于产生它的花器原基分化形成时。果实发育一般要经过果树纵向生长期即细胞分裂、组织分化、种胚发育和果实横向生长期即细胞膨大、细胞内营养物质大量积累以及营养物质转化过程。果树果实的种类很多,形态各异。

4.3.1　果实的结构

果实由果皮和种子组成,果皮又可分为外果皮、中果皮和内果皮。有些果树的果皮分层现象特别明显,如肉质果中的梅、桃等核果类;有些果皮分层不明显,仅在有子房发育的果实中,果皮是由子房壁发育成的。有些果树的花托等结构也参与了果皮的形成。

4.3.2　果实的类型

果实可根据形成果实的花器分为真果和假果两种。真果是完全由花的子房发育形成的果实,如葡萄、甜橙、桃、枣等。假果指由子房和其他花器一起发育形成的果实,如苹果、香蕉、梨、石榴、菠萝、草莓、无花果等。

果实又可根据形成果实的花的特征分为单果、聚合果和聚花果三种类型。单果是指由一朵单雌蕊花发育形成的果实,如苹果、桃、荔枝和柠檬等。聚合果是指由一朵花有多个离生雌蕊共同发育形成的果实,如树莓;或多个离生雌蕊和花托一起发育形成的果实,如草莓、黑莓等。聚花果是由一个花序的许多花及其他花器一起发育形成的果实,如菠萝、无花果、桑葚等。

果实还可根据果皮是否肉质化分为水果和坚果两大类。坚果的特点是成熟时果皮干燥，其食用部分是种子，种子外面多具有坚硬的外壳。常见的坚果有核桃、板栗、椰子、榛、阿月浑子等。水果也称为肉质果，成熟时果肉肥厚多汁，供食用。它们根据果肉结构又分为核果、仁果、浆果、柑果和荔枝果5类。

4.3.3　果实的形成

开花后，果实生长发育同时进行两个有密切联系的不同生命发育过程，一个是种子的形成，另一个是果实外皮和果肉的形成，参见图4-1。

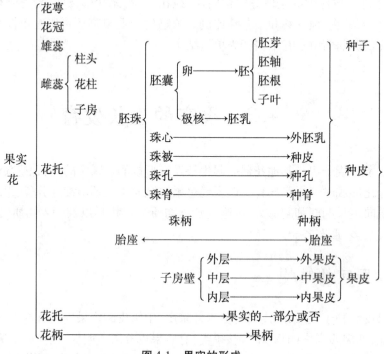

图4-1　果实的形成

1. 种子的形成

果树的花完成授粉受精后产生受精卵，先度过一段时间的休眠期，然后发生不均等的横向分裂，形成一个很小的顶细胞和一个比较长的基细胞。基细胞经过多次横向分裂形成胚柄，顶细胞经过两次纵向分裂形成四分体。四分体的每个细胞都经过一次横向分裂形成八分体，细胞进一步分裂，胚体长成球形。接着球形胚顶端两侧快速生长形成两个子叶突起，逐渐发育成子叶。双子叶果树胚有两个子叶。在双子叶中间或单子叶一侧分化形成胚芽，胚柄和球形胚体连接处的细胞分裂、分化成胚根。胚根和胚芽间的细胞分化形成胚轴。

无胚乳种子的初生胚乳核分裂之初并不形成细胞壁，而是呈游离状态，它们经过一段时间发育后，才生成细胞壁，形成胚乳细胞。然而随着胚的发育，胚乳逐渐被胚吸收利用，种子成熟时已经没有胚乳了，如桃、樱桃、梨等属于无胚乳种子。在胚和胚乳生长发育的同时，珠被长大后形成种皮,包住胚和胚乳。

2. 果实外皮及果肉的形成

果树坐果后,胚珠随着胚的生长发育形成种子,幼果体积迅速膨大发育成熟。子房壁发育成为果皮,进而分化成外果皮、中果皮、内果皮。参与形成果实的其他花器官通常发育成为假果的外皮和果肉部分。

核果类果实如桃、杏等由花的子房外壁发育形成外果皮,即果实外皮;子房壁中层发育形成中果皮果肉;子房内壁发育成为内果皮,内果皮细胞逐渐木质化形成坚硬的核。浆果类果实由花的子房外壁或其他器官发育形成果实外皮,子房或其他器官中层和内壁发育成果肉。例如,葡萄果实由子房壁发育形成,草莓果实由花托发育形成,无花果果实由花序发育形成。仁果如苹果等由花被外皮发育成为果实的外皮,组成花筒的花被组织发育膨大形成果心线外侧的果肉,花的子房壁发育形成果心线内侧的果肉,内果皮发育革质化成为心室壁。柑果类花的子房壁外层和中层发育分别形成黄皮层和白皮层,一起成为果实革质化的外皮,子房内表皮和靠近内表皮的数层细胞发育形成瓢囊。子房内表皮细胞发育特化形成瓢囊内的汁胞。

4.3.4 果实生长动态

由开花到果实成熟,不同种类果树的果实生长期不同,短的如草莓为 3 周,长的如伏令夏橙为 50~60 周。果实体积的增长幅度树种间的差别也很大。如果用果实的体积、鲜重、直径、干重等作纵坐标,时间作为横坐标画成曲线,可以得到两种曲线:一种是单 S 型,如苹果、草莓、枇杷等果实的生长进程;另一种是双 S 型,大部分核果类果树的果实,如桃、杏等都属于这一类型,柿、葡萄等也是双 S 型。

苹果具有单 S 型生长曲线,其生长过程可为三个阶段:初始缓慢生长期,果实体积增大变化不明显;快速生长期,果实体积增大非常迅速;第二次缓慢生长期,果实体积增大缓慢,逐渐停止生长。果实在整个生长发育期间只表现出一次快速生长。

桃果实生长表现为双 S 型曲线,其生长过程也分为三个阶段,但有两次快速生长:第一次果实迅速生长期,从开花后开始,果实的内果皮体积迅速增大,大约这一期过半时果实细胞分裂活动停止;果实生长停滞期,果实体积增长十分缓慢,内果皮木质化变硬,这段时间的长短与桃果实的成熟期关系密切,早熟桃的时间短,晚熟桃的时间长;第二次果实迅速生长期,果实恢复生长,这期间中果皮的细胞体积增大,果实体积迅速膨大。

4.3.5 果实品质

果实品质包括外观品质、风味品质、营养品质、贮藏品质及加工品质等。外观品质指果实大小(重量、体积)、形状、色泽、光洁度等。风味品质指酸味、甜味、苦味、涩味、汁液、质地、香气等的浓淡。营养品质指糖、脂肪、蛋白质、有机酸、矿物质、维生素等的含量。贮藏品质指果实的贮藏和货架寿命等的长短。加工品质指满足加工特殊需要的程度。

1. 果实品质形成

(1) 果实色泽

形成果实色泽的色素主要有叶绿素、类胡萝卜素、花色素等。

叶绿素和类胡萝卜素是脂溶性的，在叶绿体和质体内合成积累。果实成熟时，外皮细胞叶绿体内叶绿素降解，其他色素的颜色显现。猕猴桃果肉细胞也含有大量的叶绿素，但在果实长期贮存后，果肉变软过程中叶绿素逐渐减少，绿色变淡。

类胡萝卜素的种类很多，颜色从浅黄到番茄红都有。果实成熟时，开始合成积累类胡萝卜素，细胞内出现有色体。杏和桃在采收前几周内，果肉细胞迅速积累多种类胡萝卜素。枇杷不同品种间果实的类胡萝卜素含量相差可高达13.6倍。

花色素是水溶性黄酮类化合物，通过莽草酸途径合成。花色素种类繁多，颜色从粉红到紫红都有。花色素的糖苷为花色素苷。果实成熟时，表皮和果肉细胞的液泡内积累大量的花色素苷，它的颜色随pH的高低而变化，pH低时呈红色，pH高时变蓝色。

果实着色受遗传物质控制，也受其他因子的影响。

果实体内糖分积累可促进着色，葡萄果实外皮糖含量与花色苷含量之间的关系十分密切，相关系数为0.96，通常着色好的果实或一个果实着色好的部位，含糖多，味更甜。

光照促进花色素和类胡萝卜素的合成积累，光照充足，果实着色好。紫外光的效果更好些。温度适宜，尤其是较冷凉的夜温和较大的昼夜温差有利于果实糖分和花色素的积累，可促进果实着色。在我国西北和西南高海拔地区生长的果树因为光照充足，紫外光强，昼夜温差大，果实着色好。

一些植物生长调节物质如乙烯利能促进花色素和类胡萝卜素的合成，有利于果实着色；另一些生长调节物质如赤霉素和细胞分裂素多延迟果实的叶绿素消失和抑制其他色素的积累，不利于果实着色。

苹果幼果期所有的品种都能着红色。果实发育后红色品种的果实表皮和亚表皮细胞合成花色素苷，在液泡内积累，使果实外皮变红色。黄色品种的果实外皮不积累花色素苷，但细胞内的叶绿素降解，叶绿体变成有色体，叶黄素和胡萝卜素使得果实外皮呈现黄色。绿色品种的果实外皮细胞内叶绿素不降解或很少降解，所以果实仍然显绿色。红色果实的着色需要光照诱导、增强和促进，如局部遮光可以抑制着色，在果实上留下字形图案。在果实生长发育期间套袋，果实成熟前2～3周去掉袋，可促进果实着色。这种方法使用得当，甚至可以诱导非红色苹果品种如金冠和陆奥的果实着上红色。

(2) 果实形状

果实形状，尤其是某些果实特有的形状，也是重要的品质特征之一。例如，元帅系苹果果实顶端的五棱高桩是优质果实的标志。

果实形状用纵径与横径的比值来表示，其值越大，果实越长。幼果的纵横径比值高，随着果实生长发育，纵横径比值逐渐降低。苹果果实形状，除了遗传物质控制之外，也受环境条件的影响。冷凉地区昼夜温差大，果实偏长。砧木强壮、多疏花果、保留花序中间的花果，喷施赤霉素和一些细胞分裂素可促使元帅苹果果形变长。

(3) 果实硬度

果实硬度指果肉质地抵抗某种外来机械作用的能力。它可用硬度计测定。成熟时，浆果果肉质地柔软,硬度降低;苹果、梨等果实的果肉质地硬度仍比较高。

果实的硬度大小主要取决于其细胞间的结合力、细胞结构物质的机械强度和细胞膨压。幼果细胞壁含有不溶性的原果胶,它黏结细胞壁纤维素,增大壁的机械强度,提高果实硬度。非水溶性的果胶钙,也增强细胞间的结合。果实成熟期间,原果胶转化为水溶性果胶,果胶钙逐渐减少,细胞间的结合力削弱,果肉变软。浆果果胶分解速度快,核果次之,苹果、梨较慢。果肉细胞失水,膨压降低,果实硬度也会发生明显变化。

影响果实硬度的外因有水分、温度、养分和外源生长调节。水分充足,果肉细胞和果实体积大,细胞间隙大,果肉组织疏松,硬度低。果实采收时和采收后温度高,果肉会迅速变软。果树施氮肥和钾肥多,果实硬度低,果肉变软快;施磷肥可增加果实硬度。元帅系苹果采收前,使用萘乙酸或乙烯利,果实硬度会明显下降,使用比久可增加果实硬度。但比久促使核果果肉提前变软。采果采收前,光照充分,积累糖分多,果肉硬度高。

(4) 果实的营养

果实含的碳素营养物质有糖、糖醇和淀粉。糖主要有葡萄糖、果糖、蔗糖。糖醇主要有山梨糖醇。

在果实的生长发育成熟过程中,依靠维管组织输送的蔗糖和山梨糖醇,果实不断积累碳素营养物质。成熟的果实果肉糖分含量大多在10%左右,有些果实的糖含量可达20%以上。香蕉、椰子、板栗等果实的食用部分淀粉含量特别高。一般果实在幼果期主要积累淀粉,在果实发育后期,淀粉转化为糖。

不同果实不仅总含糖量多少不一样,各种糖的比例也不相同。桃、杏、西番莲等果实成熟时含大量的蔗糖。苹果含的果糖多于葡萄糖。葡萄含的葡萄糖多于果糖,不含蔗糖。果实含糖的种类和比例影响果实风味的形成。

(5) 有机酸

果实含的有机酸主要有苹果酸、柠檬酸和酒石酸等。仁果类果实含苹果酸多。葡萄果实含酒石酸多。菠萝和柑橘类果实含柠檬酸多。不同果实的含酸量不同,如苹果的总酸度为0.2%~0.6%,柠檬果实的总酸含量高达7%。一般幼果含酸量比较高,随着果实的发育成熟,酸的浓度逐渐降低。

(6) 果实的香味、苦味和涩味

果实的芳香物质主要是挥发性醇、醛、酮、酯和萜烯类化合物。例如,苹果的芳香物质中,醇类含量占92%,醛酮类含量占5%,酯类含量占3%。香蕉香味的主要成分是醋酸和戊醇合成的酯。柑橘果实的芳香物质主要是萜类精油。果实芳香物质含量极少,不超过干重的0.2%;但种类相当多,橙果有120多种,苹果多达200种以上。许多种芳香物质按不同比例配合构成果实多种多样的香味。

果实芳香物质生成高峰一般出现在乙烯高峰之后。环境条件影响果实芳香物质的种类和含量。苹果果实的芳香物质含量受砧木的影响,矮化砧上结的果实酯类芳香物质含量高于乔化砧上的果实。

夏橙和葡萄柚等果实具有特殊的苦味,主要因为果肉含有柚皮苷。果树树种、品种、砧木以及果实产地和成熟度均影响这种苷的含量和果实苦味的强弱。

柿果实的涩味是因为果肉单宁细胞含有大量的单宁。随着果实成熟,单宁含量下降,或人为促使单宁聚合,果实即可脱涩。

(7) 维生素

果实富含多种维生素。维生素 C 在营养上极为重要,猕猴桃和枣的每 100 g 果肉维生素 C 含量均高达 100 mg 左右,柑橘为 30 ~ 40 mg。含胡萝卜素的果实含维生素 A 量较高。

2. 影响果实品质形成的因素

(1) 果实种子的数量和分布

种子可能提供果实生长发育需要的一些激素物质,去掉种子的果实,外施生长素类调节物质,生长基本上和对照一致。例如,猕猴桃果实成熟时的体积大小与果实内种子的数量关系密切。苹果果实内没有种子的一侧生长发育不良,而有种子的另一侧生长发育良好。

(2) 果实发育期

早熟品种比中晚熟品种的果实生长发育期短,果实生长发育又与新梢生长重叠,生殖生长和营养生长竞争树体内营养和光合产物。因而,早熟品种的果实生长发育差,成熟后果实较小,品质差。例如,早熟桃果实生长发育较短,比晚熟品种的果实小,品质差。

(3) 树体贮藏养分

果树萌芽、开花、结果及幼果生长前期需要的营养物质主要依赖于树体内上一年贮藏的养分。果树体内贮藏营养不足,花的子房和幼果的细胞分裂和持续时间都会受影响,贮藏营养不足将会影响新梢生长,进而影响到果实生长发育。

(4) 叶果比

叶果比是指树体叶片数与果实数之比。叶果比主要影响果实中后期的发育。叶果比小,不仅当年果实生长发育差,果实小,品质差,而且会消耗树体大量营养,导致大小年现象。

(5) 环境条件

环境条件是影响果实品质的重要因子,主要包括光照、温度、水分、土壤营养条件等方面。光照通过叶片的光合作用为果实的生长发育提供营养物质,间接影响果实品质。光照强弱影响果实干物质含量和果色。光质还直接影响果实色素合成与着色。温度低,果实生长发育差,品质差;温度高,呼吸强,消耗多,积累少,品质差。高温促使果实成熟期提前,着色差。昼温适合,昼夜温差大,有利于果实养分积累,果实品质好。果实生长发育需要一定数量的有效活动积温,如苹果为 1 500 ℃ ~ 3 000 ℃,柑橘为 3 500 ℃ ~ 4 500 ℃。果实生长发育期,水分供应充足,枝条和果实的生长正常。水分不足,枝梢和果实生长缓慢,果实成熟时体积小。水分供应偏多,果实体积较大,但其质地较软,风味差。在果实成熟期,水分过多,不仅会降低果实品质,还会导致大量裂果和采前落果。土壤营养条件对提高果实品质具有十分重要的意义,如缺磷会导致细胞分裂差,细胞数目少,果实小。钾对果实大小和营养物质积累有明显促进作用。果实缺钙,容易发生苦痘病和水心病等生理病害。

3. 提高果实品质的措施

主要针对果实品质构成,如果实大小、果实色泽、果面光洁度、果实风味等方面采取技术措施提高果实品质。

(1) 果实大小

尽量满足其生长发育所需的环境条件,尤其是满足其对营养物质的需求,合理地修剪以维持良好的树体结构和光照条件,增加叶片的同化能力;适时、适量肥水等都有利于促进果实的膨大和细胞分裂,从而提高果实品质。

采用人工辅助授粉,除可提高坐果率外,还有利于果实增大和端正果形。通过疏花疏果控制产量,植株果实负载量过多是果实变小的主要原因之一。因此,疏花疏果,选留发育良好的果实,使树体有足够的同化产物和矿质营养,满足果实发育的需求。

（2）果实色泽

果实的颜色是评价外观品质的另一重要指标。在生产上可以依据不同种类果实的色泽发育特点进行调控,改善果实的色泽。

① 合理修剪,改善光照条件。果树通过整形修剪,缓和树势,改善通风透光条件,提高光能利用率,促进光合产物积累,增强着色。

② 加强土肥水管理。提高土壤有机质含量,改善土壤团粒结构,提高土壤供肥、供水能力。矿质元素与果实色泽发育密切相关,过量施用氮肥,影响花青苷的形成,导致果实着色不良,故果实发育后期不宜追施氮素肥料。在果实发育的中、后期增施钾肥,有利于提高果实内花青苷的含量,增加果实着色面积和色泽度。钙、钼、硼等元素,对果实着色也有一定促进作用。果实发育的后期(采前10～20天),保持土壤适度干燥,有利于果实增糖着色,此期灌水或降雨过多,均将造成果实着色不良,品质降低。

③ 果实套袋。套袋是提高果实品质的有效措施之一,除能改善果实色泽和光洁度外,还可以减少果面污染和农药的残留,提高食用安全性,预防病虫和鸟类的危害,避免枝叶擦伤果实。

④ 树下铺反光膜。在树下铺反光膜可以改善树冠内膛和下部的光照条件,解决树冠下部果实和果实萼洼部位的着色不良问题,从而达到果实全面着色之目的。

（3）果面光洁度

在果实发育和成熟过程中,常因管理措施不当及果实受外界不良气象因子的影响,导致果实表面粗糙,形成锈斑、微裂或损伤,影响果实的外观,降低商品价值。造成表面不洁净的因素是多方面的,提高果面光洁度的途径可从以下几个方面入手解决:一是果实套袋,可以使果皮光洁、细嫩、色泽鲜艳,减少锈斑,且果点小而少,从而提高果实的外观品质;二是合理施用农药和叶面喷肥,农药及一些叶面喷施物施用时期或浓度不当,往往会刺激果面变粗糙,甚至发生药害,影响果面的光洁度和果品性状;三是喷施果面保护剂,苹果可喷施500～800倍高脂膜或200倍石蜡乳剂等,均可减少果面锈斑或果皮微裂,对提高果实的外观品质明显有利;四是洗果,果实采收后,分级包装前进行洗果,可洗去果面附着的水锈、药斑及其他污染物,保持果面洁净光亮。

（4）果实风味

果实风味是内在品质最重要的指标,也是一个综合指标。果实品质的形成与生态环境有密切关系。因此只有依据作物生长发育特性及其对立地条件、气象条件的要求,适地适栽才能充分发挥品种固有的品质特性。土壤有机质含量、质地对瓜、果品质有明显的影响;温度和降雨也都直接影响果实风味。

叶幕微气候条件对果实品质有很大影响。由于叶幕层内外光照水平不同,果实内糖、酸含量也不同,一般外层果实品质较好。因此,在果树整形修剪时,选择小冠树形,减少冠内体积,而相对增大树冠外层体积,可以提高果实品质。棚架栽培,由于改善通风透光条件,营养分配均匀,因而果实品质风味好。

合理施肥灌水可有效改善果实风味。果实发育后期轻度水分胁迫能提高果实的可溶性糖及可溶性酸含量,使果实风味变浓;但严重缺水时,会降低糖、酸含量,而且肉质坚硬、缺汁,使果实风味品质下降。水分过多会使果实风味变淡。一般地说,施用有机肥有利于提高果实风味,而化学肥料则降低果实的风味。

4.4 果树花果的调控技术

果树的花芽和花朵,是结果的物质基础。因此适时做好保花保果和疏花疏果,使其合理结果,避免结果过多或过少,是使果树年年丰产、稳产、优质的重要措施之一。保花保果与疏花疏果,都是为了同一个目的:前者是直接"保",后者是用"疏"的手段来达到"保"的目的。

4.4.1 保花保果技术

1. 落花落果的原因

造成落花的主要原因有:贮藏养分不足,花器官败育,花芽质量差;花期不良气候条件,如低温、霜冻、梅雨及干热风等。由于上述原因,导致花朵不能完成正常的授粉受精而脱落。

不是由于自然灾害或病虫害等方面的原因造成的落果而是由于果树内在原因造成的落果称为生理落果。生理落果可分为早期落果和采前落果。以大多数仁果类果实为例,早期落果一般有三次高峰。第一次落果出现在花期刚结束后,子房尚未膨大时。其落果的原因有两个方面,一是花芽发育不良,花器生活力减弱,造成不能授粉受精;另一原因是花芽发育良好,但因环境因子或花器特性限制,不能具备授粉受精的条件。两者都未能达到授粉受精目的,使子房因缺乏激素早衰而脱落。第二次落果在花后1~2周,原因是授粉受精不充分,导致子房缺乏营养不能继续膨大,停止生长而脱落。第三次高峰在第二次落果后2~4周,其主要原因与养分供应不足有关系。

采前落果是在采收前3~4周开始,随着采收期越近而落果越剧。采前落果与树种品种有关,不同树种品种差异很大,主要由于种子先于果肉成熟,而大量产生乙烯,导致落果,比如苹果的秋花皮、红香蕉品种采前落果严重。另外和环境条件及营养条件相关,如苹果在暖地或采收前高温的年份,土壤极端干旱,施氮过多的树或含氮量高的树落果严重。

早期落果或采前落果都是由于离层形成的结果。不同树种形成离层部分不同,如苹果在果梗与果枝间,柑橘开花和花后落果,在花梗与枝条结合部。

2. 保花保果技术

良好的肥水管理条件,合理的树形结构和及时防治病虫害,是保证树体正常发育、增加果树贮藏养分积累,改善花器发育状况,提高坐果率的基础措施,在此基础上,还可以通过以下途径来达到提高坐果率的目的:

(1) 多留花芽

对花芽少的"小年树"和强旺树,要尽量保留花芽、花朵和幼果,必要时"见花芽就留",使其多结果、坐稳果、结大果,以提高产量。因此在修剪时不要过分强调树形而剪除过多的花芽。

(2) 花期喷硼

硼是果树不可缺少的微量元素,它能促进花粉发芽、花粉管生长、子房发育、提高坐果率、防治缩果病和增进果实品质。板栗喷硼能显著减少空蓬。云南多数地区的土壤硼素不足,因此,在盛花期细致地对花朵喷一次300~350倍硼砂加蜂蜜或红糖水,除可满足果树所需要的硼素外,还可诱导蜜蜂前来采粉,并增加柱头黏液,使花粉粒吸收更多的水分和养分,从而提高受精率和坐果率。但硼砂不溶于冷水而溶于开水,所以硼砂在喷前要先用开水溶化后,再兑水喷施。

(3) 果园放蜂

苹果、花红、梨、桃、李、柑橘等果树,都是虫媒花,且多数品种自花授粉不实,因此除在定植时配置适宜的授粉树外,还应在果园养蜂或花期放蜂,增加授粉昆虫,以提高授粉率。据调查,每15~20亩果园有一群兴旺蜜蜂,比没养蜂的果园增产5%~10%,有的甚至高达15%~20%。

(4) 人工授粉

未配置授粉树或配置不当及授粉昆虫少的果园,必要时应进行人工授粉。

(5) 防寒防冻

很多果树生产地区常出现"倒春寒"和晚霜冻害,而很多果树的花果和幼果又难耐0℃的低温。因此在花期和幼果期要注意天气变化,如有倒春寒和晚霜,要在园中及时燃生烟堆或赤磷,用烟雾来提高园中温度,以减轻灾害。据观察,霜冻多在太阳出来温度迅速上升时,花朵和幼果的细胞由原来的"冷则紧缩"一下急剧"热则膨胀"起来而把细胞壁胀破,导致伤花伤果。因此防霜不能天一亮就停止,而要燃烟至霜全部化完,并用烟雾来遮挡阳光,以免阳光直射到花朵或幼果上而加重伤害,故有"防霜不如防太阳"之说。

4.4.2 疏花疏果技术

1. 疏花疏果的原因

花芽过多的果树,如留花芽过多,就会因树体积累的养分不足而迫使花朵或幼果互相争夺养分,从而出现大量的无效花和自疏果,或成为"满树花,半树果",既白耗养分,又不能丰产。因此,对开花过多的果树,进行适量的疏花疏果,控制花果数量,就能减少养分的无效消耗,增加有效花,提高坐果率,且又协调了后期生殖生长和营养生长的矛盾。这样,就能有充足的养分来供给果树生长和花芽分化,使结果、长树、成花三不误,树势稳定,年年丰产稳产,有效地克服"大小年"结果现象。要达到这个目的,关键在于留花留果是不是适量。因为产量和留果成正相关,所以留花留果量一定要恰到好处。若留得过多,则果多个小,单果轻,品质差,增果不增产,更不增值;留得过少,果个虽大,单果也重,但个数太少,也不能提高产量。一般按"十成花,对半果"的比例留花。

2. 疏花疏果的原则

按树定产,按枝定量,按量留花,花多多疏,花少少疏或不疏,使留花留果尽量合理;弱树多疏,壮树少疏,花芽少的旺树不疏,以调节树势,稳定产量;弱枝多疏,强枝少疏,因枝定量,合理负担,以抑强扶弱;幼壮枝组和健壮果台少疏,老弱枝组和老弱果台多疏,并留适量空台,以调节生长,使之年年有花,年年有果,年年有枝。

3. 疏花疏果的方法

(1) 人工疏除

就是要把疏除的花和果用枝剪剪掉。疏除时要注意:苹果要多留中心花和中心果,多疏边花和边花果;梨要多留先开的边花和边花果,多疏后开的中心花和中心果;桃要多留长、中果枝第四至第十节的花和健壮的花束,多疏第四节以下的弱花和纤细的花束。板栗、核桃的雄花序多且花粉量大,同时又是萎黄花序和风媒花,花粉轻而飞扬远,应疏除70%左右的雄花序;疏时多疏细短花序,多留粗长花序。

(2) 药剂疏除

大面积的果园,据报道,在盛花期喷布一次1 000倍二硝磷甲粉或2 500倍萘乙酸,或0.4~0.5度石硫合剂疏花效果甚好。但化学疏除,常受品种、树势、天气的影响,药效差异巨大,使用必须谨慎,避免发生大面积药害。

(3) 疏除时间

疏花疏果均不宜迟,过迟既增多前期养分的无效消耗,又影响果实发育,起不到应有的作用。因此,疏除整个花序宜在花蕾期,疏除花朵宜在盛花期,疏果宜在落花后半个月。

疏花疏果要因地因园因树而定,不要生搬硬套,株株一个样,要留有余地,不要疏过头。有晚霜冻害的地区和病虫严重的果园,其留花留果量应比实际需留量多30%~40%,待坐稳果后再行疏果,以便弥补冻害或病虫危害造成的损失。

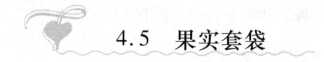

4.5 果实套袋

4.5.1 果实套袋的作用

果实套袋有促进着色、改善果面光洁度、减少病虫害和降低农药残留量的作用。

(1) 促进着色

果实套袋后,由于果面不受阳光直接照射,从而抑制了果皮中叶绿素的合成,减轻了果面底色,除袋后因果皮叶绿素含量少,果面发白,对着色特别有利。因此,套袋果实着色率高,色泽艳丽。

(2) 改善果面光洁度

套袋后果实处于果袋内较稳定的环境中,不易发生果锈。同时,套袋减少了尘埃、煤垢等污染和农药的刺激,使果皮细嫩,果点小,果面光洁美观。

第 4 章 果树花果调控技术

(3) 减少病虫害

套袋能有效地避免病虫为害果实，同时，可减少农药使用量，降低用药成本。

(4) 降低农药残留量

果实套袋后树体喷药时果实不直接接触农药，减少了果实中的农药残留量。因此，果实套袋是无公害生产的重要环节。

由于果实套袋对提高果实外观品质的效果十分显著，市场竞争力和售价大幅度提高，经济效益十分可观。但套袋果实一般会降低可溶性固形物含量，使果实风味变淡，贮藏过程中易失水和褪色。同时，套袋也增加了生产成本。

4.5.2 果实套袋的技术环节

果实套袋如果不加强综合管理，套袋果会出现风味变淡、硬度下降等现象。为此，果实套袋必须采用配套的技术措施。现主要以苹果为例，介绍套袋的技术方法。

1. 套袋前的管理

(1) 选择套袋树

在计划套袋时，应对园内每棵树的生长结果情况进行全面考察，选择肥水条件好，全园通风透光的果园和树体生长健壮、结构合理、枝量合适者套袋。

(2) 套袋前的肥水管理

计划套袋果园，应在头年秋季施足基肥，使树体积累充足的贮藏营养。在施基肥时，应增施适量过磷酸钙。果实套袋以后，蒸腾量减少，随蒸腾液进入果实中的钙也较少；而果实中的生长素浓度在黑暗条件下升高，果个相应增大。进行套袋栽培时，必须增施钙肥，除土壤增施钙肥外，最好在套袋前对果实喷布 2~3 次钙肥。

(3) 根据天气掌握套袋期

如果天气过于干旱，应在套袋前 3~5 天浇 1 次水，待地皮干后再开始套袋。套袋果园最好具备灌溉条件，否则当旱情严重时，套袋果很易发生日灼。

(4) 严格疏花疏果

套袋前必须按要求严格疏花疏果。

(5) 病虫防治

套袋前的病虫防治对提高套袋效果至关重要。套袋前应细致周到地喷布一次杀菌剂和杀虫剂，务求使幼果果面全面均匀受药。此外，苹果幼果套袋前，果皮对农药非常敏感，应选用刺激性小的农药，否则易发生果面锈斑。

2. 果袋选择

果袋质量是决定套袋成功与否的前提。套袋用的果袋有纸袋和塑料薄膜袋两种类型。纸袋应是全木浆纸，耐水性强，能抗日晒雨淋且不易破碎变形，若经过药剂处理，还可防病虫害，纸袋有双层袋和单层袋之分。塑料薄膜袋的原料是一种新的聚乙烯微膜，厚度为 0.005 mm 左右，袋上有透气孔，袋下部有排水口。塑膜袋有全开口、半开口、角开口等多种类型。塑膜袋最大的优点是成本低，但在果实着色等方面达不到双层纸袋的效果。

选择果袋类型应依品种、立地条件及栽培水平不同而有差异。较易着色的品种可采用单层纸袋,较难着色的品种主要采用双层纸袋,黄绿色品种应套单层纸袋或塑膜袋。在海拔高、温差大的地区,单层纸袋的效果也很明显。栽培条件较好的果园,为了生产精品果,可以双层纸袋为主,辅助套单层纸袋和塑膜袋;栽培条件较差的地区,以套单层纸袋和塑膜袋为主。

3. 套袋时间和方法

(1) 套袋时间

套袋时间早晚对产量、品质、采收期及日灼轻重等都有一定影响。套纸袋的时间早,套袋果退绿好,摘袋后易着色,但由于果柄幼嫩,易受损伤影响生长,同时,日灼较重,减产明显。套塑膜袋时间越早,越有利于减少病虫害,增加产量,促进早熟,但日灼果也较多。早套袋也不利于幼果补钙;套袋过晚会影响套袋效果,还容易损伤果柄造成落果。我国多数苹果产区套纸袋的时间为 6 月份,套塑膜袋的时间为花后 15~30 天。

(2) 套袋方法

定幼果后,手托果袋,先撑开袋口,或用嘴吹,使袋底两角的通风放水孔张开,袋体膨起;手执袋口下端,套上果实,然后从袋口两侧依次折叠袋口于切口处,将捆扎丝反转 90 度,扎紧袋口于折叠处,让幼果处于袋体中央,不要将捆扎丝缠在果柄上。

套袋时应注意以下四点:一是套袋时的用力方向始终向上,以免拉掉幼果;二是袋口要扎紧,若封口不严,一些害虫易进袋繁殖,污染、损害果面,雨水也易进入袋内,果实梗洼处积水,阴雨天气袋内长时间湿度过大,会造成果皮粗糙,病害发生;三要使果实处于袋口中部,不要让果面贴袋,特别是纸袋向阳面与幼果之间必须留有空隙,以免造成日灼;四要注意捆扎丝不能缠在果柄上,而要夹在果袋叠层上,以免损伤果柄,造成落果。

4. 摘袋时间和方法

(1) 摘袋时间

摘袋时间因不同品种、立地条件和气候条件而异。易着色的地区和品种应适当晚摘袋,而不易着色和着色条件差的地区或秋季阴雨多时,应适当早摘袋。

摘袋时,最好选择阴天或多云天气进行。若在晴天摘袋,为使果实由暗光逐步过渡至强光,在一天内应于上午 10~12 时去除树冠东部和北部的果实袋,下午 3~5 时去除树冠西部和南部的果实袋,这样可减少因光强剧烈变化引起日灼的发生。晴天、阳面的果实,应在袋内果温与气温相近时除去果袋(10 时前)。

(2) 摘袋方法

摘除双层纸袋时先去掉外层袋,间隔 3~5 个晴天后再除去内袋。若遇阴雨天气,摘除内层的时间应推迟,以免摘袋后果皮表面再形成叶绿素。摘除单层纸袋时,首先打开袋底放风或将纸袋撕成长条,3~5 天后再除袋。

 案例分析

随着柑橘产量的增长和人民生活水平的提高,消费者对柑橘质量的要求越来越高,通过何种途径可以有效地提高柑橘果品的品质呢?

柑橘品质主要分为外形、肉质和贮运性等三方面的品质,要提高柑橘品质可以通过以下几个方法:

(1) 选育、种植优良品种及砧木

品种是柑橘品质的主要决定因素,种植良种是提高品质的前提。所以在新发展橘园要积极引进良种,有性状退化的良种应进行提纯复壮和改良。良种还必须配合优良砧木才能获得优质果品,如枳是我国柑橘尤其是温州蜜柑的优良砧木。

(2) 要适地适栽

每个柑橘良种都有其最适宜的生态区域,离开这个区域就会影响到良种固有品质的表现。

(3) 科学栽培,提高果实品质

同一柑橘品种,不同的栽培技术亦会得到不同的果实品质。果实品质的提高不是靠单项技术,而必须采取综合的技术措施才能达到提高果实品质的目的。主要栽培措施主要有以下几项:

① 合理调控肥水

南方柑橘园主要存在偏施氮肥、忽视有机肥和绿肥、肥料元素配搭不合理等问题。要氮磷钾与其他营养平衡使用,提倡以有机肥为主,尤其以饼肥、禽畜粪肥等为佳。如果果实发育膨大期缺水会导致果实变小,采前多雨又使可溶性固形物下降,要采取"春湿、夏排、秋灌、冬控"的方法,才有利于提高品质。

② 疏花疏果

花果过多,会加重树体负荷,抑制小果发育,适当疏花疏果能促进果实正常膨大,克服大小年现象。方法是以各品种的叶果比为标准,在花前疏去部分弱、密花枝,在生理落果结束后疏去小、劣、病果。也可用化学药物疏花疏果。

③ 防裂果、防日灼果

柑橘裂果、日灼果会严重影响果实品质,应通过水分调节、营养平衡、外用生长调节剂、覆盖降温、提早放早秋梢等措施减少或防止裂果、日灼果。

④ 合理修剪

一般树冠荫蔽和内膛枝的果实风味淡,色泽及品质差,这是因为光照不足所致。通过合理修剪,使树体通风透光,提高果实含糖量和改善着色,也间接提高了果实品质。

(3) 适时采收

保持果实固有品质,不同柑橘品种,其成熟期不同,同一品种在不同地区种植时期成熟期有所不同。适宜的采收期应根据柑橘果实的成熟度来决定,达到成熟采收的柑橘,能充分保持该品种果实固有的品质,过早或过晚采收,对果实品质都不利。

 复习思考

1. 根据在自然条件下花芽分化发生的次数,可将果树划分为哪几种类型?
2. 影响果树花芽分化的因素有哪些?
3. 如何调控果树的花芽分化?
4. 什么叫自花授粉、自花结实?
5. 什么叫异花授粉、异花结实?
6. 影响果树结果习性的主要因素有哪些?

7. 果树果实有哪几种分类？
8. 果实的生长动态类型有哪些？
9. 果实品质包含的内容有哪几个方面？
10. 影响果实品质形成的因素？
11. 如何提高果实的品质？
12. 果树落花落果的原因以及防止措施是什么？
13. 果树疏花疏果的方法有哪些？
14. 果实套袋的作用及方法有哪些？

考证提示

高级工掌握影响果树花芽分化的因素，调控花芽分化的方法，影响结果习性的主要因素，果实的分类，提高果实品质的技术，落花落果的原因以及防止措施，疏花疏果、果实套袋的作用及方法。

中级工对本章有所了解。

第5章 果树根际环境调控技术

本章导读

根与地上部一样按遗传特性发生,但根受遗传因素的控制相对较弱,主要受环境因素影响,很多研究结果表明改善土、肥、水管理,可大大提高产量。本章主要介绍了果树根系分布、生长的特点,环境条件对果树根系的影响;果园土壤类型,果园土壤调控的主要技术;果园肥水运用与树势调控技术等。

5.1 果树根系的分布与生长

5.1.1 环境条件与果树生长发育

1. 土壤温度

温度是影响果树生长发育最重要的环境条件之一。根系生长与土壤温度关系密切,不同树种根系生长的最适温度不同,同一树种不同砧木的根系生长的最适温度也不完全相同。

通常在土壤温度达到一定高度时,根系开始生长,随着土壤温度的急剧升高逐渐增强,根系有几分钟短暂的生长变慢,随后迅速加快生长,达到最大生长速度后又随土壤温度升高生长速度下降。出现上述现象的原因可能是根温急速下降时,由于膜透性的改变,细胞液外渗,根长有缩短,随土壤温度再逐渐升高,生长慢慢恢复。

Muromtsev 总结各种试验结果认为土壤温度升降变化对根系生长的影响可分为四种类型:

土壤温度由最低升高到最适,先有生长急速升高,然后下降到高于原来生长水平;
土壤温度由最适降到最低,根生长先迅速下降,后略有升高,但低于原来生长水平;
土壤温度由最适升到最高,根生长先迅速升高,其后下降到低于原来生长水平;
土壤温度由最高降到最适,根生长先下降,随后升高,并高过原来生长水平。

根最初反应较快的长度上的变化主要是细胞伸长,随后出现稳定的生长速率增长或下降则与细胞分裂多少有关。用李树实生苗试验,先使之由 13 ℃ 迅速增到 36 ℃,根生长迅速增加为原来的 15 倍,细胞能伸长的都伸长了,随后即停止了生长,这时又立即将根温急剧下降到 1.5 ℃ ~5 ℃,细胞不能进行分裂;随后再升温到 18 ℃,仍见不到根生长高峰的现象,因为这时已没有可进行伸长的细胞了。

温度变化还影响根系吸水量,因为温度影响了原生质的黏滞性和膜透性。根部温度由 16 ℃ 上升到 24 ℃ 时,苹果根部吸水猛增 3 倍。根的最适生长温度草莓为 14 ℃ ~30 ℃,葡萄 21 ℃ ~32 ℃,桃 21 ℃ ~24 ℃。草莓在 4 ℃ ~32 ℃ 范围内,随根温升高吸水量上升,在 12 ℃ 时吸水量只为适温时的 36%。

土壤温度也影响根系营养物质的吸收。根温影响根的生长和吸水,相应地影响到根对矿质营养的吸收。冬季土壤温度的微小变化,对氮的吸收都有明显的影响。在低温下根的膜透性和物质运输受影响,膜上水的结构也有变化,水黏滞性增加,限制了元素的移动。低温也影响激素水平,从而影响代谢库的强度。

2. 土壤紧实度与矿质营养

在紧实的土壤中,根生长受阻、变粗,在先端部分不正常地出现分枝作为补偿。但有时在紧实的土壤中有小的孔隙,根可穿过这些孔隙,幼根尖可有 15 ~25 Pa 的压力。大多数果树根系入土深而广,与土壤接触面大。按质地,土壤可分为沙质土、壤质土、黏质土、砾质土等。沙质土常作为扦插用,是桃、枣、梨等实现早熟丰产的优质理想用土;壤质土因质地均匀,松黏适中,通透性好,保水保肥力强,几乎适用于所有园艺植物的商品生产;黏质土、砾质土等与沙质土类似,适当进行土壤改良后栽种较宜。通常将土壤中有机质及矿质营养元素的高低作为土壤肥力的主要内容。土壤有机质含量应在 2% 以上才能满足果树高产优质生产所需。化肥用量过多,土壤肥力下降,有机质含量多在 0.5% ~1% 之间。因此,大力推广有机生态农业,改善矿质营养水平,提高土壤有机质含量,是实现果树高效、优质、丰产的重要措施。果树与其他植物一样,最重要的营养元素为氮、磷、钾,其次是钙、镁。微量元素虽需要量较小,但也为植物所必需。

矿质营养不像其他因素那样完全限制根系生长,但它影响根系密度和分布。当矿质营养适于整株营养时,根枝比小,而缺素的根枝比大。例如,氮、磷刺激根的生长,氮加磷比单用任何一种元素刺激作用更明显。充足的有机肥,适宜的氮素和充足的磷、钾供应有利根系分支,氮素过多使长根比例增大。根对磷的吸收与土壤含水量关系很大,当接近萎蔫时,根系吸磷减少,生长受抑制。钙和硼的连续供应对新根生长是不可缺少的,缺硼使葡萄根尖死亡,充足供硼可恢复生长正常。

矿质营养不仅影响根生长量,也影响生长时期的长短,低浓度的营养,根尖停止生长早,营养对根生长时期的影响大于对生长率的影响。

3. 土壤透气性

根系生长和吸收都以呼吸提供能量,土壤中 O_2 含量对根十分重要。苹果新根生长要求土壤含 O_2 量在 10% 以上,土壤含 O_2 量降至 2% ~3%,根生长完全停止;桃根需氧量高,当土壤透气不良缺氧时根死亡。

表示土壤透气性的指标是土壤孔隙度,大部分果树根系旺盛生长的空气孔隙度要在

10%以上,低于5%则很少有根生长。Grable和Siemer证明根正常伸长所要求的空气孔隙度的保险值为10%~12%;Webster研究苹果根系生长与土壤物理性状关系时,发现土壤孔隙度低于某一临界值时,细根(直径<5 mm)的数量极少,超过临界值后随孔隙度增大细根数量增多,临界值孔隙度为29%~39%,与土壤的质地有关。

透气性不良,直接影响根的代谢、膜的状况和吸收,在根和土壤内可生成还原产物,其中一些常是有害的,如硫化氢、有机酸、甲烷、乙烯等。乙烯在$(0.02~0.1)\times10^{-6}$间促进根伸长,水多、透气性不好则乙烯不易扩散。透气性不良也增加了根部脱落酸的形成而细胞激动素合成下降。

4. 土壤水分

最适根系生长的土壤相对含水量为60%~80%,接近这个数值的上限则长根多,接近下限则短根多。土壤水分不足则新根木栓化加快,生长减慢,低到一定程度停止生长。根在干旱条件下受害,远比叶片出现萎蔫要早,也就是说,根对干旱的抵抗力要比叶片低得多。

土壤中可利用水下降时,首先使根细胞伸长减弱,短期内根毛密度加大,再进一步缺水则根停止生长,全部木栓化,根毛死亡,根体积收缩。

干旱影响原生质膜和代谢,使膜透性下降,从而降低了根的吸收和对营养物质利用的能力。干旱情况下根吸收钾下降幅度大于钙,从而使新梢中Ca/K比值升高。

短期的大气突然干旱,对根也有影响。大气湿度骤降,根很快停止生长,主要是细胞膨压下降,体积变小,严重的可见生长点死亡,表明伤害了分生组织活性;如果湿度逐渐下降,则根不一定停止生长,主要是有了适应过程。

水分过多也不利于根系的生长,导致根系生理代谢活动受阻,使土壤氧含量降低,呼吸不能正常进行,导致叶片发黄,植株徒长等类似干旱症状。长期积水土壤中以还原过程为主,产生硫化氢、甲烷等有害物质而毒害果树。

5. 光照

光照影响光合产物的形成。光照强度下降50%,2~3天后一年生梨的根系生长就受到抑制,4天后根的呼吸下降50%。苹果M26试验,光强由100%下降到28%时,根干重下降,冠/根比值由0.87增为1.02。连阴雨天葡萄根发生新根数和根生长量均下降。

光照也影响根吸收能力。高光强下,树吸收钾、钙总量高于低光照,但按每单位干重吸收钾、钙来衡量,吸钾、钙略低于低光照,这只是因为高光照下,树体总干重增加的缘故。所以果园郁闭对果树会造成多方面不利的影响。

6. 其他因素

土壤pH低,一般根系生长差,这与土壤中铝含量有关。铝能抑制根的生长。土壤中有异株克生物质,如粗柠檬根的一种产物高香草酸,在嫌气条件下积累多,它可抑制根的生长,根尖膨大呈畸形。

5.1.2 根系分布的特点及其栽培利用

1. 果树根系的类型与结构

根据根系的发生及来源可将果树根系分为三类:

(1) 实生根系

实生繁殖和用实生砧木嫁接的果树的根系为实生根系。其特点是一般主根发达，根系较深，生命力强，对外界环境有较强的适应能力。实生根系个体间的差异要比无性繁殖的根系大，在嫁接情况下，还受到地上部接穗品种的影响。

(2) 茎源根系

用扦插、压条繁殖所形成的个体，如葡萄、无花果扦插繁殖，草莓的匍匐茎，其根系来源于母体茎上的不定根，称为茎源根系。其特点是主根不明显，根系较浅，生活力相对较弱，但个体间比较一致。

(3) 根蘖根系

有的果树在根上能发生不定芽而形成根蘖，而后与母体分离形成单独的个体，如枣、石榴、樱桃等的分株繁殖个体，其根系称为根蘖根系。其特点与茎源根系相似。

果树根系通常由骨干根(主根、侧根)和须根组成，由种子胚根发育而成的称为主根，在它上面着生的粗大分枝称为侧根，侧根上形成的较细(一般直径小于2.5 cm)的根称为须根。无性繁殖的植株没有主根。骨干根的作用是支撑固定(地上部分)、疏导营养、贮藏养分和扩大根域空间，而吸收作用很弱；须根是果树根系的主体，占总根量的90%以上，其主要功能就是吸收水分和矿质营养，还可以合成一些激素物质，是生理最活跃的部分。须根以树冠外缘附近较为集中，是施肥的主要部位。

2. 果树根系的分布与密度

果树根系依据在土壤中分布的状况而分为水平根和垂直根。水平根是指与地面近于平行生长的根系，其分布范围总是大于树冠，一般为树冠冠幅的1~3倍。垂直根指与地面近于垂直生长的根系，其分布深度一般都小于树高，与树种品种、砧木类型有关。例如，核桃、银杏、柿的根系最深，梨、苹果、枣、葡萄次之，桃、李、石榴的根系较浅。乔化砧的根系深，矮化砧的根系较浅。根系分布深度受土壤因素的影响更大，一般土层厚、地下水位低、质地疏松和贫瘠的土壤根系分布深，反之分布则浅。

果树根系大小和密度影响根系对水和矿质元素的吸收。主根和粗的侧根的发育，是遗传性以及根系生长环境相互作用的结果。幼树根系主要向深度发展，随树龄增加改向宽度发展。根喜通气良好、富含营养的耕作层，具有生理活性的根主要分布于土壤上层，而扎入土壤较深的根，主要用于输送水分与营养物质及物质的贮藏。在沙土中根的穿透能力大，分布广，而黏质地根的范围受限，特别是细根量少。

因土壤条件的变化，根的分布密度和土壤中须根分布层有明显的层次性和集中分布层的特点。表层土壤早春土温提高快，发新根早；而夏季表层高温，主要根的生长区在表土下环境条件适宜的稳定层，一般在20~40 cm间，根量集中，占的比例大，是根系主要功能区，也是果树生产中土壤管理的主要层次。

根的密度常用单位土表面上的根长度(L_A:cm·cm^{-2})或单位体积土壤内根的长度(L_V:cm·cm^{-3})来表示。果树的根密度明显低于农作物，密植条件下根密度远远大于稀植树。根密度与植株水分和矿物质营养的吸收关系密切，当根系密度加大，根系吸水速度超过土壤水扩散补充速度时，发生局部干旱，水进入根的速度降低，矿质养分吸收减少。

3. 遗传因子对根系分布的影响

从果树种类看,桃、樱桃、葡萄、枣和梅根系分布较浅,苹果、梨、核桃、柿、核桃和荔枝的根系分布较深。多数研究表明,果树根系垂直分布范围主要是在 20~100 cm 的土层内,分布广度除决定于树种外,与栽培条件关系极大。河北农业大学曾观察发现 8 年生麻枣的水平分布范围可达树冠的 6 倍以上。

在经济栽培的果园中,果树根系的水平分布有 60% 左右的根系分布在树冠正投影之内,尤其是粗根更是如此。在土壤管理较好的果园中,根群的分布主要集中在地表以下 10~40 cm,所以耕作层和树盘至为重要。

果树大多用砧木嫁接,砧木影响植株的根系。例如,M9 的根系相对较小,M11 特别大;酸橙根系分布广大,枳壳分布较浅,具有矮化作用;毛桃根系发达,山桃主根大而深,细根少。由于接穗向根系输送激素和碳素同化物,也就影响根系的发展,如大冠品种根比小冠品种根发达。

4. 果树根系间的相互影响

不同种类或不同植株间根系的相互影响十分复杂,既存在着相互竞争,也存在相互协同。不同种类的根系相互交织和根系嫁接的现象早被科学家发现。一个植株的水分、养分,甚至菌丝体可以通过嫁接点输导至另外植株的根系中,这种现象在松柏科和热带果树上较为常见。

在栽培条件下,同种果树的根系分布更表现出相互竞争和抑制,这种现象已在苹果、柑橘、葡萄和一些核果类果树上被证实。当根系相邻时,它们力避相接,或改变方向,或向下延伸,所以密植果园根系分布较深。产生相互抑制的原因是:根系对水分和养分的竞争,特别是对氮和磷的竞争;根系可以释放出萜烯类物质或其他根际分泌物;根系腐烂产生有毒物质如根皮甙、核桃酮等;某些菌根可以释放一些抗菌素。

了解果树根系分布的特点,主要目的就在于合理确定施肥部位。肥料只有施在果树须根最密集的部位才能够充分发挥作用,尤其是有机肥具有改良土壤的作用,要适当深施,施肥深度应达到果树须根集中分布的土层;化肥易溶解下渗,应适当浅施,一般 15 cm 左右即可,以防渗漏损失。

5.1.3 根系生长的特点及其栽培利用

1. 根系的生命周期

果树根系的生命周期变化与地上部有相似的特点,经历着发生、发展、衰老、更新与死亡的过程。果树定植后在伤口和根颈以下的粗根上首先发生新根,2~3 年内垂直生长旺盛,开始结果后即可达到最大深度。此后以水平伸展为主,同时在水平骨干根上再发生垂直根和斜生根,根系占有空间呈波浪式扩大,在结果盛期根系占有空间达到最大。果树局部自疏与更新贯穿于整个生命周期,吸收根的死亡与更新在生命的初始阶段就已发生,随之须根和低级次骨干根也发生更新现象。当果树进入结果后期或衰老期,高级次骨干根也会进行更新。随着年龄的增长,根系更新呈向心方向进行,根系占有的空间也呈波浪式缩小,直至大量骨干根死亡。果树衰亡之前,可能出现大量根蘖。对于经济果园来说,在盛果期以后,就要考虑整个果园的更新,而不需要到达衰老阶段。

不同种类果树的根系更新能力并不一样。据报道,苹果断根后4周内再生能力最强,新根数量和根重呈线性增长,8周时相对生长量仍然很高,12周后生长恢复正常,如果根系直径超过20 mm,断根伤口不易愈合,再生能力减弱。梨的根系不论粗细,断根后都不易愈合,但伤口以上仍可发生新根。葡萄、桃的根系愈合和再生能力都很强。了解果树根系的更新能力,可以进行根系修剪,达到控制生长,提早结果的目的。

2. 根系的年周期变化

果树根系没有自然休眠期,只要条件适宜,根系全年都可以生长,吸收根也随时发生。但由于受地上部的影响、环境条件的变化以及种类、品种、树龄差异,在一年中根系生长表现出周期性的变化。归纳起来分为两种类型。

(1) 双峰曲线

据王丽琴对二年生新红星/西府海棠幼树的观察,在山东泰安根系生长随春梢生长而增加,5月中下旬达到高峰,于秋季出现第二高峰。梨与葡萄的根系生长也呈双峰曲线。

(2) 三峰曲线

经对结果初期的金冠苹果根系观察表明,根系生长一年有三次高峰:第一次从3月上旬至4月中旬(发芽前后);第二次从新梢将近停长到果实迅速生长和花芽分化之前;第三次在果实采收之后,随着贮藏养分的回流,生长高峰再次出现,此后,气温逐渐下降,根系进入被迫休眠。山楂、桃的结果树也有类似的报道。旭苹果实生苗的根系生长的第一高峰出现在子叶出土前,能量来源于子叶;第二高峰开始期出现在第四片真叶停长之时,到第八片真叶展开时到达高峰,有机养分主要来自1~4片真叶;到秋季形成第三高峰,但峰值极小。

浙江黄岩柑橘研究所对本地早根系观察发现,第一次根的发生在开花抽生春梢之后,到夏梢抽生前新根大量发生,形成第一个高峰;第二生长高峰常在夏梢抽生后;第三次高峰出现在秋梢停止生长后。第一高峰发根量最多,其次是第三高峰,第二高峰发根量较少。

综合关于果树根系的研究结果,可以认为果树根系年周期生长具有如下特点:

① 果树根系生长一年中的动态曲线究竟有几次高峰,至今仍无定论。由于根系活动周年都能进行,它又受制于地上部各种器官的生长发育情况,如年龄、贮藏养分、物候期的变化等、负载量等。栽培措施(如修剪、移栽)、气候条件和病虫危害都会影响根系生长高峰是否出现,出现早晚和峰值的高低。从众多的研究中大致可以看出:实生苗根系生长初始阶段受营养源(子叶或胚乳)影响很大,多半为三个高峰,但秋季不明显;幼树期主要受新梢生长影响,多半为两个高峰,而且第二高峰较低,甚至不出现;成年树由于受果实发育和花芽分化的影响,在正常情况下多半为三次高峰,但不同树种和生长发育状态可能影响高峰的变化。

② 在年周期中,对地上部和根系开始生长先后顺序的研究结果也很不一致,除与树种有关外,主要与枝、芽和根系生长要求的温度不同有关,生长发芽前后气温和土壤温度回升速度不同也有影响。例如,梨的根系能在较低的温度下进行生命活动,根系往往早于地上部活动;柑橘根系活动要求地温较高,在适生区的北缘气温回升快,土温相对较慢,多先萌芽后发根,南缘地区则先发根后萌芽。

③ 不同深度土层中,根系生长有交替生长的现象,这与温度、湿度和通气性变化有关。

据王丽琴等(1992)对苹果的研究,不论年龄、品种和植株类型,吸收根的60%~80%发生在表层,0~20 cm表层吸收根的发根量远比20~40 cm土层中多,这种现象被称为"表层效应"。但土壤表层温度、湿度变化很大,所以如何创造最适宜的土壤表层环境至为重要。

④ 对多种果树根系的研究表明,根系在夜间的生长量与发根量都多于白天。根系昼夜不停地进行着物质的吸收、运输、合成、贮藏和转化。根系吸收的硝酸根与叶片合成并下运至根系中的糖转化为氨基酸、细胞分裂素和生长素等,白天大量送至地上部生长点和幼叶中合成蛋白质形成新细胞,夜晚营养物质主要用于根系的生长,根系生长发育的能量来源主要是光合产物。

⑤ 根系的总吸收面积的变化与年周期生长高峰基本吻合。根中糖类随新梢生长消耗而急剧下降,停长后开始积累,吸收根中的糖始终高于生长根,春秋二季更为明显。根中的氨基酸在一年中变化较大,生长根在春、秋梢停长后各有一个高峰,吸收根除春季较高外,整个生长季节氨基酸含量都较低,生长根中的氨基酸的含量是吸收根的2~3倍。两类初生根硝态氮含量除早春外,一直都比较低,但生长根高于吸收根,这可能与生长根还原能力较低有关。

根系没有自然休眠现象,只要条件适宜,可以随时进入生长状态。在年周期中,根系生长动态取决于外因(土壤温度、肥水、通气等)及内因(树种、砧穗组合、当年生长结果状况等)。但在某一时期有不同的限制因子,如高温、干旱、低温、有机营养供应情况、内源激素变化等。在年周期中其生长高峰总是与地上部器官相互交错,发根的高潮多在枝梢缓慢生长、叶片大量形成后,此系树体内部营养物质调节的结果;也与果实生长高峰期交错发生,所以当年结果量也会明显影响根系生长。多数果树(梨、桃、苹果等)有2~3次高峰生长期。在年周期中,在不同深度的土层中根系生长也有交替现象,春季土壤表层升温快、根系活动早;夏季表层土温过高、根系生长缓慢或停止,而中下层土温达到最适,进入旺盛生长;进入秋季表层根系生长又加强。可见土壤表层根受季节影响变化大,表层根系生理活性高,对花芽分化、促进早结果和提高果实品质具有重要意义,因此生产中应加强对表层根系的保护。根系加粗生长主要发生在永久性根上,一般在秋初有一次显著的加粗生长。此期正是养分大量回流到根系的贮藏积累期。

影响果树根系生长的主要因素:一是树体营养状况,根系生长量取决于地上部所供应的光合产物(有机物质)的数量。贮藏和当年回流的有机养分多,则根系生长旺、发生新根多、延续时间长。如果枝叶受到伤害或结果过多,可供养分少,就会削弱根系生长,即使施肥也难以挽救,只有采取健叶、疏果才能促进根系的生长。二是根际环境条件,包括土壤温度、水分、通气状况、理化性质等,重视土壤改良,创造良好的根际环境条件,保证根系的正常生长发育,是获得果树优质、丰产和高效益的基础。

3. 根际

根际环境是指与植物根系紧密结合的土壤或岩屑质粒的实际表面,大体相当于生长根周围根毛所及的土壤的微域范围。它是受根的活动和溢泌物与土中微生物的相互影响形成的。如根先端黏凝胶的溶解,根毛分泌的小滴物质,活细胞溢泌的物质和皮层脱落的细胞等,形成异养微生物的能源,这些微生物活动也可影响根际的pH,影响根的营养吸收与激素的合成。

根的溢泌物是指健康的完整的根释放到根周围介质中的物质,溢泌物不包括水。根溢泌物和微生物的活动受两类因子的制约:一是生物因子,如植物种类、品种、年龄、叶片效应和微生物活性;二是外界条件,如温度、光、土壤类型、肥力、湿度和透气性。

根溢泌物可使土壤中矿质元素活化或钝化,从而改变根际营养的利用状态或 pH,提高植物适应性,而微生物群落以溢泌物和根脱落细胞为食源,其活动可影响养分的有效性和吸收利用及调节物质的平衡。此外,根际对土壤病原体和植物病害也有影响。

5.2 果园土壤的调控技术

5.2.1 果园土壤调控概况

土壤调控管理通常指土壤改良、土壤耕作等技术措施,目的在于根据果树根系生长发育的特点,改善和调控土壤的水、肥、气、热条件,使分布其中的根系得以充分扩展并行使吸收功能。

1. 土壤改良

许多种植果树的园地土壤距果树本身生长阶段所需的要求存在着很大的差距,如山地、丘陵、沙砾滩地、盐碱地,有些果园在建园时没有经过土壤改良,表现为土层瘠薄、结构不良、有机质含量低、偏酸或偏碱,有的虽经改良,仍存在没有熟化的土壤。因此,应根据果园土壤状况采取相应的土壤改良措施。

(1) 深翻熟化

① 深翻对土壤和果树的作用

果树根系深入土层的深浅,与果树的生长结果有密切关系。支配根系分布深度的主要条件是土层厚度和理化性状。深翻加强了土壤微生物活动,可加速土壤熟化,使难溶性营养物质转化为可溶性养分,提高土壤的肥力。

果园深翻可加深土壤耕作层,为根系生长创造条件,促使根系向纵深伸展,根量及分布深度均显著增加(表5-1)。

表5-1 深翻对苹果(国光)根量和深度的影响(山东栖霞)

处理	全根量（条）	吸收根		根系密度（条/m²）	根系最深度（cm）	80%根分布层（cm）
		数量(条)	占全根比(%)			
深翻	654	586	89.7	1 558.6	70	10~60
未深翻	230	200	86.0	754.0	50	0~40

据日本报道,深翻区桃树叶片氮、钾水平高(表5-2),树体生长良好,尤以深翻结合增施堆肥效果更为显著。

表 5-2　深翻对桃树生长和叶片养分含量的影响(森田、石原)

深翻程度	生长量和叶片养分含量					
	树体生长量(g)	地下部质量(g)	地上部质量(g)	叶分析(%)		
				N	P_2O_5	K_2O
深翻施堆肥	141.7	59.5	82.2	2.74	0.73	3.67
深翻	91.6	44.2	47.4	2.56	0.53	2.77
未深翻	61.9	29.1	28.8	2.46	0.96	1.57

深翻促进根系生长,是因深翻后土壤中水、肥、气、热得到改善所致,使树体健壮,新梢长,叶色浓。深翻改土后,土壤的有机质、全氮、全磷、全钾量均较对照显著提高。因此深翻可提高产量。中国农业科学院果树研究所秋白梨园深翻试验说明,深翻梨园果实体积平均61.6 cm^3,未深翻的仅44.6 cm^3,比未深翻园增产38.1%。据山东黄县林业局报道,葡萄园土壤深翻45~80cm时,吸收根增加近2倍,产量提高45%。深翻结合增施有机肥,可以改善土壤结构和理化性状,促进团粒结构的形成,使土壤疏松,土层加厚,土壤透水和保水能力增强;生态条件的改善又使微生物活动加强,加速土壤熟化,促使难溶性营养物质分解转化为可溶性养分,从而提高肥力。有机肥的种类包括腐熟的人畜粪、秸秆、草皮、堆肥等。在有效土层浅的园地,对土壤进行深翻改良的效果非常显著。深翻可以为根系生长和吸收创造良好的环境条件,促使植物根系向纵深和广度伸展,根量增加,因而促进地上部生长,增强植物适应不良环境的能力,对产量和品质都有明显的提高作用。

② 深翻时期

江苏地区果园土壤深翻在一年四季都可以进行,但应根据果园具体情况与要求因地制宜地适时进行,并采用相适应的措施,才会收到良好效果。江苏目前多以秋季深翻为主,效果也最好,一般在果实采收后结合秋施基肥进行。此时地上部分生长较慢,养分开始积累,深翻后正值根系秋季生长高峰,伤口容易愈合,并可长出新根。如结合灌水,可使土粒与根系迅速密接,有利根系生长。因此秋季是果园深翻较好的时期。入冬后至土壤解冻前也可进行深翻,操作时间较长,但要及时盖土以免冻根。如墒情不好,应及时灌水,使土壤下沉,以防露风冻根。

③ 深翻深度

深翻深度要考虑植物根系的垂直分布层、土壤的结构和性质,以稍深于果树主要根系分布层为度。山地土层薄,下部为半风化岩石,或滩地浅层有砾石层或黏土夹层,或土质较黏重等,深翻的深度宜深些;平地沙质土壤且土层深厚的,则可适当浅些。

④ 深翻方式

根据果树的树种、树龄和栽培方式等具体情况可采取不同的深翻方式,有深翻扩穴、隔行深翻、全园深翻等。

a. 深翻扩穴,又叫放树窝子。幼树定植后,逐年向外深翻扩大栽植穴,直至株间全部翻遍为止,适合劳力较少的果园。但每次深翻范围小,需3~4次以上才能完成全园深翻。每次深翻可结合施入粗质有机肥料。

b. 隔行深翻,即隔一行翻一行。山地和平地果园因栽植方式不同,深翻方式也有差别。

等高撩壕的坡地果园和里高外低的梯田果园,第一次先在下半行进行较浅的深翻施肥,下一次在上半行深翻,把土压在下半行上,同时施有机肥料,这种深翻应与修整梯田等相结合。平地果园可实行隔行深翻,分两次完成,每次只伤一侧根系,对果树生育的影响较小。行间深翻便于机械化操作。

c. 全园深翻,将栽植穴以外的土壤一次深翻完毕。这种方法需要较多劳力,但翻后便于平整土地,有利果园操作。

上述几种深翻方式,应根据果园具体情况灵活运用。一般小树根量较少,一次深翻伤根不多,对树体影响不大;成年树根系已布满全园,以采用隔行深翻为宜。深翻要结合灌水,也要注意排水。山地果园应根据坡度及面积大小而定,以便于操作、有利果树生长为原则。

(2) 培土

培土具有增厚土层、保护根系、增加养分、改良土壤结构等作用。

我国南方高温多雨,平原地区地下水位偏高,多用高畦或高墩栽培果树。由于降雨多,土壤淋洗流失严重。例如,广东省潮安县把树栽在定植墩上,以后在整畦过程中又大量培土,每亩地培客土400～600担,加厚土层,即保护根系,也有培肥作用。培土工作要每年进行,土质黏重的应培含沙质较多的疏松肥土,含沙质多的可培塘泥、河泥等较黏重的肥土。培土量视植株的大小、土源、劳力等条件而定。一次培土不宜太厚,以免影响根系生长。

(3) 增施有机肥料

有机肥料所含营养元素比较全面,除含主要元素外,还含有微量元素和许多生理活性物质,包括激素、维生素、氨基酸、葡萄糖、DNA、RNA、酶等。多数有机肥料需要通过微生物的分解释放才能被果树根系所吸收,故也称迟效性肥料,多作基肥使用。

① 种类

生产上常用的有机肥料是厩肥、堆肥、禽肥、鱼肥、饼肥、土杂肥、绿肥以及城市垃圾等(表5-3),目前市场上也有不少的生物有机肥。

表5-3 常用有机肥料主要养分含量(%)

肥料种类	氮	磷	钾	肥料种类	氮	磷	钾
厩肥	0.5	0.25	0.5	苕子	0.56	0.63	0.47
人粪尿	0.5～0.8	0.2～0.6	0.2～0.3	紫云英	0.48	0.09	0.37
猪粪	0.60	0.40	0.44	田菁	0.52	0.07	0.15
马粪	0.50	0.30	0.24	草木樨	0.52～0.6	0.04～0.12	0.27～0.28
牛粪	0.32	0.21	0.16	苜蓿	0.79	0.11	0.40
羊粪	0.65	0.47	0.23	芝麻	1.94	0.23	2.2～5.0
鸡粪	1.63	1.54	0.85	蚕豆	0.55	0.12	0.45
鸭粪	1.00	1.40	0.62	绿豆	2.08	0.52	3.90
鹅粪	0.55	0.54	0.95	紫穗槐	3.02	0.68	1.81
鸽粪	1.76	1.78	1.00	大豆	0.58	0.08	0.73
蚕渣	2.64	0.89	3.14	豌豆	0.51	0.15	0.52
城市垃圾	0.25～0.40	0.43～0.51	0.70～0.80	花生	0.43	0.09	0.36

续表

肥料种类	氮	磷	钾	肥料种类	氮	磷	钾
河泥	0.44	0.29	2.16	箭豌豆	0.54	0.06	0.30
棉籽饼	5.6	2.5	0.85	红三叶	0.36	0.06	0.24
菜籽饼	4.6	2.5	1.4	猪屎豆	0.57	0.07	0.17
花生饼	6.4	1.1	1.9	柽麻	0.78	0.15	0.30
茶籽饼	1.64	0.32	0.4	秣食豆	0.58	0.14	0.41
蓖麻饼	4.98	2.06	1.90	沙打旺	0.49	0.16	0.20
桐籽饼	3.60	1.30	1.30	紫穗槐	0.88	0.41	0.88
蚕豆饼	1.6	1.3	0.4	大米草	0.25	0.21	0.16
玉米秆	0.5	0.4	1.6	肥田萝卜	0.36	0.05	0.36
草灰	—	1.6	4.6	小麦草	0.48	0.22	0.63
木灰	—	2.5	7.5	玉米秸	0.48	0.38	0.64
谷壳灰	—	0.8	2.9	稻草	0.63	0.11	0.85
水葫芦	0.12	0.06	0.36	满江红	0.19	0.03	0.08
水花生	0.21	0.09	0.85	细绿萍	0.26	0.09	0.21
水浮莲	0.09	0.10	0.35	水草	0.87	0.50	2.36

② 作用

有机肥料不仅能供给植物所需要的营养元素和某些生理活性物质,还能增加土壤的腐殖质。其有机胶质又可改良沙土,增加土壤的孔隙度,改良黏土的结构,提高土壤保水保肥能力,缓冲土壤的酸碱度,从而改善土壤的水、肥、气、热状况。

有机肥因其分解缓慢,在整个生长期间,可以持续不断地发挥肥效;而且肥效稳定,不会因为大雨和灌水而发生流失。此外,可缓和施用化肥后的不良反应,如引起土壤板结、元素流失或使磷、钾变为不可给态等,提高化肥的肥效。

果树产量与果园土壤有机质含量之间关系密切,有机质含量高,产量也高,反之则低。自古以来就有把有机肥料当作园艺作物的特效肥料,施用有机肥后,果树生长良好,树体健壮,产量稳定,果实外观和内在品质都得到提高。无锡水蜜桃以果形大、色泽美、香气浓郁、皮薄肉厚、汁多味甜、风味独特而深受国内外消费者的喜爱,主要得益于长期坚持使用有机肥。与世界先进国家相比,我国水果平均产量偏低,品质档次不高,大部分果园缺乏有机肥料、有机质含量低是一个主要的因素。

(4) 应用土壤结构改良剂

近年来有不少国家已开始运用土壤结构改良剂,提高土壤肥力,使沙漠变良田。土壤结构改良剂分有机、无机及无机、有机三种。有机土壤结构改良剂是从泥炭、褐煤及垃圾中提取的高分子化合物;无机土壤结构改良剂有硅酸钠及沸石等;有机、无机土壤结构改良剂有二氧化硅有机化合物等。上述物质可改良土壤理化性及生物学活性,可保护根层,防止水土流失,提高土壤透水性,减少地面径流,调节土壤酸碱度等。

国外已在生产上广泛应用的聚丙烯酰胺,为人工合成的高分子化合物,将其溶于 80 ℃ 以上热水中,先把干粉制成2%母液,即一亩用8 kg配成400 kg母液,再用水稀释至3 000 kg,泼浇至5 cm深的土层,由于其离子键、氢键的吸引,使土壤连接成团粒结构,优化土壤水、肥、气、热条件,其效果可达3年以上。

2. 不同类型果园的土壤改良

要促进土壤熟化,应根据不同土壤特点采取针对措施。

(1) 山地红黄壤果园改良

红黄壤广泛分布于我国长江以南的丘陵山区,江苏主要为黄壤。这些地区高温多雨,有机质分解快,养分易于淋失,但铁、铝等元素易于积累,土壤容易酸性化,有效磷活性低。因风化严重,土粒很细,土壤结构不良,水分过多时土壤吸水而呈糊状,干旱时水分易蒸发散失而造成土壤板结。主要采用以下措施改良土壤:

① 黏土掺沙,做好水土保持工作。红黄壤土结构不良,水稳性差,抗冲刷能力弱,可以按1份黏土加2~3份沙土的比例进行改良。

② 增施纤维素含量较高的作物秸秆、稻壳等有机肥,种植绿肥作物。红黄壤土质瘠薄主要是缺乏有机质,土壤结构不良。增施有机肥料,是改良土壤的根本性措施。

③ 增施磷肥。红黄壤中的磷素含量低,有机磷更缺乏,增施磷肥效果良好。施用各种磷肥均可以,但以微酸性的钙镁磷肥为多。可集中施在定植穴中,促进果树生根。在红黄壤中施磷肥时,如配合施用氮肥,不仅补充红黄壤本身缺的氮,更可以促使发挥磷肥效果。

④ 中和土壤酸度。施用石灰可以中和土壤酸度,改善土壤的理化性状,施用量为每公顷750~1 050 kg。

此外,合理采用减少耕作、实施免耕和生草等耕作制度,加强有益微生物活动,促进有机质分解,增加土壤中速效养分。

(2) 盐碱地果园土壤改良

盐碱地的高含盐量和离子毒害会导致园艺植物根系生长不良、吸收受阻,发生微量元素缺乏和生理干旱。生产中除了选择耐盐的植物种类以外,更重要的是要对土壤进行改良。改良的技术措施有:

① 设置排灌系统。改良盐碱地的主要措施之一是引淡洗盐。在果园顺行间隔20~40 m挖一道排水沟,一般深1 m,宽0.5~1.0 m。排水沟与较大较深的排水支渠及排水干渠相连,使盐碱能排出园外。园内则定期引淡水进行灌溉,达到灌水洗盐的目的。当达到要求含盐量(0.1%)后,应注意生长期灌水压碱,并进行中耕、覆盖、排水,防止盐碱上升。

② 深耕施有机肥。有机肥料除含果树所需要的营养物质外,还含有机酸,对碱能起中和作用。有机质可改良土壤理化性质,促进团粒结构的形成,提高土壤肥力,减少蒸发,防止返碱。

③ 地面覆盖。地面铺沙、盖草或其他物质,可防止盐碱上升。山西文水葡萄园干旱季节在盐碱地上铺10~15 cm沙,可防止盐碱上升和起到保墒的作用。

④ 营造防护林和种植绿肥作物。防护林可以降低风速,减少地面蒸发、防止土地返碱。种植绿肥植物,除增加土壤有机质、改善土壤理化性质外,绿肥的枝叶覆盖地面,可减少土壤蒸发,抑制盐碱上升。实验证明,种田菁(较抗盐)一年后,在0~30 cm土层中,盐分可由0.65%降到0.36%(表5-4),如果能结合排水洗碱,效果更好。

⑤ 中耕除草。中耕可锄去杂草,疏松表土,提高土壤通透性,又可切断土壤毛细管,减少土壤水分蒸发,防止盐碱上升。

表 5-4 种绿肥田菁、苕子对土壤盐分的影响(中国农业科学院郑州果树所,1974)

土层(cm)	田 菁			苕 子		
	种前	种后	降低	种前	种后	降低
0~5	0.301	0.126	0.175	0.14	0.07	0.07
5~20	0.216	0.119	0.099	0.12	0.05	0.07
20~40	0.109	0.150	0.040	0.16	0.05	0.11
40~60	0.245	0.171	0.074	—	—	—

注:测定盐分为氯化物。

(3) 保护地和连作果园土壤改良

在设施栽培条件下,由于特定的小气候(温度高、湿度大、不受雨水淋失)和长期大量或过量施用肥料,土壤表层会出现盐分积累、土壤溶液浓度增高现象。特别是在一年四季连续覆盖的温室或大棚里,盐渍化现象日益严重。这种土壤最根本的改良方法是科学地施用无机和有机肥料,增施有机肥,正确掌握化肥施用方法。化肥中一些副成分如 Cl^-、SO_4^{-2} 是提高土壤溶液盐分浓度的因素之一,而多数果树喜硝态氮,种植果树最好施用不带副成分的肥料,如硝铵、尿素、磷铵和硝酸钾等或以这些肥料为主体的复合肥料。此外,可以在夏季去掉覆盖让雨水冲盐,或在休闲季节大量灌水除盐。

连作会导致土壤营养元素缺乏、有毒物质积累、病原微生物和害虫增加,造成果树生长发育不良、病虫害严重发生甚至死亡,如枇杷、桃、杏、草莓、无花果等都是对连作比较敏感的作物,除了尽量避免连作,选择利用抗连作的砧木,还可以通过更换土壤、增施有机肥、对土壤进行消毒等方法加以改良。土壤消毒也是果树种植过程中处理连作土壤和保护地土壤的一项重要和常用的土壤管理措施。

5.2.2 果园土壤调控主要技术

土壤管理制度又称土壤耕作方法,是指对土壤表层的耕作管理方式。土壤表层耕作管理的目的是改善土壤结构,提高土壤肥力,防止水土流失,维持良好的养分和水分供给状态,为根系提供良好的水、肥、气、热环境,从而提高果品的产量和质量。

土壤耕作管理方法有清耕法、生草法、覆盖法、免耕法、休闲轮作法等。传统的清耕法已比较落后,现代化果园多采用生草法。

1. 清耕法

清耕法是指在生长季内经常进行耕作,除果树不种植其他作物,保持土壤疏松和无杂草状态的一种土壤管理制度。清耕法一般在秋季深耕,春、夏季多次中耕。

清耕法的优点是经常中耕可以使土壤保持疏松通透,促进土壤微生物的活动和有机物的分解,有效养分补给及时,施肥效应迅速,春季土壤温度上升较快。而且,经常切断土壤表层的毛细管可以防止土壤水分蒸发,去除杂草可以减少其与果树对养分和水分的竞争。但清耕法也有许多缺点,水土流失严重,尤其在坡地;长期采用清耕会破坏土壤结构,使土壤有机质含量迅速减少;土表的水、热条件常随大气变化而有较大的变幅,不利于根系发育;劳动强度大,费时费工。目前在我国仍是果园应用较多的一种耕作制度,但因弊端多,近年已不再提倡使用。若实施,应尽量减少耕作次数,或在长期应用免耕法、生草法后进行短期清耕。

2. 生草法

生草法是在果树行间种植草类而不进行耕作的土壤管理方法。采用较多的有豆科的紫云英、白三叶草、苕子、紫花苜蓿和禾本科的鸭茅草、高羊茅、野牛草、结缕草等,多为多年生牧草和一、二年生的豆科或禾本科的草类(表5-5)。

生草法的优点是可改善土壤理化性状,使土壤保持良好的团粒结构,增加土壤有机质和有效养分的含量;防止和减少水土流失;有助于形成良好的生态平衡条件,地表昼夜和季节的温、湿度变化都比较缓和,利于根系的生长;减轻日灼病和缺磷、缺钙引起的生理病害;在雨季,生草可以消耗过多的水分,促进枝条充实和果实成熟,提高果实品质;生草后土壤不进行耕锄,管理省工,还便于果园机械化作业。因此,生草法在园艺生产发达的欧美国家被普遍应用,在我国许多果园,行间生草、树盘覆盖的管理方法也已得到推广。

但生草法也会造成作为间作物的草类与果树在养分和水分上的竞争,尤其是在持续高温干旱时或果树与草类都处在迅速生长期时竞争更剧烈,肥水和相应管理跟不上时,会影响树体的生长发育,因此在需肥期应当补施肥料;此外,长期生草的园地表层土易板结,影响透气与渗水。

因此,生草法在土壤水分条件较好的果园,以及缺乏有机质、土壤较深厚、水土易流失的园地是一种较好的土壤管理方法。

表5-5 不同生草处理土壤 N、P、K 含量(蔺经,2007)(g/kg)

草种	N		P		K	
	0~20 cm	20~40 cm	0~20 cm	20~40 cm	0~20 cm	20~40 cm
鲁梅克斯	0.94	0.54	1.13	0.77	7.02	6.63
三叶草	0.82	0.78	1.26	1.24	6.50	6.17
菊苣	0.98	0.63	1.26	1.31	6.75	6.35
紫花暮蓿	0.10	0.60	1.06	0.90	7.46	6.88
黑麦草	0.84	0.50	1.23	1.28	7.56	6.86
高羊茅	0.88	0.86	1.44	1.48	6.19	6.17
自然生草	0.10	0.68	1.55	1.34	6.31	5.99

3. 覆盖法

覆盖法是利用作物秸秆、杂草、糠壳、锯末、藻类等材料覆盖在土壤表面的一种土壤管理方法,在果树的种植中应用广泛。通过覆盖代替土壤耕作,能有效抑制土壤水分的蒸发,防止水土流失和土壤侵蚀,改善土壤结构,调节地表温度,还可抑制杂草生长。

果园通常用作物秸秆、绿肥和杂草作覆盖材料。果园覆草具有显著的保墒作用,能降低土壤的昼夜温差和季节温差,因而有利于根系的发生和生长,延缓根的衰老,防止根系灼伤,增强根系的吸水吸肥功能。有机覆盖物腐烂后随水分浸入或通过耕作翻入土壤,可增加土壤中有机质含量,促进团粒结构的形成,增强保肥保水能力和通透性能。同时由于土壤有机质增加以及温、湿条件改善,促进了土壤微生物的活动,从而增加土壤中有效钾、有效磷等有效态养分的含量。覆盖还可以减少地表径流,防止土壤冲刷和水土流失。

覆草法需大量秸秆和稻草,有时易招致虫害和鼠害;长期采用有机物覆盖栽培,容易导致根系上浮;长期使用含氮少的作物及杂草秸秆进行覆盖时,会使土壤中的无机氮减少。另外覆草的园地春季土壤升温慢,新梢停止生长期以及果实着色与成熟期可能会略为延迟。

果园采用薄膜覆盖主要目的在于提高早春土壤温度、增加果实含糖量和促进果实着色、提早果实成熟期、减轻病虫害和抑制杂草。生产中经常在幼树栽植后覆盖地膜以提高成活率,果实着色期铺设银色反光膜以促进着色。在果树育苗、设施栽培上应用地膜覆盖已成为常规技术措施。

4. 免耕法

免耕法是土壤不进行耕作或极少耕作,利用除草剂防除杂草的土壤管理方法,在果园可应用。这种方法能够维持土壤的自然结构,通气性好,有利于水分渗透,土壤保水力也较好,因无杂草水分消耗较少;土壤表层结构结实,吸热放热较快,可减少辐射霜冻的危害,也便于各项操作和机械作业;省时省力,管理成本低。其缺点是长期免耕会使土壤有机质含量下降,造成对人工施肥的依赖,还存在除草剂污染。

改良免耕法是应用除草剂控制杂草的土壤管理方法。其要点是用选择型的、对多数低矮的草无害的除草剂,在草长到一定高度(30 cm 左右)后应用,以喷施叶面为主,目的是杀死草的幼嫩部分而不是整株,从而促进草多发分支,匍匐生长,控制草的高度。

上述几种土壤管理制度在不同条件下各有利弊,实践中应根据作物种类、自然条件和生产条件选择适宜的方法或结合利用。例如,在果树最需要肥水的生长前期保持清耕,而在雨水多的季节进行间作或生草覆盖地面,以吸收过剩的水分,防止水土流失,并在雨季过后、旱季到来之前刈割覆盖,这样可以结合清耕、生草、覆盖三者的优点,在一定程度上弥补各自的缺陷。幼龄果园行间空地较多,可间作豆科作物,收获青豆,而将秸秆覆盖树盘或埋入树冠周围,既增加了早期经济效益,还可改良土壤,提高土壤有机质。

5.3 果园肥水的调控技术

5.3.1 果园肥料的调控技术

1. 果树营养特点与施肥

(1) 果树具有多年生与多次结果的特性

果树生命周期与草本植物相比要长得多,少则几年,多则几十年甚至上百年(银杏),它在一生中明显经历着营养生长、结果、衰老和更新的不同阶段。在不同阶段中果树有其特殊的生理特点和营养要求,如在幼树阶段以营养生长为主,此期主要任务是完成树冠和根系骨架的发育,此时氮肥应是营养主体,此外,还要适当补充钾肥和磷肥,以促进枝条成熟达到安全越冬。结果期,果树转入以生殖为主,结果量由少到多而后又由多变少,营养生长也逐步减弱。此期氮肥仍是不可缺少的营养元素,应随结果量增加而逐年增加;除氮外,钾肥对果实发育作用明显,因此,也应随结果量增加提高钾肥施用量;磷对果实品质关系密切,为提高果实品质应注意磷肥使用。在盛果期果树容易出现微量元素的贫乏症,在肥料中应及时补充。至衰老期,为延缓生长势明显衰退,此时应结合地上部更新修剪,增施氮肥,促进营养生长恢复,以延长结果寿命。

果树与草本植物相比具有多次结果特点,而多数果树在结果前一年就形成花芽,并在树体内部贮备养分以备来年春季生长之需,所以头一年营养状况与翌年生长结果关系密切。故果树栽培既要注意采前管理,还要加强采后管理,为来年丰收打下基础。

(2) 多数果树根深、体大,对立地条件要求严格

除草莓、香蕉、番木瓜等草本类型果树外,多数果树为根深、体大的木本植物,在发育过程中需要大量养分。因此,在建园规划时,应选择土层深厚、质地疏松、通气良好、酸碱适宜的土地进行栽培,并进行土壤改良以改善其根系生长环境与营养条件。由于果树长期生长于一地,根系不断地从土壤中选择性吸收某些元素,常使土壤环境恶化,造成某些营养元素贫乏,因此,需要定期进行园地深翻并重视有机肥料以及富含多种营养元素的复合肥料的施用,以不断改善土壤理化性状,创造果树生长与结果的良好环境条件。

(3) 无性繁殖

多数果树属无性繁殖。砧穗组合与营养关系密切,为维持其原品种特性,多采用无性繁殖,嫁接是最常用的方法,不同砧穗组合会明显影响果树生长结果并能改变果树养分吸收。如温州蜜柑在海涂栽培时以枳为砧木常出现缺铁黄化症,而以酸橙为砧木时症状明显改善,显示出不同砧木对铁离子吸收的差异。同时,柑橘以枳、印度酸枳为砧木,地上部的含氮量比粗柠檬为砧木者低,而接在酸橙和粗柠檬上叶内含磷量比接在枳上的低。因此,选用高产、优质的砧穗组合不仅可以节省肥料,而且还可以减轻或克服营养元素缺乏症。

2. 果树的施肥方法

果树的施肥方法,应根据果树根系的分布、肥料种类、施肥时期和土壤性质等条件而定。

(1) 土壤施肥

① 环状施肥法。在树冠外围稍远处挖环状沟。将肥料撒入沟内或肥料与土混合撒入沟内,然后覆土。此法适于根系分布较小的幼树。基肥、追肥均可采用。

② 放射状施肥法。于树冠下,距树干约 1 m 处,以树干为中心向外呈放射状挖 4~8 条沟。沟宽 30~60 cm,深 15~60 cm。距树干越远,沟要逐渐加宽加深。将肥料施入沟内或与土拌合施入沟内,然后覆土。此法适用于成年树施肥。

③ 条沟施肥法。于果树行间开沟,沟宽 50~100 cm,深 30~60 cm,将肥料施入沟内覆土。如果两行树冠接近时,可采用隔行开沟,次年更换的方法。此法可用拖拉机开沟,适用成年果树施基肥。另一方法是在树干的两侧挖长 100 cm,宽、深均在 50 cm 左右的条沟(坑),次年更换方向。

④ 全园撒施法。先将肥料均匀撒于果园中,然后将肥料翻入土中,深度约 20 cm。当成年果树根系已布满全园时,用此法较好。

⑤ 盘状施肥法。先在树盘内撒施肥料,然后结合刨树盘,将肥料翻入土中。幼树施追肥可用此法。

⑥ 注入施肥法。即将肥料注入土壤深处。可用土钻打眼,深度钻到根系分部最多的部位,然后将化肥稀释后,注入穴内。适用于密植园。

⑦ 穴施法。于树冠下挖若干孔穴,穴深 20~50 cm,在穴内施入肥料。挖穴的多少,可根据树冠大小及需要而定。此法适用于追施磷、钾肥或干旱地区施肥。

⑧ 压绿肥。压绿肥的时期,一般在绿肥作物的花期为宜。压绿肥的方法,可在行间或株间开沟,将绿肥压在沟内。一层绿肥,一层土,压后灌水,以利绿肥分解。

以上几种施肥方法的深度,在操作时要注意,基肥可深,追肥要浅,根浅的地方宜浅,根深的地方宜深,要尽量少伤根,施肥后必须及时灌水。

(2) 根外追肥

将矿质肥料或易溶于水的肥料,配成一定浓度的溶液,喷布在叶面上,利用叶面吸收。一般矿质肥料、草木灰、腐熟的人尿、微量元素、生长素均可采用根外追肥。此法简单易行,用肥量少,发挥作用快,可随时满足果树的需要。还可与防治病虫的药剂混合使用,但要注意混合用后无药害和不减效。

使用浓度应根据肥料种类、气温、树种等条件而定。一般使用浓度为:尿素 0.3%~0.5%,过磷酸钙 1%~3% 浸出液,硫酸钾或氯化钾 0.5%~1%,草木灰 3%~10% 浸出液,腐熟人尿 10%~20%,硼砂 0.1%~0.3%。

追肥最好选择无风较湿润的天气进行,在一天内则以傍晚时进行较好。喷施肥料要着重喷叶背,喷布均匀。

3. 平衡施肥

(1) 平衡施肥的概念

平衡施肥,就是测土配方施肥。首先是测土,取土样测定土壤中各种养分的含量;二是配方,根据土壤的养分状况,再按照栽培农作物所需要的营养"开出药方、按方配药";三是合理施肥,就是在农业科技人员指导下科学施用配方肥。

平衡施肥技术是联合国在全世界推行的先进农业技术,我国农业部把这项施肥技术确定为重点农业技术推广项目之一。要把这项技术尽快推广普及,首先要使广大农民朋友知道它的原理。这就要从农作物、土壤、肥料三者关系谈起。大家都知道,农作物的生长离不开土壤,植物养分 60%~70% 是从土壤中吸收的。土壤养分种类很多,根据农作物吸收利用情况,可以分三类:第一类是土壤里相对含量较少,农作物吸收利用较多的,这就是氮、磷、钾,叫做大量元素;第二类是土壤含量相对较多可是农作物需要却较少的,主要有硅、硫、铁、钙、镁等,叫做中量元素;第三类是土壤里含量很少,农作物需要的也很少的,包括铜、硼、锰、锌、钼等,叫做微量元素。土壤中包含的这些营养元素,都是农作物生长发育所必需的。当土壤营养供应不足时,就要靠施肥来补充,以达到供肥和农作物需肥的平衡。

(2) 平衡施肥技术的内容

平衡施肥技术,主要是指科学施用化肥技术。在进行土壤诊断,分析作物需肥规律、掌握土壤供肥和肥料释放相关条件变化特点的基础上,确定施用肥料的种类、配比肥用量,按方配肥、科学施用。

平衡施肥从广义上讲,应当包括农家肥和化肥配合施用。在这里可以打一个比喻,补充土壤养分、施用农家肥比为"食补",施用化肥比为"药补"。人们常说"食补好于药补",因为农家肥中含有大量的有机质,可以增加土壤团粒结构,改善土壤水、肥、气热状况,不仅能补充土壤中含量不足的氮、磷、钾三大元素,还可以补充各种中、微量元素。实践证明,农家肥和化肥配合施用,可以提高化肥利用率5%~10%。我们在推广平衡施肥技术的时候,千万不能忽视科学积造和使用农家肥。

(3) 平衡施肥量的研究

在施肥条件下,农作物吸收的养分来自土壤和肥料。养分平衡法中"平衡"之意在于土壤供应的养分不能满足农作物的需要,就用肥料补足。比如,某果园计划亩产果品1 500 kg,而只能供应果树800 kg产量需要的养分,那么有700 kg产量所需要的养分必须通过施肥来解决,施肥量不足,达不到预期产量,施肥量过多就会造成浪费,甚至因肥害而减产。养分平衡法是采用目标产量需肥量减去土壤供肥量得出施肥量的计算方法,故本法亦称"差减法",有的人也称此为"差值法"或"差数法"。

养分平衡法计量施肥原理是著名土壤化学家曲劳(Truog)于1960年在第七届国际土壤学会上首次提出的,后为斯坦福(Stanford)所发展并试用于生产实践。其算式表达式:某养分元素的合理用量=(农作物的总吸收量-土壤供应量)/肥料中养分当季利用率,式中,农作物的总吸收量=生物学产量×某养分在植株中平均含量;土壤供应量由不施该元素时农作物产量推算;肥料中养分的当季利用率系根据田间试验结果计算而得。

(4) 平衡施肥的益处

从近些年来推广平衡施肥技术的实践看,这项技术具有明显的经济效益、社会效益和生态效益。具体有以下四个方面好处:一可以有效提高化肥利用率;二可以降低农业生产成本;三增产增收效果明显;四有利于农产品质量。

5.3.2 灌溉与排水

1. 灌水时期

正确的灌水时期,不能等果树已从形态上显露出缺水状态(如果实皱缩、叶片卷曲等)时才进行灌溉,而是要在果树未受到缺水影响以前进行,否则,果树的生长和结果将会受损失。确定灌水时期的依据:

(1) 根据土壤含水量

用测定土壤含水量的方法确定具体灌水的时期,是较可靠的方法。

土壤能保持的最大水量称为土壤持水量。一般认为,当土壤含水量达到持水量的60%~80%时,土壤中的水分与空气状况最符合果树生长结果的需要,因此,当土壤含水量低于持水量的60%时,根据具体情况,决定是否需要灌水。

土壤含水量包括吸湿水和毛管水。可供植物根系吸收利用的水,为可移动的毛管水。当土壤内水分减少到不能移动时的水量,称为"水分当量"。土壤水分下降到水分当量时,果树吸收水分受到阻碍,树体就陷入缺水状态。所以,必须在土壤达到水分当量以前及时进行灌溉。如果土壤水分下降到水分当量后继续减少至某一临界值,此时植物生长困难,终至枯萎,此时灌水植物也不能恢复生长,这种程度称为"萎蔫系数"。据研究,萎蔫系数大体相当于各种土壤水分当量的54%。因此,以土壤含水量达到萎蔫系数时进行灌溉,显然是不正确的。

不同土壤的持水量、萎蔫系数及容重等各不相同,如表5-6。在测定不同土壤含水量作为是否需要灌溉的依据时,可参考此表。

表5-6 不同土壤持水量、萎蔫系数及容重

土壤种类	饱和持水量(%)	田间持水量(%)	田间持水量(%)	萎蔫系数	容重(g/cm²)
粉沙土	28.8	19	11.4~15.2	2.7	1.36
沙壤土	36.7	25	15~20	5.4	1.32
壤土	52.3	26	15.6~20.8	10.8	1.25
黏壤土	60.2	28	16.8~22.4	13.5	1.28
黏土	71.2	30	18~24	17.3	1.30

如已了解某果园土质,并经多次含水量的测定,也可凭经验用手测或目测法,判断其大体含水量,而决定是否需要灌溉。如壤土和沙壤土,用手紧握形成土团,土团不易碎裂,说明土壤湿度大约在最大持水量的50%以上,一般可不必进行灌溉;如手指松开后不能形成土团,则证明土壤湿度太低,须进行灌溉。如黏壤土,捏时能成土团,但轻轻挤压容易发生裂缝,则证明水分含量少,须进行灌溉。

(2) 仪器测定

随着科学技术和工业生产的发展,用仪器测定结果指示果园的灌水时间和灌水量,早已在生产上采用。国外用于果园指导灌水的仪器,最普遍采用的张力计(Tensiometer,又称土壤水分张力计)。

在果园中安置张力计指导灌溉,是一种简便而又较正确的方法,可省去进行土壤含水量测定的许多劳力,且可随时迅速地了解果树根部不同土层的水分状况,进行合理的灌溉,以防止过分灌溉时,所引起的灌溉水和土壤养分的消耗。

2. 灌溉量与灌溉技术

(1) 灌溉量

最适宜的灌水量,应在灌溉后,使根域土壤湿度达到最有利于植物生长发育的程度。可根据不同土壤的持水量、灌溉前的土壤湿度、土壤容重、要求土壤浸润的深度来计算。即:

灌水量 = 灌溉面积 × 土壤浸润深度 × 土壤容重 × (田间持水量 − 灌溉前土壤湿度)

应用该公式计算灌水量,还需根据灌溉方式、树种、品种、不同生育期、物候期、间作物,以及日照、温度、风、干旱持续时间等因素进行调整,以便更符合实际需要。若采用沟灌,湿润面积占总面积的60%,则灌水量可节约40%。使用滴灌进行灌溉的果园,每次的灌溉量为前一天树体的蒸腾量,灌溉深度通常为3~6 mm。

(2) 灌溉技术

目前常用的灌溉方式有地面灌溉、喷灌、微灌和渗灌等。

① 地面灌溉

地面灌溉需要设施很少,成本低,是生产上应用最普遍的传统灌溉方式,包括漫灌、树盘或树行灌水、沟灌、畦灌等。果树多采用漫灌、树盘或树行灌水、沟灌、穴灌等方式。地面灌

溉虽简便易行,节约能源,但耗水量大,水分利用效率低,浪费严重。地面灌溉特别是漫灌容易破坏土壤结构,造成土壤板结,易发生过量灌溉而导致土壤渍害和盐碱化。

② 喷灌

喷灌是利用管道系统和动力设备,在一定的压力下将水喷到空中,形成细小水滴,模拟自然降雨对作物供应水分的一种灌溉方式。

与地面灌溉相比,喷灌有以下优点:喷灌的灌溉水利用系数可以达到 0.75 以上,比传统的地面灌溉节约用水 30% 以上;减少对土壤结构的破坏,可保持土壤的疏松状态;可调节田间小气候,增加近地层空气湿度,调节空气和植物器官温度;喷灌的机械化程度高,可以节省劳动力,减轻劳动强度,不需年年修筑田埂和沟渠,工作效率高,便于田间机械作业;还可以在灌水的同时进行叶面喷肥和防治病虫害等管理工作;适应性强,对平整土地要求不高,地形复杂的园地亦可应用。

喷灌也有缺点。一般喷灌属于全园灌溉,存在水分浪费问题,尤其在空气湿度低和有风时蒸发损失较大。在风大的情况下会改变各方向的射程和水量分布,难做到灌水均匀。喷灌系统的投资和能耗较高。同时,由于喷灌会增加园内空气湿度,利于病虫害滋生,所以在南方高温多湿地区的果园一般不提倡采用喷灌。

喷灌系统一般包括水源、动力、水泵、输水管道系统及喷头等部分。果园喷灌有树冠上喷灌和树冠下喷灌两种方式,树冠上多采用固定式喷灌系统,喷头射程较远;树冠下灌溉一般采用半固定式灌溉系统,也可采用移动式喷灌系统。

③ 微灌

微灌是利用专门的设备,将有压水流变成细小的水滴,以微小的流量湿润作物根区附近土壤的一种局部灌水方法。灌水时,通过低压管道系统将水输送到田间,再通过沿配水管道安装的灌水器,以间断(或连续)水滴、微细喷洒等形式进行灌溉,水在毛管作用和重力作用下进入土壤,供作物利用。微灌因为只对一部分土壤的根系进行定点灌溉,又称为定位灌溉。微灌系统由水源工程、首部控制枢纽工程、输配水管道、灌水器等组成。微灌按灌水流出方式不同可分为滴灌、微喷灌和小管出流灌(涌泉灌)。

微灌技术最显著的优点是节水,微灌一般比地面灌溉节水 30%~50%,比喷灌节水 15%~25%。微灌可以实现自动化。微灌田块的大部分土壤表面保持干燥,减少了杂草,相应清除杂草的劳力和除草剂的费用减少。在微灌时,肥料、杀虫剂等可以注入水中随灌溉施入田间,不需另外耗费劳力进行喷施。因此采用微灌技术省工效果突出,劳动力费用大大降低。微灌系统能够均匀地维持土壤湿润,不会破坏土壤结构,土壤通气状况良好,养分也不易被淋溶流失,为作物生长提供了良好的土壤条件,有利于实现高产稳产,提高产品质量。微灌对土壤和地形的适应性较强,微灌是用压力管道输水,可以适用于不同的地形条件。

微灌的主要缺点是系统需要大量管材,投资较大;管道和灌水器容易堵塞,对净化水的过滤设施要求高;微灌可能造成盐分在湿润表层的边缘积聚,而降水可能将这些盐分冲到作物根区而引起盐害;由于灌溉仅湿润作物根区附近的一部分土壤,作物根系的向水性会使作物根系集中向湿润区生长,限制了根系的发展。

微灌技术是一项高效节水的灌溉技术,在果树生产中特别是在设施栽培条件下的应用越来越多,一般大型温室均有根据园艺植物生产特点而设计的自动化灌溉设施,特别适合于各类花卉和蔬菜生产。

④ 渗灌

渗灌是利用埋设在地下的管道系统,使灌溉水通过渗灌管的微孔向外渗出,在土壤毛细管作用下由下而上湿润作物根区的灌溉方法,也称作地下灌溉。

4. 排水

不同种类的果树对土壤积水和缺氧的忍受能力以及涝后的恢复能力有很大差异。我国南北雨量差异极大,南方雨水繁多,尤其在梅雨季节需多次排水;北方雨量虽少,但降雨时期集中,7~8月是形成水涝的主要季节。因此,种植果树必须考虑排水问题,在建园时修建排水系统,以便及时做好排水工作。目前生产上应用的排水系统主要有明沟排水、暗管排水两种方式。明沟排水是在地面每隔一定距离,顺行向挖成沟渠。明沟排水是传统方法,其缺点是占地面积大,易淤塞和滋生杂草,排水不畅。暗管排水主要通过埋设在地下的管道排水。采用地下管道排水的方法,不占用土地,不影响机械耕作,排水排盐效果好,但地下管道容易堵塞,成本较高。

5.3.3 果园肥水运用与树势调控技术

在果树年周期中营养生长的同时进行开花、结果与花芽分化。为使果树连年获得高产,就必须注意营养生长与生殖生长的平衡,也就是在保证当年达到一定的产量的同时,还要维持适量的营养生长。如结果过量,枝梢生长受到削弱,叶果比下降,果形变小,品质变劣,花芽形成减少,贮藏养分降低,而导致大小年。如营养生长过旺,引起梢果养分竞争,破坏内部激素平衡,导致落果而减产,同时过量营养生长,造成树冠郁闭,冠内光线变劣,影响花芽分化和果实品质。因此,果树施肥需要严格注意果树营养生长与生殖生长的动态平衡,因园制定施肥方案。

在保证土壤通气的前提下,水分供应充足能促进新梢迅速伸长,但水多肥少则新梢生长纤弱;过分干旱则会显著削弱新梢的生长。在矿质元素中,氮素对萌芽和新梢加长生长有明显促进作用,钾肥使用多,对新梢生长有一定抑制作用,但可促使新梢健壮充实。常绿果树的冬梢是指冬季(11~12月)萌发的营养枝,如生长不充实,一般不能成为良好的结果母枝,不同品种末次秋梢最佳抽生期以后抽生的枝梢即不易形成花芽的枝梢。冬梢的发生影响果树冬季安全休眠,浪费了大量的营养物质,无疑是不利于植株进行花芽分化的。冬梢的发生又弱化了树势,导致病虫害乘虚而入。控冬梢主要通过调节枝梢生长期和在冬季抑制营养生长等来完成。控制冬梢的时间依不同品种而各有差异,总的原则是:根据不同品种花芽分化期的要求,进行控冬梢促进花芽分化的管理措施。培养第一、第二次梢一般要以氮肥为主,培养第三次梢,要特别注意水分的供应和适当控制氮肥;但在控冬梢的季节,不仅要控制水分的供应,而且还要通过翻土来达到制水的目的,可以使枝梢生长缓慢或停止,以利于花芽分化。在1~2月份,花芽形态分化期,若遇干旱,要灌水促花芽抽生。

案例分析

案例1　葡萄土壤和肥水管理规程

(1) 土壤管理
① 选择pH为5.5~8.5的沙壤土和轻黏土,有机质含量在1%以上。
② 果园深翻:深度40~50 cm;分年隔行深翻;秋季采果后。
③ 果园深耕:深度20 cm以上;时间为秋季采果后。

(2) 土壤改良
① 深翻增施有机肥。
② 果园覆草。
③ 种植绿肥。
④ 重碱土壤增施有机肥和排水洗盐,泡沙土壤要拉淤压沙。

(3) 果园耕作制度
① 覆草
a. 厚度15~20 cm,全园覆草或覆果树带(带宽1 m)。
b. 材料为麦秸、玉米秸、豆秸、稻草等。
c. 覆草时,先施氮肥后覆草压土,以保持适宜的碳氮比。
② 生草
a. 方式:全园生草或行间、株间生草。
b. 种类:黑麦草、紫花苜蓿、白三叶、毛叶苕子等。
c. 多年生品种生草后每年收割3~6次,3~5年后春季翻压,而后休闲1~2年,重新生草。

(4) 果园施肥
① 结果树按每生产100 kg葡萄,全年需施纯氮0.56~0.78 kg,磷0.46~0.74 kg,钾0.74~0.89 kg,其比例为1:1:1.5。
② 基肥
a. 肥料种类:基肥要以经高温发酵或沤制过的有机肥为主,如厩肥(鸡粪、猪粪等畜禽粪)、堆肥、沤肥、沼气肥、饼肥、绿肥、作物秸秆和人粪尿等;其次配少量的微生物肥料(如根瘤菌、固氮菌、磷细菌、硅酸盐细菌、复合菌等)和硫酸钾、过磷酸钙、尿素及果树专用三元复合肥等。
b. 施肥时间:采果后落叶前。
c. 施肥量:盛果期树每亩施5 000 kg以上,占全年总施肥量的80%~85%。
d. 施肥方法:沟、穴施(放射状沟、环状沟、条状沟)或结合秋季深翻扩穴施,深度40~50 cm,要略深于根系集中分布层,肥料应施在沟穴下层,并要土、肥拌匀。
③ 追肥
a. 追肥量:生长期追肥,其追肥量占全年总施肥量的15%~20%。

b. 追肥时间：催芽肥(3月下旬)、催花肥(4月下旬)、果实膨大肥(5月中旬)、浆果灌浆期(7月中、下旬)和采果后枝条充实肥(9月上旬)。

c. 肥料种类：以氮、磷、钾化肥及速效有机肥为主，配少量的微量元素肥料及植物生长辅助物质肥料，前期以氮肥为主，后期以磷、钾肥为主。

d. 追肥方法：土壤多点穴施和叶面喷施。

(5) 灌溉与排水

① 葡萄园前期田间土壤持水量在60%~70%，后期浆果灌浆期田间土壤持水量保持在50%~60%。若前期田间土壤持水量低于60%时，应及时灌水，若高于70%时要及时排水晾墒；后期浆果成熟期，若田间土壤持水量高于60%时，应及时排水。

② 灌水方法：实行节水灌溉，如滴灌、微喷等，忌用井水大量漫灌。

③ 灌水或降雨后，及时中耕松土保墒，深度5~10 cm。

④ 排水：在道路及果园小区四周田间地头开挖排水沟渠，以保证及时清沟沥水。

案例2 桃园的土壤和肥水管理

(1) 田间管理

有条件时，最好在建园前深翻60 cm，以改良全园土壤。建园后，桃园的深耕一般在秋季落叶前进行，秋耕深度以40 cm为宜。中耕除草全年3次，多在雨后或灌水后进行。

(2) 施肥

基肥最好秋施，9月份结合深耕施入。通常采用环状或放射状沟施。一般盛果期桃树，每株施用厩肥100 kg，过磷酸钙1 kg为宜。

追肥主要根据物候期的进程和生长结实的需要进行营养补充。可在萌芽前、开花后、硬核期、采收前与采收后分别进行追肥，其中硬核期追肥最关键，即在盛花期后一个月左右时施用，每株施硫铵以0.5~1.5 kg为宜。防治病虫害的同时，也可结合进行根外追肥。

(3) 灌水与排水

灌水的时期、次数及灌水量应根据品种、树龄、生育时期、降水与蒸发情况、土壤性质及水源条件等多种因素决定。桃树在年周期中以新梢迅速生长期和果实两次速长期需水最多。一般可结合施肥进行灌水。干旱的土壤，入冬前(11月下旬)可灌一次"冻水"，增强树体抗寒能力，土地肥沃及秋雨多、土壤墒情好的果园也可不灌，灌水方法以单株盘灌为宜。

桃树怕涝。在地势低洼、黏土地等有积水的桃园，必须注意排水工作。

案例3 梨园的肥水管理

梨园中基肥以秋施为好，有利于树体养分积累，促进花芽发育，增加越冬贮备营养。肥料以迟效性或半迟效性的有机肥料为主，若能配合一部分速效性肥料如过磷酸钙、骨粉、少量氮素化肥则效果更好。施肥方法可采用放射状、环状或条状沟施，全园撒施亦可。

追肥应根据梨树开花、坐果、新梢生长、果实肥大及花芽分化对养分的需要分期进行。

开花前追肥：施期为3月上旬，速效性氮肥最好，每株追硫铵2.5 kg，对当年新梢的生长、坐果率的提高，均有较好的作用。

中期追肥：施期为5月下旬，追肥除以速效性氮肥为主外，要结合施以适当的磷、钾肥。

这次追肥可增强树体营养的积累,促进花芽分化及果实的增长,尤其对大年树花芽的分化效果更为明显。

后期追肥:施期为 8 月份。这次追肥对大年树特别重要,对加速果实膨大、促进后期花芽分化和提高下一年的产量均有良好的作用。

梨树还可以进行根外追肥。生长后期喷肥效果较好。一般在 7 月份喷 2 次。肥料种类及浓度是:尿素为 0.5%,过磷酸钙为 1%,磷酸二氢钾为 0.5 kg 以上,以水分渗透到根系主要分布层为准,使土壤含水量达到最大田间持水量的 70%。

 复习思考

1. 果树根系分布有什么特点?与栽培管理有什么关系?
2. 果树根系生长有什么习性?栽培上如何加以调控?
3. 果树根系有哪些功能?
4. 为什么同种果树根系分布表现相互竞争和抑制?
5. 果树根系年周期变化生长有哪些特点?受哪些因素的影响?
6. 试述果园改良深层土壤有几种方法?如何操作?
7. 果园土壤管理的主要内容是什么?如何确定当地果园土壤的耕作制度。
8. 果园增施有机肥的作用是什么?
9. 合理施肥同果树产量及品质有什么关系?怎样确定施肥时期及施肥量?
10. 果园施肥有哪些方法?怎样提高肥料利用率?
11. 确定施肥时期的依据有哪些?
12. 果树需水有哪些特性?
13. 果园的灌水方法有哪些?
14. 根外施肥有哪些优点?怎样进行根外施肥?

 考证提示

初级工掌握果园土壤改良、施肥的方法,提高肥料利用率的技术,根外施肥的优点及应用。中级工掌握果树根系生长的习性及其调控,合理施肥同果树产量及品质的关系,施肥时期及施肥量确定及方法,提高肥料利用率技术,根外施肥的优点及应用。

高级工掌握果园土壤改良方法,果园土壤管理的主要内容,当地果园土壤的耕作制度确定,果园增施有机肥的作用,合理施肥同果树产量及品质的关系,施肥时期及施肥量的确定,果园施肥的,提高肥料利用率的技术,果树需水特性及果园的灌水方法,根外施肥的优点及应用。

第 6 章　果树栽培新技术

本章导读

随着果树生产技术水平的不断提高，出现了许多果树高效栽培技术。本章对当前生产上果树已应用的生产技术进行介绍，主要涉及果树矮化与保护地栽培，生长调节剂的应用及果品防污、商品化处理技术等方面内容。通过本章的学习，对这些技术应有所了解。

6.1　果树矮化与保护地栽培

6.1.1　果树矮化栽培技术

应用生物或栽培措施，使果树生长比常规矮小的栽培方式称矮化栽培。

矮小的树体，紧凑的树冠，可以实行密植，利于保护地栽培，提高土地及光能的利用率，非常适宜于集约栽培，是当今果树生产发展的方向。

1. 矮化栽培的意义

矮化果树用于建造营养器官的光合产物比乔化果树少，用于果实生产则相对增加，从而在同样投入和生物产量近似的情况下，其经济产量高于乔化果树。其意义表现在：

　　a. 开花结果的年限早。一般 2~3 年生幼树可以成花，3~4 年生树即可投产。

　　b. 单位面积产量高。特别是密植园的前 10 年产量，明显高于乔化果园。由于有效光合面积比乔化树大，在同样叶面积系数的条件下，矮化树留果量可增大。

　　c. 果实品质好。密植树的树体结构可适当改善小气候环境，提高品质。

　　d. 管理方便。树体矮小，便于实行机械作业，可提高劳动效率，适于大面积生产。

　　e. 更新品种容易，恢复产量较快。

2. 果树矮化的措施

(1) 选用矮化品种

果树植株高矮受遗传基因的控制,高为显性,矮为隐性。当自然杂交后的后代中,具有纯隐性矮基因时,植株明显矮小、紧凑,形成长枝少而节间短、短枝多而粗壮、易成花的矮生型,如我国的寿星桃、四季橘。也有因自然或人工诱变的矮生品种或品系,大多数是芽变品种,需要对变异部分进行无性繁殖,以获得变异性状稳定的个体,如美国的矮生苹果、新红星、金矮生,我国早橘、本地早中的短枝型品种,海南琼山区的农美12号矮荔等。

(2) 利用矮化砧木

用矮化砧木嫁接果树品种,能持久地缓和植株的生长势,因而结果早、丰产、优质,是果树矮化的主要措施。砧木根系的电阻越小,皮木比越大,吸水量越小,水分上升速度慢,果树一般越矮化。

对于矮化砧木的分类,国内常常与现有乔砧类型树的高度和大小相比较,达到乔砧树高2/3左右的为半矮化砧,达到乔砧树高1/2的为矮化砧。

苹果、梨、柑橘、樱桃、桃、李等果树,均有较好的矮化砧木,而在苹果生产中应用最广泛。柑橘的矮化砧有金豆、酒饼勒,枳是半矮化砧;毛樱桃、矮扁桃可作为桃的矮化砧;榆叶梅及英国的 pixy 是李的矮化砧。

常用的矮化砧木介绍:

M9:矮化性强,嫁接苹果树结果早,丰产,但树体生长易弱。根系浅,固地性差,压条生根困难,抗旱性差,嫁接成活率低,有大小脚现象,适合做中间砧。

M7:矮化性中等,嫁接亲和力强,压条容易生根,繁殖系数高,适应性较强,较抗寒、耐旱,但易生跟头癌肿病,不耐涝。适做自根砧和中间砧。

M26:矮化性、早果性同 M9。植株生长健壮,枝条粗壮,容易繁殖,压条生根好,繁殖系数高。嫁接亲和力强,作自根砧或中间砧均可。是世界上应用广泛的苹果矮化砧。

中矮2号:梨矮化砧木。该砧木与现有主栽品种嫁接亲和性好,而且高抗梨枝干轮纹病和枝干腐烂病,抗寒性强。可作中间砧或自根砧,具有显著的矮化效果。

早实枳:相对于普通枳,其树体较矮,节间短,须根多,萌芽率高,童期短,早实;花芽形成快,大花,紫色花,一年多次开花和结果,着果率高;实生树保持母树性状特点。作柑橘类砧木比普通枳更矮化,丰产性好,是替代普通枳矮化密植的理想砧木。

酒饼勒:耐旱、耐瘠、耐盐碱,抗溃疡病,嫁接柚、雪柑表现矮化,嫁接椪柑、蕉柑时表现半矮化。

(3) 促使乔砧果树矮化的调控技术

① 限根栽培

限根栽培是指把植物根系限制在一定介质或空间中,控制其体积和数量,改变分布和结构,优化功能,实现高产高效优质的目的。

根系是决定果树生长发育的靶体器官,通过调节设施果树根系的分布、类型和生长节奏,可以较好地控制地上部的生长发育。限根主要是限制垂直根、水平根的数量,引导根系向水平方向生长,促进吸收根的发生。限根的方法有:果树浅栽:在栽植时,根茎要高于地面2~3 cm;起垒:是限根生长最为方便有效的方法,栽植时先起垒,有利于提高地温,促进吸收根大量发生,造成垂直根分布浅,水平根分布范围广,有利于树体矮化紧凑,易花早果,也有利于果园管理和更新;容器限根:是把果树植株栽于单个容器中,然后建棚进行设施栽培,常见的有陶盆、袋式(用塑料编织袋或无纺布)、箱式(耐腐蚀的塑料箱)三种类型。

② 利用修剪技术

对苹果、梨、柑橘、桃及板栗等果树,在幼树期采取轻剪长放,多留辅养枝,开张主、侧枝角度和环割、倒贴皮等促花措施,达到抑制生长,提早结果的目的。此外,拉枝、扭枝、弯枝等措施,也能促使树冠矮化,达到提早结果的目的。

如苹果、桃等果树上应用的篱壁式整形,就是利用修剪使其矮化密植栽培的常用树形之一。

③ 利用植物生长调节剂

在果树早期生长阶段,喷布生长抑制剂,如多效唑(PP333)、矮壮素(CCC)、比久(B9)、乙烯利(CEPA)等可以减少发育枝,延缓发育枝的生长,使节间变短,促发短枝,促进成花,提早结果,实现矮化密植的目的。

④ 利用生物技术,定向培育、创新品种

如果将矮化基因转移到多年生果树,如荔枝、龙眼、橄榄等,有望培育出早熟、矮化的果树新品种,提高果品的商品价值,实现集约化的规模生产。

6.1.2 果树保护地栽培技术

保护地栽培(设施栽培)是人们通过一定的农业工程设施来控制生态条件,使作物生长环境得到优化,并按照人们要求有计划地生产出一定产量和质量的农产品。果树保护地栽培是设施农业的重要组成部分,对提早果实成熟、延长鲜果上市供应期、提高果品质量、增加农业效益和农民收入都具有重要意义。

1. 设施的类型和建造

(1) 设施的类型

目前保护地栽培主要采用日光温室和塑料大棚。主要类型及其特点如下:

① 微拱式塑料薄膜日光温室(图6-1)

跨度7~8 m,脊高2.8~3.5 m,后墙高1.8~2.5 m,后坡长1.2~1.5 m。砖后墙、土后坡。前屋面由两道横梁支撑,竹木结构,骨架间距60 cm。用立柱支撑骨架,盖塑料薄膜后用压膜线压紧。该结构温室升温快,保温效果好,建造方便,实用价值高,为江苏省淮北地区主要温室类型。

② 高后墙矮后坡竹木结构日光温室(图6-2)

温室跨度多为6~6.5 m,脊高2.5~2.8 m,后屋面水平投影1.3~1.4 m。这种温室在北纬40°以上地区最普遍。

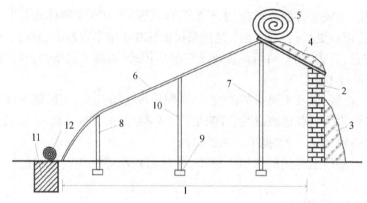

1：跨度；2：后墙；3：防寒土（厚约1 m）；4：后屋面覆盖物；5：草毡；6：拱杆；7：中柱；8：前柱；9：基石；10：二柱；11：前防寒沟（宽30~40 cm，深40~50 cm）；12：纸被

图6-1 微拱式塑料薄膜日光温室

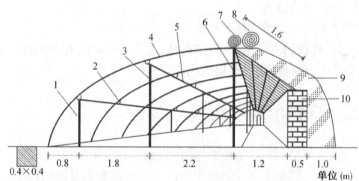

1：前柱；2：吊柱；3：前柱；4：竹拱架；5：悬梁；6：中柱；7：纸被；8：草毡；9：防寒土；10：后墙

图6-2 高后墙矮后坡竹木结构日光温室

③ 一斜一立式塑料薄膜日光温室（图6-3）

跨度6~8 m，脊高2.8~3.3 m，后墙高1.8~3.3 m，后坡长1.5~2.0 m，前立窗高0.8 m。屋面与地面夹角为22°。其特点是采光好，升温快，结构简单，造价低，空间大，便于扣小棚保温。适用于江苏省淮北地区。

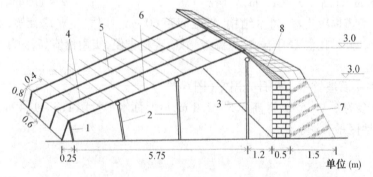

1：前柱；2：腰柱；3：中柱；4：竹竿；5：八号铁丝；6：加强陀；7：防寒土；8：后屋面

图6-3 一斜一立式塑料薄膜日光温室

④ 竹木拱架大棚(图6-4)

跨度8~14 m,中高2.2~2.5 m,长50 m左右,以3~6 cm直径的竹竿为拱杆,每排拱杆由4~6根立柱支撑,拱杆间距1.0~1.2 m,立柱用水泥杆或木杆。该结构成本低、易推广,但遮光较多,作业不方便。适用于江苏省南部地区。

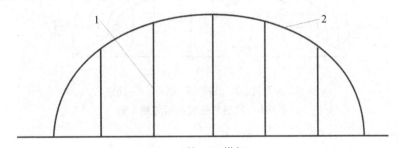

1：立柱；2：拱杆
图6-4 竹木拱架大棚

⑤ 镀锌钢管(拱肩)塑料大棚(图6-5)

跨度6~8 m,脊高3 m,拱肩高2 m,棚长40~50 m,以直径20~25 mm,壁厚1.2 mm镀锌薄壁钢管为拱杆、纵向拉杆、棚头立杆,经附件连接装配而成。此棚内部空间大,无立柱,操作方便,光照较充足,但需加强保温措施。

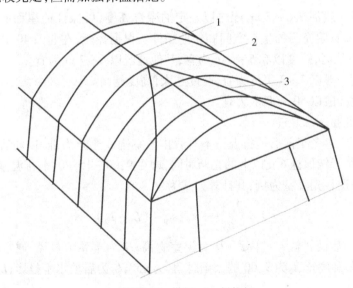

1：顶杆；2：拱杆；3：斜拉杆
图6-5 镀锌钢管(拱肩)塑料大棚

⑥ 拉筋吊柱式塑料薄膜大棚(图6-6)

跨度8~12 m,中高2~2.2 m,肩高1.5 m,长30~60 m。水泥预制柱间距2.5~3 m,水泥柱用 $\varphi 6$ 钢筋纵向连接成一个整体,在拉筋上穿设20 cm长吊柱支撑拱杆,拱杆用粗3 cm左右的竹竿做成,间距1 m。盖好塑料薄膜后,在两拱杆间拉压膜线。夜间盖草毡或纸被,草毡宽1 m,长8~10 m,厚5 cm。

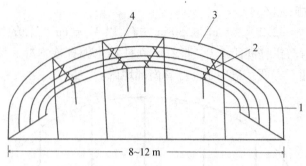

1：水泥柱；2：吊柱；3：拱杆；4：筋柱

图 6-6 拉筋吊柱式塑料薄膜大棚

（2）建造

① 温室选址定位

建造温室大棚的地点要求背风、向阳，土壤肥沃、含盐量低。

温室以东西走向为宜，坐北朝南偏西 5～8 度。对于每一栋温室来讲，前后都要留出走道、取土和培土的地方，避免温室间相互遮光。

不同设施结构的选型，可根据当地气候条件和经济实力来选择。

② 温室的大小

温室的跨度一般都在 6～7 m，配之以一定的屋脊高度，可保证前屋面有较为合理的采光角度，保证植株有较充裕的生育空间和作业条件。根据经验，在北纬 40°以北或冬季低温常在 -20 ℃以下地区，跨度以 5.5～6 m 为宜，其他地区以 6～7 m 为宜。

温室的高度一般以 3～3.1 m 为宜，跨度越大，高度越高。

温室的长度一般以 50～60 m 为宜。

③ 温室的间距

温室的间距应以冬至前后前排温室不对后排温室构成遮光为准，以便后排温室在日照最短的季节里，每天能保证 6 h 以上的光照时间，即在 9:00～15:00，前排温室不对后排温室构成遮光。以普通日光温室为例，其计算公式为：

$$L = \frac{D_1 + D_2}{t_9 h_9} \times \cos t_9 - (L_1 + L_2)$$

式中：L 为前后两排温室的间距；D_1 为温室脊高；D_2 为草卷帘直径，通常取 0.5 m；h_9 为冬至 9:00 的太阳高度角；t_9 为 9:00 的太阳时角，为 45°；L_1 为后坡水平投影；L_2 为后墙底宽。

④ 覆盖材料

a. 透明覆盖材料

透明覆盖，就是在温室前屋面上覆盖棚膜。目前，国内生产的棚膜类型较多，高效节能型日光温室上应用数量较多的是聚氯乙烯无滴防老化膜，它的主要优点是透光率高，保温性能好，拉伸强度大，易黏合，特别是无滴性能好；缺点是比重大，容易污染，且清洗困难。尽管如此，聚氯乙烯无滴防老化膜仍是当前最适于高效节能日光温室应用的薄膜。

普通聚乙烯棚膜由于保温、透光性能差，使用寿命短，现在正趋于淘汰，代之而起的是各种新型聚乙烯棚膜，如聚乙烯防老化膜、聚乙烯无滴防老化膜、聚乙烯多功能膜（具有无滴、保温等功能)、聚乙烯调光膜、无滴调光膜以及漫反射膜等。这些新型棚膜大都具有某些新的特殊性能,如聚乙烯无滴调光膜,在制作时加入特定的稀土调光剂而使薄膜在紫外线照射时会产生蓝、红色荧光而达到更好地利用阳光的目的,调光效果显著,又具有长寿、保温、无滴等功能,可在生产上,特别是紫外线强的高原地区应用。又如漫反射薄膜是以低密度聚乙烯和聚氯乙烯为基材,均匀掺入一定数量的晶体物质,单层或多层共挤出的产品,具有透可见光能力强、透长波红外辐射能力低、辐射均匀和耐低温防老化性能好的特点。乙烯-醋酸-乙烯三层共挤无滴保温防老化膜功能全,机械强度好,是一种有较好使用前途的新型棚膜。

目前大棚内使用最多的是聚氯乙烯膜,这种膜的优点是保温性好,但聚氯乙烯膜容易黏附灰尘而使透光率下降;聚氯乙烯无滴长寿膜透可见光率88%、紫外线光率20%、红外线光率72%,且反射率损失小,保温好、抗老化、易黏补,比有滴膜温度高2 ℃~4 ℃。

b. 夜间保温覆盖材料

日光温室夜间一般不加温,所以,前屋面保温覆盖材料的选择十分重要。常用于夜间保温覆盖的材料主要有:

草帘(苫):目前,生产上使用最多的是稻草帘,其次是蒲草、谷草、蒲草加芦苇以及其他山草等编制的草帘。草帘的特点是保温效果好,取材方便,能使用3年左右。草帘的保温效果一般为5 ℃~6 ℃,但实际保温效果则因草帘厚薄、疏密、干湿程度等的不同而有很大差异,同时也受室内外温差及天气状况的影响。例如,沈阳市在日平均气温为-13.4 ℃条件下测定,盖草帘的温室可比不盖的增温7.8 ℃。蒲草掺芦苇的草帘保温效果比稻草帘好些,保温效果可达7 ℃~10 ℃。草帘打得厚而紧密,才有良好的保温效果。一般宽1.5 m,长7 m的稻草帘,质量至少要超过40 kg,太轻则保温性能减弱。好草帘要有7~8道筋,两头还要加上一根小竹竿,这样才能经久耐用。

棉被:用棉布(或包装用布)和棉絮(可用等外花或短绒棉)缝制而成。保温性能好,其保温能力在高寒地区约为10 ℃,高于草帘、纸被的保温能力。棉被造价很高,一次性投资大,但可使用多年。

此外,还有纸被、无纺布等覆盖材料。

2. 环境因素及其调节

保护地栽培需要人为地创造适合于果树生长的自然环境,因此设施内环境因素的调节是生产中的关键。

(1) 光照

① 光照特点

保护地内自然光的利用率只有40%~60%;垂直光照向下递减,棚内距地面处光照最弱。一般距棚顶30 cm处的照度为自然光照强度的61%,中间部位为34.7%,近地面处为24.5%。另外棚架越高,照度越弱。

东西延长的大棚,光照强度较高,但植物生长期南侧光强,北侧光弱,光照分布不均匀。南北延长的大棚,光照强度虽然较弱,但分布较均匀。双层薄膜覆盖的大棚光照强度明显减弱,宜采用活动的多层膜覆盖,白天在棚内温度有保证的前提下,只保留单层覆盖,夜间再进行多层覆盖保温。大棚使用普通棚膜时,薄膜内表面结露严重,露珠对射入的阳光还有一定的反射作用,故棚膜宜选用加入表面活性剂的无滴膜,无滴膜汽化水在薄膜内表面凝结后便形成一层薄薄的水膜,并顺着薄膜表面流入土壤,这样就避免了大量雾滴(露珠)聚集于棚膜内表面吸收和反射太阳辐射能,减少了棚内的光照损失。另外老化的塑料薄膜及薄膜被灰尘污染后透光率下降,要及时更换。

② 光照调控

保护地栽培光照的要求,一是光照要充足,二是光照分布要均匀。保护地内的光照调控应着重于保护地结构和管理技术。

搞好采光设计:应使保护地的方位、前屋角、塑料薄膜、设施间距等处于合理状态,并注意选用透光率高的无滴膜和减少设施骨架的遮光。

使用反光幕:在保护地内张挂反光幕,充分利用反射光,不仅能增加光照强度,还能改善光照分布,是调光增温的有效措施。反光幕反光的有效范围为距幕南侧 3 m 以内,可使地面增光率达 9.2%~40%,0.6 m 高处增光率为 7.8%~43%,同时可使地温增加 0.5 ℃ ~3.0 ℃。反光幕在不同的季节增光效果不同,冬季太阳高度角小,设施内光照弱,增光效果高于春季。温室内反光幕悬挂于中柱处东西向的铁丝上,大棚内的反光幕悬挂于北侧后墙,反光幕的长度和宽度要根据设施的长度和高度确定。

(2) 温度

① 温度特点

保护地热量的表现形式与传导方式本身就是多种多样的,有光热的转换,有潜热交换和显热交换,有辐射传热、传导传热和对流传热等。保护地内是一个半封闭的系统,其内部的土壤、墙体、骨架、水分、植物、覆盖物等各种物体间,每时每刻都在进行复杂的热量交换,其热状况因地理位置、海拔高度、季节、时间、天气状况等不同而有很大的差异,热量的收支还受结构、管理技术等的影响。

晴朗的白天,日光射入室内,使设施内温度迅速升高,从上午 9 时至下午 3 时,气温达到最高值,一般在 30 ℃ 左右,下午 2 时达到最高温度,有时甚至超过 40 ℃,以后随光照减弱,气温逐渐下降,下午 4 时后气温迅速下降,至夜间凌晨前出现最低温。一个良好的日光温室,夜间温度下降相当缓慢,可保持在 7 ℃ ~12 ℃,仍能保持作物生长的适宜温度。

阴天白天光线较弱,设施内气温偏低,内外温差较小,雨雪天不揭帘、不通风的条件下气温低,且变动很小。

此外,设施内气温在 1~4 月明显高于外界气温,温室效应明显,5 月份以后室内外温差逐渐减少,所以 4 月下旬开始可逐步撤除防寒覆盖物。

② 温度调控

保护地内温度的调控,着重于保温和降温。

a. 保温

从设施结构来看,塑料大棚防寒保温性能较差,日光温室保温效果最佳。为增强其保温性能,还采取可开挖防寒沟和筑空心墙或夹心墙以及北墙堆土等措施。从层面的保温覆盖物来看,以设施外覆盖草帘和纸被增温效果明显。此外还可采用适当的管理措施,如经常清扫棚面,增大其透光率;适时揭盖覆盖物,以及增施有机肥和地膜覆盖等。

b. 降温

通风降温:是保护地栽培中最常采用的降温方法,温度过高时打开通风口,将热空气排出,换入冷空气,降低温度。

遮光降温:将保温覆盖物部分或全部覆盖,减少光线进入,降低气温。

灌水降温:灌水后可明显降低气温,使气温和地温维持稳定,不易出现暴冷、暴热现象。

(3) 湿度

① 湿度特点

保护地内空气湿度明显高于露地,一般晴天通风时为40%~60%,夜间达到90%~100%。

保护地内空气湿度日变化较大,其相对湿度,与温度日变化趋势相反,在晴天条件下,一般是12时前后最低,4时和22时前后最高,高低相差30%以上。其绝对湿度日变化与温度日变化趋势一致,随着温度的上升,绝对湿度由于土壤水分的蒸发和植株的蒸腾而成倍增加,中午的绝对湿度可为早晨的3倍,午后由于通风和气温的下降,绝对湿度降低,夜间随温度下降,设施内外冷热相交,覆盖物内表面凝结大量水滴,绝对湿度继续降低。

② 湿度调控

保护地内,一般着重于降低空气湿度,以改善光照条件,减轻病害发生。

空气湿度可通过通风换气和地膜覆盖来降低,可通过灌溉来增加空气湿度。

通过通风换气来降低空气湿度是保护地栽培的常用方法,但在外界气温很低的情况下,应注意通风口的大小和通风时间,以防保护地内温度下降幅度过大。

地膜覆盖可减少地面水分蒸发,可明显降低空气湿度,而且具有增温、保湿、抑制杂草生长等多种作用。因此,地膜覆盖是果树保护地栽培中必须采用的有效措施。

调节温度,可降低空气湿度。在设施内相对湿度100%的情况下,温度为5 ℃时,每提高1 ℃,可降低相对湿度5%;温度为5 ℃~10 ℃时,每提高1 ℃,可降低相对湿度3%~4%;20 ℃的温度条件下,相对湿度约为70%;30 ℃时为40%。

采用滴灌也可明显降低空气湿度,而且节省水资源,对于某些果树品种来说,如草莓,采用滴灌对其生长更加有利。

(4) 气体条件与调控

① 保护地内的气体特点

保护地内的气体条件与露地相比明显不同,主要表现为两个方面:一是二氧化碳的浓度变化,二是肥料分解后产生的有害气体,如氨气、二氧化氮。

a. 二氧化碳:二氧化碳浓度的变化与植物的光合作用有关,夜间或阴天比白天或晴天浓度高,最高的时间是在日出前,之后经过数小时后能降低到最低点。二氧化碳浓度的变化也与保护地的容积大小有关,容积越大,最低浓度出现的时间越迟。

b. 氨气:保护地内施用尿素,尿素分解可产生氨气,有机肥料分解时也产生氨气。当保护地内氨气浓度超过5 mg/L时就会对植株产生危害作用。尿素施用3~4天产生的氨气最多,未腐熟的有机肥可在土壤中形成大量的氨气,使土壤进一步碱化,严重影响有益类硝酸菌的活动。

c. 二氧化氮:施氮肥后,在温度适宜时,经2~3天产生氨气,氨气进一步分解产生二氧化氮,该气体多在施用后1个月左右产生。一般情况下,变成二氧化氮气体后很快就会被植株吸收,若施肥过多,植株不能及时吸收则表现出受害症状。初期表现为叶缘发白,严重时除叶脉外,叶肉部分均漂白、枯死。二氧化氮危害多发生于施用大量氮肥的沙质土壤中。

② 保护地内气体的调控

a. 二氧化碳

二氧化碳浓度过低会明显影响光合效率,生产上多采用通风换气和增施有机肥的方法来补充保护地内的二氧化碳含量,另外可施用二氧化碳来调节。

要在外界温度允许的情况下,坚持每天通风换气,使保护地内的二氧化碳能得到自然补充。通风换气的时间,在 2 月份以前为每天上午 10 时至下午 2 时,间断通风换气 1~2 次,每次 30 分钟,以后随设施内温度的升高,通风时间应逐渐延长。掌握原则是每天温度达到 25 ℃ 时,即开始通风换气,降到 22 ℃ 时关闭。

施用腐熟的有机肥和地面覆盖稻草、麦秸等均能产生较多的二氧化碳气体。

人工施用二氧化碳可采用二氧化碳气罐、燃烧碳氢燃料等方法,施用时间以保护地内光照强度达到 5 000 LX 为准。晴天大约为日出后的 30 分钟,如设施内有机肥较多时,可在日出后 1 小时施用。停止施用时间依温度管理情况而定,一般在换气前 30 分钟停止,秋季和春季外界气温高,施用时间较短,每天有 2~3 小时施用时间,就不会使植物因缺乏二氧化碳而呈饥饿状态,冬季保护地内通风时间短,施用时间就长。二氧化碳的施用浓度与品种、照度、温度等有关,还要考虑成本问题。在草莓保护地栽培中,施用二氧化碳的浓度范围一般为 1 000~1 500 mg/kg。

b. 氨气、二氧化氮等有害气体

防止氨气危害的方法是:氮肥施用量不宜过大,每亩不宜超过 30 kg。施尿素后马上覆土,也可与过磷酸钙等酸性肥料混用,并充分灌水,可抑制氨气发生。另外有机肥料需充分腐熟后施用。检测设施内是否有氨气污染,可采用清晨放风前用 pH 试纸测试棚面水滴来确定,如试纸呈碱性反应时需及时通风换气,以免对植株造成伤害。

防止二氧化氮危害的方法是:选择适宜的施肥种类,尽量不施用尿素。施肥时肥料与土壤充分混合,施后及时覆土。分批、分次施肥,每次施肥量不宜过多。二氧化氮危害严重时,要及时通风换气,同时每亩施用 100 kg 石灰,可有效防止亚硝酸的汽化。检测是否有二氧化氮污染,同样可用 pH 试纸测试滴露的方法来确定,当 pH 值为 6.8 时,无污染危害,当 pH 为 4.9 时为轻度污染,当 pH < 4.7 时为重度污染。

6.2 生长调节剂应用与果实防污

6.2.1 植物生长调节剂在果树上的应用

1. 植物生长调节剂及其特点

植物生长调节剂和植物激素总称为植物生长物质。植物激素是指植物体内天然存在的一类化合物,它的微量(1 μmol/L 以下)存在便可影响和有效调控植物的生长和发育,包括从生根、发芽到开花、结实和成熟等一切生命过程。在农业生产上,它不仅影响作物的生育进程,增加产量和改进品质,而且可调节作物与环境的互作关系,增强作物的抗逆性,诱导抗性基因表达。植物激素与蛋白质结合,对于植物细胞的信号感知与转导有重要作用。现代研究证明,几乎一切生命过程都是由信号启动的。

植物激素的研究是在20世纪30年代从生长素的研究开始的,50年代又确定了赤霉素和细胞分裂素,60年代以来,脱落酸和乙烯又被列入植物激素的名单中。迄今公认的植物激素有生长素、赤霉素、细胞分裂素、乙烯、脱落酸五大类。一般来讲,前三类都是促进生长发育的物质,后两类为抑制营养生长物质。另外,油菜素内酯、水杨酸、茉莉酸和多胺等也具有激素性质,故有人将其划分为九大类。这些激素都已人工合成了与其生理效应类似的外源化合物。但真正作为植物生长调节剂在农业生产上应用的,主要为前五类。

除了植物体内天然存在的植物激素外,随着科学的发展,人类已经能通过化工合成和微生物发酵的方式,研究并生产出分子结构和生理效应与植物激素类似的有机物质,如吲哚丙酸等,称为植物生长调节剂。另外还有一些分子结构和天然植物激素不同的物质,也具有类似生理效应的物质,如矮壮素、三碘苯甲酸等,使植物生长调节剂的种类大大增加。为便于区别,天然植物激素称为植物内源激素;植物生长调节剂则称为植物外源激素。两者在化学结构上可以相同,也可能有很大不同,不过其生理和生物学效应基本相同。有些植物生长调节剂本身就是植物激素。

植物生长调节剂因其显著、高效的调节效应,已被广泛地应用于大田作物、经济作物、果树、林木、蔬菜、花卉等各个方面。不少研究成果已在生产上大面积推广应用,并取得了显著的经济效益,对促进农业生产起到一定作用。植物生长调节剂在应用上主要有以下特点:作用面广,应用领域多;效果显著,残毒少,使用低浓度的植物生长调节剂就能对植物生长、发育和代谢起到重要的调节作用;一些栽培技术措施难以解决的问题,通过使用植物生长调节剂得到解决,如打破休眠、调节性别、促进开花、化学整枝、防治脱落、促进生根、增强抗性等。

近年来,我国植物生长调节剂的开发生产和推广应用发展很快,产量逐年增加,赤霉素、乙烯利、缩节胺、多效唑等的开发研究,均取得了巨大的经济效益与社会效益。

还开发了如芸苔素内酯、复硝酚钠、胺鲜酯、植物激活蛋白等新产品。

2. 植物生长调节剂在果树生产中的应用

随着人们对植物激素生理作用的深入研究,植物生长调节剂被广泛应用于果树生产,运用植物生长调节剂已成为果树现代化集约化栽培中的常用措施。

(1) 控制营养生长

① 延缓或抑制新梢生长

应用多效唑、烯效唑、矮壮素等控制树体过旺营养生长,使树体矮化,显著抑制其营养生长。近年来,随着果树设施栽培的兴起,利用抑制营养生长的生长调节剂来使树体矮化显得尤为重要。

② 控制顶端优势,促进侧芽萌发

应用细胞分裂素类生长调节剂苄基腺嘌呤可促进侧芽萌发,并形成副梢;也可以促进已经停止生长的枝条重新生长。

③ 促进或延迟芽的萌发

赤霉素可以打破某些树种的休眠,促进萌芽;苄基腺嘌呤也有类似作用。秋季使用生长调节剂使树体提前落叶,可促进芽翌春提早萌发。

(2) 调控花芽分化

① 促进花芽分化

促进成花的生长调节剂主要有多效唑、乙烯利、苄基腺嘌呤等。在桃、猕猴桃等多个树种上,尤其是幼树,抑制树体过旺的营养生长,促进成花。

② 抑制花芽分化

赤霉素能抑制多种果树的花芽分化。

③ 调节花的性别分化

板栗在雌花分化期叶面喷施赤霉素$_3$和苄基腺嘌呤能显著提高雌花分化率,乙烯利对板栗雌花分化具有显著地抑制作用;核桃幼叶喷布三碘苯甲酸和苄基腺嘌呤时,可增加雌花芽数量;整形素 C 可有效地增加核桃雄花败育数量,但不影响雌花分化数量。

(3) 调控坐果

① 促进坐果,防止采前落果

盛花期喷施赤霉素$_3$可促进山楂、枣、巴旦杏、樱桃、桃、李、杏等多种果树的坐果率,尤其对提高山楂坐果率最为有效。2,4-D、PBO、CPPU、ABT 等合理应用,都有类似功效。

② 化学疏果

苄基腺嘌呤是苹果的有效疏除剂,日本用萘乙酸疏除柿果。

(4) 调节果实的生长发育

① 促进果实增大

赤霉素$_3$常被用来促进果实增大。细胞分裂素类物质,如苄基腺嘌呤在幼果发育期使用,明显促进葡萄、猕猴桃、樱桃等果实的增大。

② 果形的调控

施用赤霉素$_{4+7}$+苄基腺嘌呤可提高元帅系苹果的果形指数,促进五棱突起,从而提高果实的外观品质。梨喷施多效唑可以明显促进萼片脱落,使果实美观。

③ 对果实品质的影响

苹果在落瓣期后 7 天喷赤霉素$_{4+7}$可减轻果锈,使用苄基腺嘌呤能增加果锈,二者混合使用时不会增加金冠果锈。氯吡脲可促进葡萄着色,提高可溶性固形物含量。

(5) 促进扦插生根

促进扦插生根的生长调节剂主要有吲哚乙酸、吲哚丁酸、萘乙酸、苯酚化合物、ABT 生根粉等,生产上应用最多的是吲哚丁酸、萘乙酸、ABT 生根粉。树种、品种不同,使用的生长调节剂种类和浓度不同。

(6) 诱导单性结实

应用生长调节剂可刺激正常情况下不能单性结实的树种单性结实,产生无子果。如用吲哚乙酸、赤霉素$_3$、苄基腺嘌呤等处理均可使无花果获得单性结实果。赤霉素$_3$可诱导葡萄、西洋梨单性结实。

(7) 调节果实成熟

乙烯利对大多数果树果实具有催熟作用。青鲜素、水杨酸等可延迟某些果树果实的成熟。

(8) 打破种子休眠

使用生长调节剂可打破果树种子休眠,促进萌发,缩短层积处理天数。例如,山楂、柿、猕猴桃等的种子可用赤霉素浸泡以打破休眠。

(9) 辅助采收

喷乙烯利是枣、樱桃、李、核桃等果树机械采收的辅助手段。

(10) 提高果树抗逆性

喷施乙烯利、多效唑$_{333}$等生长调节剂可提高苹果、柿、核桃、樱桃等多种果树的抗寒性。用茉莉酸处理,可显著降低苹果幼苗叶片相对电导率,提高脯氨酸和可溶性糖含量,从而减轻干旱对质膜的伤害,增强树体在干旱条件下的抗脱水能力。

3. 常用的植物生长调节剂

(1) 赤霉素

① 特点

赤霉素是一种广谱性植物生长调节剂。植物体内普遍存在着内源赤霉素,是促进植物生长发育的重要激素之一。

赤霉素是在化学结构上彼此非常接近的、天然存在的一类化合物,到1998年为止,已发现121种赤霉素。生产上常用的是赤霉素$_3$,它是一种难溶于水的固体粉末,在低温和酸性条件下较稳定,遇碱中和则失效。是多效唑、矮壮素等生长抑制剂的拮抗剂。赤霉素可促进细胞伸长,茎伸长,叶片扩大,并促进单性结实和果实生长,打破种子休眠,改变雌、雄花比率,影响开花时间,减少花、果脱落。外源赤霉素进入植物体内,具有内源赤霉素同样的生理作用。赤霉素主要经叶片、嫩枝、花、种子或果实进入到植物体内,然后传导到生长活跃的部位起作用。赤霉素在农、林、园艺上使用极为广泛。

② 作用

a. 促进坐果或无子果的形成

外施赤霉素于有子花序,一方面增加子房细胞核酸的含量,加速细胞分裂,同时促使子房内生长促进物质的增加,达到有利于子房发育的激素平衡状态,代替种子的作用,征调植物体内营养物质流入果内,确保坐果和果实发育;另一方面增加异常胚囊或未分化胚囊,降低花粉受精率,阻碍种子形成,从而诱导有核果实不形成种子或减少种子的形成,这在柑橘、葡萄、枇杷、猕猴桃等果树上都得到了证实,且取得了显著效果。

但在生产上主要是用赤霉素诱导有核葡萄形成无子果实,实现无核化栽培。一般是在盛花前7~14天,用25~200 mg/L的赤霉素或赤霉素的混合处理喷或蘸花序,为促进无核果的发育膨大,在花后10~20天再处理一次,可获得商品性无子果实。

茬梨花朵雌蕊受冻后,在花托完好的情况下,点涂50 mg/L的赤霉素$_3$,可诱发62.5%的单性结实率。

b. 提高坐果率

不少研究表明,在花前或花期施用赤霉素可显著提高许多果树的结实率。这是由于当果树的花或果施用赤霉素后,赤霉素可以提高其体内的生长素含量,增进子房或幼果吸收营养,使果实发育生长来对抗枝条生长的养分竞争,同时外源赤霉素$_3$可提高α-淀粉酶、总淀粉酶的活性,也可提高蔗糖转化酶的活性,进而导致淀粉类贮藏物质的降解以提供丰富的能量底物与结构碳架,而坐果和幼果发育主要是依赖贮藏的营养物质,外源赤霉素$_3$引起的高坐果率与高糖酶活性相关,从而促进坐果与果实发育。

如新红星苹果初结果树于盛花期喷施赤霉素$_{4+7}$ 200 mg/L,山楂于盛花期喷施50~70 mg/L的赤霉素$_3$,与对照相比可提高坐果率31.37%~82.6%。柿、李、板栗、葡萄、桃等在盛花期喷施赤霉素,都可以显著地提高其坐果率;杏树于花前喷施赤霉素可减少败育花,从而提高坐果率。

c. 改善果实品质

由于赤霉素能诱导α-淀粉酶的生成,引起淀粉水解,这样便增加了糖的浓度,提高了细胞液的渗透压,使水进入细胞并使其纵向伸长生长,因此,在花期或花后在果树上施用赤霉素能起到增大果个、拉长果形、提高果实可溶性固形物含量等作用。

花期喷布8~10 mg/L赤霉素$_{4+7}$明显改善了新红星苹果的果实形状,果形指数(IMD)>0.96的商品果比例从对照(喷清水)的23%提高到58%。山楂、葡萄、梨、杏等果树在盛花期喷施赤霉素可明显增加单果重,增加固形物含量,提高果实品质。

d. 疏花疏果

赤霉素促进穗轴细胞中淀粉、果聚糖和蔗糖水解成葡萄糖和果糖,通过呼吸提供生长所需的能量;同时提高细胞壁的可塑性,降低细胞的水势,使细胞迅速吸水引起细胞的伸长生长,进而使穗轴伸长,间接起到疏花疏果的作用;另外赤霉素促进了植物体内生长素含量的增加,可能高水平的生长素导致了乙烯的产生,乙烯加速了花朵的衰老,造成落花落果,从而起到疏花疏果的作用。

美国加州用赤霉素对汤姆逊无核(无核白)进行疏花疏果,喷洒时间在葡萄花冠脱落30%~80%的时候,用2.5~20 mg/L溶液喷雾,其目的是疏去30%~50%的花果,使穗轴伸长,减少坐果,以防果穗过于紧凑而腐烂。桃树用25~200 mg/L的赤霉素于春夏季喷施,可有效疏花疏果,在近收期喷施延迟成熟。

e. 促进果实早熟

赤霉素促果实早熟,主要应用于有核葡萄的早期丰产栽培中。一般是在盛花前7~14天,第一次用200 mg/L以下的赤霉素,盛花后10天左右第二次用20~100 mg/L的赤霉素浸蘸果穗,可提早开花,同时可提早10~20天上色。樱桃盛花期喷布40 mg/L的赤霉素混加0.2%硼砂,可使18.4%~33.5%的果实提前着色,成熟期提早3~4天。

关于赤霉素促进葡萄早熟的效应,主要是赤霉素通过诱导葡萄无核而间接作用的,核的存在是抑制成熟的关键,可能是种子中产生某种抑制成熟物质或是果实第二生长期(种子发育期)变短或营养消耗少。

f. 延迟果树花期

秋施赤霉素$_3$能显著延迟果树的花期。赤霉素$_3$可能推迟了花芽深休眠的起始点和终结点,通过赤霉素$_3$延长秋季叶片活性,进而延缓落叶,来推迟花芽深休眠的开始,同时也推迟了它的终结,从而延迟了果树的花期。秋季落叶后喷布50 mg/L的赤霉素$_3$能延迟甜樱桃的花期约3周,且能减轻甜樱桃的冻害;对香白杏喷布50~200 mg/L的赤霉素$_3$,不同程度地延迟了香白杏的花期,为躲过晚霜的危害提供了可能。

g. 增加果品的贮藏能力

赤霉素₃能延缓果实色泽转化和贮藏后期果心褐变,其效应与抑制苯丙氨酸解氨酶活性,推迟多酚氧化酶高峰出现时间,保持花色素苷和总酚较低水平有关。还具有清除超氧阴离子 O_2^- 的作用,使细胞内 O_2^- 产生速率降低,从而减轻了对细胞膜结构的破坏。另外赤霉素₃延缓 Flamekist 油桃底色的变化及红色的发育,同时果实变软速度及酸的降解被延缓,但可溶性固形物含量不受影响,这便减少了贮藏(5~6 周)桃果实果肉发绵及褐变的生理病害。

h. 打破休眠

休眠包括种子休眠和芽休眠,二者有很多相同之处,都是由生长状态转入休眠状态,并且都需要一定量的低温才能觉醒。桃种子内受低温影响最大。

800~1 000 mg/L 的赤霉素在常温下浸种 24 h,可打破杜梨种子休眠。将 50 mg/L 的赤霉素₃用于冬季温暖地(喷施)草莓,可打破芽休眠,促进提早开花。

(2) 萘乙酸

① 特点

萘乙酸是类生长素物质,是一种广谱性植物生长调节剂。对植物的主要作用是促进细胞分裂和扩大,诱导形成不定根,增加坐果,防止落果,改变雌雄花比率,并能促进植物的新陈代谢和光合作用,加速生长发育及增强抗性等。萘乙酸由叶片、树舶嫩表皮、种子进入植物体内,随营养流输导至作用的部位。

② 作用

a. 促进插条生根

主要用于葡萄、猕猴桃、山楂、苹果矮化砧的扦插繁殖。

中华猕猴桃:栽前插穗下部 1/3~1/2 浸沾,硬枝条为 500 mg/L,浸 3 秒,绿枝扦插为 200~500 mg/L 浸 3 小时。

山楂:栽前插穗用 300~320 mg/L 浸泡 2 小时。

葡萄:栽前将砧木根端 5 cm 浸在 100~40 mg/L 萘乙酸中 6~12 小时。

b. 防止采前落果

苹果:采前 20 天和 30~40 天,各喷 1 次 20~40 mg/L 萘乙酸,喷湿适度。

沙果:采前 20 天左右,喷 30~50 mg/L 萘乙酸。

c. 疏花疏果

苹果:盛花后 10~15 天喷 40 mg/L 萘乙酸;梨:盛花期至花后 14 天喷 20~40 mg/L 萘乙酸,喷湿适度。

(3) 吲哚乙酸

吲哚乙酸就是生长素,是植物体内的一种激素,现在市售的为人工合成品。吲哚乙酸的生理作用广泛,它影响细胞分裂、细胞伸长和细胞分化,也影响营养器官和生殖器官的生长、成熟和衰老。人工合成的可经由茎、叶和根系吸收,由于施用浓度不同,既可起促进作用,也可起抑制作用。由于吲哚乙酸见光易分解,在植物体内易被吲哚乙酸氧化酶所分解,价格较贵等原因,在生产上应用受到限制,主要用于组织培养,诱导愈伤组织和根的形成。

(4) 6-苄基腺嘌呤(6-BA)

① 特点

主要生理功能是促进细胞分裂,诱导组织分化。常用于组织培养及与生长素配合使用提高坐果率,促进果实生长及蔬菜保鲜。

② 作用

a. 解除休眠,促进种子萌发

未经低温处理的桃种子在 50~200 mg/L 的 6-BA 溶液中浸泡 24 小时,几天后即萌发正常生长。

苹果:未经低温处理的苹果种子胚在 12.5~25 mg/L 的 6-BA 溶液中浸泡 6~24 小时后很快萌芽,长成正常植株。

b. 促进侧芽和侧枝发生

国光苹果幼树在春季萌芽前或新梢长到 2~5 cm 时或夏季新梢旺长时用 100~150 mg/L 6-BA 溶液进行茎叶喷洒或侧芽涂抹法,可促进新梢萌发,提高分枝量。在生产实践中,人们还常采用 6-BA 与赤霉素的混剂来提高分枝效果。

c. 促进花芽分化

苹果"新红星"幼树施用 300 mg/L 的 6-BA 溶液可使花芽增加 80%。

d. 增加坐果和化学疏果

柑橘:花后喷施 800~1 000 倍液的 6-BA,隔 30 天再喷一次,坐果率可提高 10%~80%。生产上还可用 6-BA 与赤霉素$_3$,或与 2,4-D 混合使用。

苹果:在盛花后 14~18 天,果实大小约 10 mm 时,喷 25~150 mg/L 的 6-BA,疏的效果优于萘乙酸。

e. 改进果实品质

苹果、柑橘和黄瓜花期或花后施 20~100 mg/L 6-BA 溶液,可增加果实大小。

"新红星"苹果盛花期施用 20~50 mg/L 的 6-BA 与赤霉素$_{4+7}$的混合液可刺激萼端发育,五棱突起明显,提高果品的商品价值。

f. 贮藏保鲜

甜樱桃:采后用 10 mg/L 的 6-BA 溶液浸泡 10 分钟,可延长保鲜期。

柑橘:采前 3 天用 800 倍液的 6-BA 喷布树冠,可增强果实的耐贮性。

g. 在组织培养中的应用

苹果、葡萄、桃和草莓的茎尖培养中,6-BA 是最有效的细胞分裂素,浓度一般为 0.22 mg/L。此外,还可用于促进某些植物离体培养条件下,花芽分化及试管开花,花药培养、胚乳培养和原生质体培养及促进愈伤组织或胚状体形成,诱导分化成植株。

h. 在嫁接繁殖中的应用

用 6-BA 溶液处理接穗基部和砧木头部,可促进嫁接愈合过程,显著提高嫁接成活率。芽接后用 6-BA 涂抹接芽,还可以缩短从嫁接到芽发出的时间,并促进嫁接后芽的生长。

(5) 乙烯利

① 特点

乙烯利是促进成熟的植物生长调节剂。在酸介质中十分稳定,当 pH 在 4 以上时则分解释放出乙烯。一般植物细胞液的 pH 皆在 4 以上。乙烯利经由植物的叶片、树皮、果实或种子进入植物体内,然后传导到起作用的部位,便释放出乙烯,能起内源激素乙烯所起的生理功能,如促进果实早熟齐熟,增加雌花,提早结果,减少顶端优势,增加有效分蘖,使植株矮壮,诱导雄性不育等。

② 作用

a. 控制植物营养生长

在荔枝生产上,常用 600~650 mg/L 乙烯利杀死荔枝树抽生的幼嫩冬梢,达到控制冬梢的目的,促进光合养分的积累,为开花坐果打好基础。

b. 调节成花

在杧果控梢促花上,于秋末冬初杧果花芽分化期喷施 100~200 mg/L 乙烯利抑制冬梢生长,促进成花,提高两性花比例。在龙眼、荔枝上,于花芽分化期前喷施 300~400 mg/L 乙烯利进行控梢促花效果较好。

c. 增进果实品质

在柑橘和梨果实成熟前喷施乙烯利,提早果实成熟;在乙烯利中加入醋酸钙后喷施,促进碰柑、金柑提早着色;在杧果花芽萌动期,喷施 400 mg/L 乙烯利,可提高单果重、总糖含量。

d. 调节器官脱落时间

在乙烯利中加入醋酸钙后喷施,在促进碰柑、金柑提早着色的同时,有抑制落叶和落果的作用。此外,为方便采收,在葡萄采前喷洒一定浓度的乙烯利,促使葡萄叶片脱落,果穗暴露。山楂成熟前一周左右,500~600 倍液的乙烯利施用喷药后 7 天左右,轻轻摇动树干,落果率在 95% 以上,并且催落的果实含糖量、果胶、维生素 C 等均稍有增加,酸度略有下降。

e. 果实催熟

在生产和流通中,为了使果实加快成熟,着色均匀,满足消费者的食用和感观要求,尤其是热带水果如香蕉、杧果,应用乙烯利进行催熟。

(6) 脱落酸

脱落酸抑制由生长素、细胞分裂素和赤霉素所诱导的一些过程,促进叶片脱落,诱导种子和芽休眠,抑制种子发芽和侧芽生长,提早结束生长,便于机械采收。此外,还有促进果实着色、增强抗旱和抗寒的能力。

(7) 多效唑

① 特点

在生产上,许多果树(核果实类除外)利用多效唑延缓营养生长的作用而达到间接促进坐果的效果。作用机制是多效唑素通过抑制赤霉素生物合成,使赤霉素和生长素类物质含量降低,细胞分裂和脱落酸含量提高,营养生长减缓、枝条增粗、节间变短、树体矮化紧凑,使光合作用更多地用于生殖生长,促进花芽形成和果实生长,提高产量。在果树上使用多效唑对果实品质没有大的影响,但可部分减少延长枝生长,缩短节间长度,促进侧枝和短果枝发育,促进花芽形成和增加产量。主要用于仁果类、核果类、柑橘类,效果明显,能使苹果幼树花芽增多,桃树成花节位降低,花芽节数增加,但在葡萄上不明显。

② 作用

多效唑使用分树冠喷布和土壤撒施两种方法。土壤施用持效期长,可达 2~3 年,用药量少,操作方便省工,同年春秋施药,当年就起作用;叶面喷雾抑制效果更快,5 天内就有反应。不同品种、不同树势的使用量不同,原则上应采用低浓度、多次施用的方法。

③ 注意事项

只有旺树才能用,过弱树、1~2 年生幼树不能用;最多连续用 2 年,若还需使用应停用 1~2 年后再恢复使用;用药量尽量小而不要过量。

6.2.2 果实防污及商品化处理

1. 果实防污

果树由于生长在开放的环境中,不可避免地会受到各种直接或间接的环境污染。直接污染指化肥、农药、有毒有害气体及粉尘直接落在果品表面造成的;间接污染指有毒有害物质通过污染水体、土壤、大气等环境后再污染果实造成的,在实际生产中,多数是通过污染生态环境后再污染果品的。了解果品的污染途径对于制定污染防治对策有重要的指导意义。

(1) 果实污染途径

一般来说,果实污染的主要途径大致有大气污染、土壤污染、水质污染、农药化肥污染。

① 大气污染

是指在自然界中由于自然现象的发生、能量物质的相互转换、人类的生活活动以及从事的生产活动在这些运动过程中向大气排放出各种污染物(如烟尘、硫氧化合物、氮氧化合物、硫氢化合物及有机和无机化合物气体),当污染物超过环境允许的极限时,常常对人类和植物造成伤害。

国内外对有害气体研究较多的是二氧化硫、氟化物及光化学烟雾(主要有害气体成分是臭氧、二氧化氮及过氧乙酰硝酸酯)。这些气体危害果树后,叶片上都会产生明显的伤害症状,果实品质也明显下降,如大小、色泽、糖分含量等指标都会受到很大影响。

具体危害表现为:在高浓度污染物影响下产生急性危害,使叶表面产生伤斑(或称坏死斑),或者直接使叶片枯萎脱落;在低浓度污染物长期影响下产生慢性危害,使叶片褪绿;在低浓度污染物影响下产生所谓不可见伤害,即植物外表不出现受害症状,但生理机制受到影响,造成产量下降,品质变坏。大气污染除对外形和生长发育产生上述直接影响外,还产生间接影响,主要表现为树体生长势减弱,降低对病虫害的抵抗能力。因此,在大气污染严重地区植物病虫害比较严重。

对植物(包括果树)会造成有害影响的大气污染物虽然很多,但比较普遍、比较重要的有二氧化硫、氟化氢、二氧化氮和臭氧等。

② 水质污染

是指灌溉果园的地表水或低泥部分受到工业或生活污水的污染,使得水质中的重金属、农药、石油、酚类化合物、氰类化合物、酸、碱及一般无机盐类、放射性物质、微型病原物、致癌物等严重超标。

用被污染的水灌溉果园,从而对果树造成的危害主要表现在以下两个方面:一是直接危害，即污水中的酸碱物质或油、沥青及其他悬浮物、高温水等均会引起果树生长不良，产量下降或者产品本身带毒而不能食用。二是间接危害，污水中的有害物质被果树根系吸收，严重的影响植物的正常生理功能和生长发育，或者使果品内毒物大量积累，品质下降。其中水中污染物质对果树危害较大且分布较广的主要有重金属、氰化物、石油、农药、放射性物质等。

③ 土壤污染

一般是指由于人类的工农业生产活动，使大量的工业废气、废水、废渣、农药化肥进入土壤。其中某些有毒物质累积引起土壤质量下降，抑制作物生长，使质量恶化，危害人类健康时的土壤质量状况，这是一种定性的描述。现在由于无公害产品越来越受到人们的喜爱，所以人们又对土壤污染提出了定量的描述，以检验其农产品是不是无公害产品。超过了此土壤污染物质所规定的量，则所生产的果品就不会被列为无公害品的一类。

土壤污染源同水、大气一样，可分为天然污染源和人为污染源两大类。天然污染源有：某些元素的富集中心或矿床周围等地质因素造成的地区性污染；某些气象因素造成的土壤淹没、冲刷流失、风蚀等；地震造成的"冒沙"、"冒黑水"；火山爆发的岩浆和降落的火山灰等，都可不同程度地污染土壤。土壤人为污染是指随着科学技术的发展，人类消费水平的提高，人类活动能力日益加大，造成了大气和水的污染，而这些污染最终归结为土壤污染。根据其污染物的性质不同，土壤-植物系统的污染物可分为以下几类：无机物（重金属及盐碱类）；农药，包括杀虫剂和除锈剂；有机废弃物（包括生物降解与难降解者）；化学肥料；污泥、矿砂和煤灰；放射性物质；寄生虫、病原菌及病毒。

④ 农药化肥污染

农药污染有两种：一是间接污染，农药通过对大气、水、土壤的污染影响果品生产，农药进入土壤后可杀灭土壤微生物，从而影响土壤的腐熟和通透性，破坏土壤结构和土壤肥力，造成土壤板结，影响果树生长发育，降低果实品质；二是直接污染，农药施用后，一部分残留于果树枝叶、果实表面，一部分渗透到组织内部，在植物体内输导，造成不同程度的药害。如发生急性药害可使叶片和果实出现斑点、黄化、失绿、枯萎、卷叶、落叶、落果等；慢性药害可使果树光合作用减弱、花芽形成推迟、果实成熟延迟、味道、色泽恶化，甚至导致果树死亡。另外，农药在杀灭害虫的同时，也将天敌杀害，破坏了生物链，造成果园生态平衡的破坏，同时使害虫产生抗药性，导致害虫种群数量急剧上升，有些次要害虫，由于天敌数量的急剧减少，很快发展成为主要害虫，间接影响了果园的生产。

大量施用化肥在果树增产的同时，常发生土壤可溶性盐类高浓度的危害，或者是使土壤某些性质变坏，地力下降；过量使用肥料造成危害的主要原因有：作物根圈内渗透压增高，影响植物对水分的吸收；作物对某些离子过量吸收而发生危害；必需元素失调而造成的危害；诱发土壤中某些必需元素大量地转化为难溶性的化合物而造成缺素症；土壤的pH发生较大的变化；土壤有机质分解加速，使土壤理化性质发生严重破坏，自净能力下降；化肥中的某些副成分，对土壤某些理化和生物学性质发生不良影响等。化肥对果实的污染也可以说是间接的，因其造成的首先是土壤污染，然后经过土壤植物系统对果树自身及果实造成一定的危害。

过量使用氮肥会使果实中积累大量的硝酸盐，这是因为各种形态的氮肥，施入土壤后，经土壤酶和微生物的作用，最终都要变为硝酸盐，土壤中过量的硝酸盐易被植物过量地吸收,因此,发生积累,累积量约为植物一般含量的两倍或更多。

⑤ 其他污染途径

在公路附近的果园除了易受铅污染外还会受到多环芳烃类物质的污染(PAHs),原因是汽车尾气、轮胎、沥青等含有大量的PAHs,并有不少动物实验证明其有强致癌性。生活垃圾处理不当也会产生大量的甲烷、二氧化碳、苯类物质、三氯乙烯等有害污染物,垃圾中的废塑料制品也会造成白色污染。另外果品在贮运、销售过程中由于容器、场所、运输工具等原因,也能造成二次污染。

(2) 果实防污的措施

① 搞好生产区划是果实防污的前提

虽然整个生态环境是个大整体,但当果园建立在远离污染源地区的时候,其受污染物损害的程度和受某种污染物损害的可能性会大大减少。

对具体的果园来说,首先在园地内要区划几条小路,路面不必太宽,路面可种植一些草类,除了方便作业外,可减少起风时的尘土飞扬所造成的污染;第二,在果园的上游位置或中心要有一口井,用来灌溉果园,避免用园地周围其他的地表水灌溉而造成污染,同时也可防止对土壤造成污染而对果树造成长期性的污染;第三,在果园的周围划出 5~10 m 宽的地方,以供种植防护植物带使用;第四,在果园的一角建立畜养区,可喂养猪、鸡等,目的是为了减少化学肥料的施用量,以减小化肥污染的程度。

② 建立防护林,利用其他植物防止和修复环境污染

很多植物对 SO_2、Cl_2、HF 等有害气体有很强的吸收能力,如紫穗槐、梧桐、核桃、女贞、紫薇等能吸收 SO_2、F_2 等。不同的植物对有害气体的吸收能力也不同,一般认为阔叶树种比针叶树种强,而落叶阔叶树一般比常绿阔叶树强。研究分析表明,垂柳、悬铃、臭椿、夹竹桃等对二氧化硫有较强的吸收能力;而泡桐、梧桐、大叶黄杨、女贞等不仅抗氟能力强,吸氟的能力也强,禾本科草类也可吸收大量的氟化物;槐树、合欢、女贞等树对塑料厂、化肥厂、碱厂等逸散出来对人、畜有剧毒的氯气和氯化氢有较强的吸收能力。

叶片宽大平展、小枝开张度大、叶片有绒毛的植物如构树、毛白杨、核桃、羽叶重花树等能够吸附大气中的粉尘,从而减轻大气污染。

许多植物能分泌出具有杀死细菌、真菌和原生动物能力的挥发物质,称为杀菌素。例如洋葱的碎糊能杀死葡萄球菌、链球菌及其他细菌;某些植物的挥发油类如百里香油、丁香酚、天竺葵油、肉桂油、柠檬油等具有杀菌作用。

但有些植物不能种植在果园边,如柏树和梨树不能共处,特别是桧柏、龙柏与梨树的锈病互为转移寄主;柏树与葡萄也不能共处,因为葡萄附近栽柏树,葡萄果实会延迟成熟;梨园周围忌栽松树,因为松树的松孢子在春夏两季随风飘到果园会严重危害果树,松孢子可导致梨树叶、果发生黄斑和刺毛丛生,并使果实变畸形,使坐果率降低,产量减少,品质下降;果园附近不能栽刺槐(洋槐),因为刺槐极易招引蝽象,危害苹果、梨、桃、李子等果树,刺槐分泌出的鞣酸类物质对多种果树的生长有较强的抑制作用,尤其对苹果、梨的抑制作用更为严重,可导致大幅度减产或根本不结果,刺槐上的炭疽病菌也能感染苹果、梨等果树,造成大量落叶;葡萄园附近千万不要栽榆树,因为榆树是褐天牛喜食的树木,叶片是黑绒金龟子的食源,如果栽榆树则会诱使黑绒金龟子、天牛危害葡萄的嫩芽、新梢,此外,榆树根的分泌物易

造成葡萄减产甚至植株死亡。

③ 使用配方施肥技术和改进施肥方法

配方施肥技术是综合运用现代化农业科技成果,根据作物需肥规律、土壤供肥性能与肥料效应,在以有机肥为主的条件下,产前提出施用各种肥料的适宜用量和比例及相应的施肥方法。推广配方施肥技术可以确定施肥量、施肥种类、施肥时期,有利于土壤养分的平衡供应,减少化肥的浪费,避免对土壤环境造成污染,值得推广。氮肥深施,主要是指铵态氮肥和尿素肥料。据农业部统计,在保持作物相同产量的情况下,深施节肥的效果显著:碳铵的深施可提高利用率31%~32%,尿素可提高5%~12.7%,硫铵可提高18.9%~22.5%。磷肥按照旱重水轻的原则集中施用,可以提高磷肥的利用率,减少对土壤的污染。对于施肥造成的土壤重金属污染,可采取施用石灰,增施有机肥,调节土壤氧化还原电位等方法降低植物对重金属元素的吸收和积累,还可以采用翻耕、客土深翻和换土等方法减少土壤重金属和有害元素。

有机肥是我国传统的农家肥,包括秸秆、动物粪便、绿肥等。施用有机肥能够增加土壤有机质、土壤微生物,改善土壤结构,提高土壤的吸收容量,增加土壤胶体对重金属等有毒物质的吸附能力。还可根据实际情况推广豆科绿肥,比如实行果园生草、草田轮作、粮草经济作物带状间作和根茬肥田等形式种植。

④ 合理使用农药,降低农药污染

使用无公害农药,主要使用植物源农药、生物源农药和矿物源农药。目前果园所用生物源农药主要有:农抗120、多氧霉素、克菌康、9281、灭幼脲3号、白僵菌、百菌清、阿维菌素、除虫菊素、苦参碱、烟碱等;矿物源农药主要是铜制剂和硫制剂。合理施用农药:当病虫大发生时,选用高效、低毒、低残留,对果树和天敌安全、污染小或无污染的农药,做到科学合理施用农药,遵守无公害果品农药使用规则,禁止施用高毒、高残留农药,如久效磷、甲胺磷、氧化乐果、三氯杀螨醇、福美胂等;限量使用中毒农药,如乐斯本、甲氰菊酯、功犬等,这类农药在果树生长期一般允许使用1次;选用低毒、低残留农药,如吡虫啉、杀铃脲、蛾螨灵、代森锰锌等。严格按照农药间隔期使用农药,以确保果品农药残留不超标。在用药过程中,做到适时、适量、准确用药,最好在发病之前或发病初期进行防治。虫害的防治应在害虫数量达到防治指标时,低龄幼虫隐蔽危害前,避开天敌发生期,选晴天用药。在有效范围内,尽量用低浓度。施药时,尽量做到多种病虫兼治,尽量减少化学农药的施用,减少对环境的污染,从而降低对果实的污染。

另外,可采用物理防治和生物防治相结合防治病虫害。物理防治:刮树皮、刨树盘、人工捕捉;清理果园,消灭越冬虫源;在果园内挂性诱剂诱杀害虫;利用黑光灯诱杀鳞翅目、鞘翅目成虫;树干束草诱杀害虫。生物防治:如草蛉、小花蝽、瓢虫是螨类、蚜虫及蚧类的天敌;赤眼蜂等控制苹果卷叶蛾、梨小食心虫;木虱跳小蜂是梨木虱的天敌;日光蜂是苹果绵蚜的天敌。为充分发挥天敌的作用,在天敌发生初期应严格控制农药种类,不用药或少用药。最好在果园行间间作蜜源植物(如紫花苜蓿)招引繁衍天敌或人工饲养释放天敌,增加天敌种群数量。

⑤ 应用果实套袋技术降低果品直接污染,提高果品品质

果实套袋技术是近年来在全国各地推广的提高果实品质的有效措施之一,其最大的好

处是保护果实免遭农药污染,生产绿色果品。

套袋将果实与外界隔绝,病虫难以侵害果实,可有效防止病虫害。套袋后,果树用药可避免农药污染。套袋后的果实有袋遮阳,可避免阳光直射,防止日烧。果蝇及鸟雀危害,常使果面变脏,残次果增加,套袋后,可有效增加好果率。套袋后,果实生长的环境改变,昼夜温差加大,有利于果实糖分积累。果实套袋是在严格的疏花疏果基础上进行的,果树负载量适宜,减少出现生理落果。套袋最大的优点是提高果实着色的均匀程度,增加果实光泽度,使果实变得色泽诱人。果实套袋后,可避免果锈等病虫危害果面,保证果面光洁。

2. 果实商品化处理

(1) 果实采后商品化处理的概念与意义

采后商品化处理包括:采收后的挑选、修整加工、分级、清洗、预冷、愈伤、药物处理、吹干、打蜡抛光、催熟、精细包装等项技术环节。

通过以上科学处理从而达到减少产品采后损失,最大限度地保持产品的营养、新鲜程度和食用安全性,使果品卫生干净、美丽诱人,减少碰伤和水分损失,防止生理病害病虫传播和便于运输的目的;还可拓宽市场,实现果品的优质优价,提高信誉,创出名牌,同时还能达到延缓其新陈代谢和延长采后寿命的目的。此外,果实采后采用商品化处理,能最大限度地减少果实采后在贮藏、运输和流通销售过程中质量和数量的损失,稳定并强化它们的商品性,以最优的内在品质和最吸引人的外观形态,满足消费者的需求,以求得最大的经济效益。

(2) 果实采后商品化处理的主要技术环节

果品采后处理中的挑选、分级、清洗、打蜡、包装是涉及果品外观很重要的商品化处理环节,经过这些处理后,果品才可能由产品变为商品。这些程序可以在加工车间设计好的流水线上一次性完成,也可使用简单机械或流水线上的一部分配合半手工操作来完成。

① 挑选

挑选是果实采后处理的第一个环节,无论是用于贮藏加工还是直接进入流通领域,采收后都应该进行严格的挑选。目的是剔除有机械损伤、病虫危害、着色度不够、外观畸形等不符合商品要求的产品,以利包装和贮运。挑选由于涉及病、虫、伤、残、色、畸形等多项指标,综合判断较复杂,目前还难于做到用机械进行挑选,所以无论是发达国家还是发展中国家,这一步骤基本靠手工完成。但必须根据不同果品的特点规定相应的标准。例如,在西北苹果产区对鲜销苹果挑选的基本要求是果面"三无一净",即无虫、无病、无伤、果面干净并达到一定着色度。

② 分级

因果实生长受到外界多种因素的影响,同一株树上的果实也不可能完全一样,从不同果园采集的果实更是大小混杂、参差不齐。果品的分级就是根据果品的大小、色泽、硬度、成熟度、病虫害及机械损伤情况,按照国家内外销标准,进行严格的挑选,分出等级。通过分级,可使果品大小一致,优劣分明,便于包装运输、贮藏销售、提高商品价值。分级的标准还可作为一个重要工具给生产者、经营者、消费者提供一种共同的贸易语言,使产品质量评定有据可依,便于生产者和经营者在产品上市前的准备工作和标价,便于用同一标准对不同市场的产品进行比较,有助于买卖双方在经营过程中对质量价格产生异议或争端时依据标准做出裁决。总之,分级的目的就是要实现农产品的工业化,使果品成为标准化的商品。

不同果品的分级,各个国家和地区都有各自的分级标准。我国现在已有二十多个果品质量标准,其中鲜苹果、鲜梨、香蕉、鲜龙眼、核桃、板栗、红枣等都已制定了国家标准。此外,还制定了一些行业标准。但是,随着生产的发展、品种的更新以及市场的需求,有的不能适应现实的需求,必须重新修订或制订新的标准。

目前,我国果树生产在果实采后的商品化处理与发达国家相比还有较大差距,有相当一部分地区还是采用人工分级,果实大小用分级板确定,分级板上有从 60～100 mm 每级相差 5 mm 的不同规格的孔洞,由此可将果实按横径大小分成若干等级,而果形、色泽、果面洁净度等项指标还是凭目测和经验判断来确定,工作效率较低。在外销商品基地已使用了现代化的分级设备,分级过程大多是电脑控制。例如,陕西华圣果业公司对苹果的分级就采用了全自动光电比色分级机。从苹果的清洗、涂膜上蜡到根据其大小、颜色、营养成分等分级程序全部实行了自动化。目前世界上最先进的是日本 MAKI 公司生产的分选设备,它利用光学原理对苹果进行在线检测,可以同时在线上测出多个指标(糖度、酸度、大小、质量等)并可判断苹果内部是否有异常(水心病、霉心病、褐变等),速度可以达到每秒检测 5 个以上的苹果。能够对果实内部进行品质评价的设备还有日本三菱电器公司研制的水果成熟度分级机,可利用传感器综合测出苹果、梨的表面颜色、对特定光的透光率、形状和大小,并与事先贮存在计算机中的数据模型进行对比,推算出成熟度和糖分。

② 清洗打蜡

清洗是商品化处理中重要的环节,一般是采用浸泡、冲洗、喷淋等方式清除果实表面污物,减少病菌和农药残留,使之清洁卫生,符合商品要求和卫生标准,提高商品价值。洗涤水要干净卫生,还可加入适量杀菌剂,如次氯酸钙、漂白粉等,水洗后要及时进行干燥处理,除去表面的水分,否则在贮运过程中会引起腐烂。套袋的果品由于果面洁净,可以免去洗果的环节。

打蜡(涂膜)是在果实的表面涂上一层薄而均匀的透明薄膜,也称为涂膜。涂膜多用于苹果、柑橘、油桃、李子等。经涂膜后,一是可抑制呼吸作用,减少水分蒸发和营养物质的消耗,延缓萎蔫衰老;二是如涂料中加防腐剂,还可抑制病原菌侵染,减少腐烂;三是可增进果实表面光泽,使外皮洁净、美观、漂亮,提高商品价值。这种方法已是现代果品营销中的一项重要措施,多用于上市前的果实处理,也可用于长途运输和短期贮藏。但要指出的是,涂膜并不能改进果实的内在品质,只是一项改善外观和有一定保鲜作用的辅助措施。目前国内市场上出售的进口苹果、脐橙、油桃、黑李等都是经过涂膜处理的水果,在国产水果中一些销往大城市的特优果和出口果也采用了这种方法。

打蜡一般在洗果后进行。方法有人工浸涂、刷涂和机械涂蜡。少量处理时,可用人工方法将果实在配好的涂料液中浸蘸一下取出或用软刷、棉布等蘸取涂料抹在果面上。无论采取哪种方法,都应使果面均匀着蜡,萼洼、梗洼及果柄处也应涂到,并擦去多余蜡液,以免在果面上凝结成蜡珠而影响效果。大量处理时,可用机械喷涂,工作效率高,效果好。

美国戴克公司生产的双条线打蜡分级机每天可处理 5 吨苹果。山西果树研究所研制的 6gX-1.5 型清洗打蜡设备每天可处理苹果、柑橘等 1.5 吨。成套设备由浸泡池、辊式输送机、清洗涂蜡机、风干机、分级机等设备组成。

打蜡所用的蜡液配方是各国的专利,相互保密。世界上最初使用的是石蜡、松脂和虫胶等,加热溶化后将果品瞬时浸渍。目前,我国使用的涂膜剂大多数是以医用液状石蜡和巴西棕榈蜡作为基础原料,石蜡可控制失水,巴西棕榈蜡可产生诱人的光泽;采用的进口果蜡以美国戴克公司的"果亮"为主;最近开发的新产品有脱乙酸甲壳素涂膜,是从节肢动物外壳提取出来的一种高分子多糖,它安全无毒,可以被水洗掉,还可以被生物降解,不存在残留毒性问题,适用于苹果、梨、桃和番茄等果品的保鲜;另外还有磷蛋白类高分子蛋白质保鲜膜和纳米保鲜果蜡等。

④ 包装装潢

果品的包装,是果品保鲜的重要一环,是保证安全运输的重要措施。包装对果品来说至少有三方面作用:一是能起到保护作用,可减少在运输、贮藏和销售过程中的互相摩擦、挤压碰撞等所造成的机械损伤,减少病虫害的蔓延;二是可减少水分的蒸发,保持果品的新鲜度;三是便于搬运、装卸和销售、充分利用仓储空间和合理堆码;四是美观大方,良好科学的包装可以大大地提高果品的附加值,对于外销的果品在国际市场上还可增强竞争力,提高商品价格。

包装容器兼有容纳和保护商品的作用,应质轻坚固,受重压不变形、不破裂;卫生可靠、无不良气味;就地取材,价廉易得;便于搬运和堆放,内部平整光滑,不易造成损伤。总之选择原则是:科学、经济、牢固、美观、卫生、适销。对外销的果品,包装容器不仅要求标准化,而且还要装潢美观化,外国人很重视包装装潢,我国的商品往往因包装陈旧单调在国际市场上缺乏竞争力。

我国新鲜果品的包装多为植物材料制成的竹筐、荆条筐、草袋、麻袋、木箱、纸箱等。近几年随着市场经济的快速发展和要求,塑料箱、木箱、纸箱、泡沫箱已成为高档水果包装的主流。包装容器的尺寸、形状应适应贮运和销售需要,长宽尺寸可参考 GB 4892—85 "硬质直立体运输包装尺寸系列"中有关规定,高度可根据产品特点和要求自行决定。果品包装前应经过认真的挑选,做到新鲜、清洁、无机械损伤、无病虫害、无腐烂、无畸形、无虫害、无冷害、无水浸,并按有关标准分等级包装果品。包装应在冷凉的环境下进行,避免风吹、日晒、雨淋。水果在包装容器内应该有一定的排列形式,防止在容器内滚动和相互碰撞,并使之能通风透气,能充分利用容器的空间。不耐挤压的果品,包装容器内应加支撑物或衬垫物,减少果品的震动和碰撞。易失水分的果品应在包装容器内加塑料膜衬垫。

包装物的大小应根据产品种类、便于搬运和操作等而定,一般不超过 20 kg。果品进行包装和装卸时,应轻拿轻放、轻装轻卸,以求避免机械损伤。

另外,果品销售小包装可在批发或零售环节中进行,包装时剔除腐烂及不合格的产品。销售小包装应根据果品的特点选择透明薄膜袋、带扎塑料袋,也可放在塑料或纸托盘上再覆以保鲜薄膜,既能形成一个保水保鲜的环境、起到延长货架期的作用,还增加商品美观度、便于吸引顾客和促销。销售包装袋应注明重量、品名、价格和日期。

总之,果实采后商品化处理只是提高商品质量,实现优质优价的部分环节,只有同产前栽培管理、适期采收、顶冷、贮藏、运输等各个环节紧密配合,才能为消费者常年提供新鲜、味美、卫生、健康、美观的鲜果品。

案例分析

案例 1　苹果树矮化栽培

(1) 砧木选择

① 砧木选择的条件

对自根砧、基砧、中间砧的选择必须考虑以下因素：适合当地的风土条件，如抗寒、抗旱、抗涝、抗盐碱、耐瘠薄等；嫁接亲和力强，成活率高；早结果、早丰产；树体矮化，适于密植；根系发达，生长健壮，固地性好；对当地严重的病虫害抗性强等。

② 常用砧木

生产上常用砧木为山定子、海棠等地方品种以及从国外引入的 M 系、MM 系、MAC 系、P 系、B 系等和国内所选育的 S 系、N 系和 CX 系等专用砧木。

(2) 砧穗组合

① 根(基)砧 + 新品种

以山定子类型为基砧，嫁接普通型或短枝型品种，在东北和华北东北部应用较为普遍；以湖北海棠类型为基砧，嫁接普通型或短枝型品种，在中南部各省应用较多；以营养系砧木 M26、MAC9 等为基砧，嫁接普通型或短枝型品种，在我国中部苹果主产区土、肥、水条件较好的地方表现为树体健壮、早实丰产、树冠紧凑、便于管理，生产表现较好。

② 根(基)砧 + 中间砧 + 新品种

以山定子为根砧，以 M26、MAC9、S63、CX4 等为中间砧，嫁接新品种，具有早实丰产、抗寒性强、树势半矮化的特点；以怀来海棠为根(基)砧，以 M26、MAC9、S63、CX4 等为中间砧，嫁接新品种，具有抗旱、抗寒、抗涝、耐盐碱等特点，适合东北的苹果产区栽培；以湖北海棠为根砧，以无毒的 CX3、MAC9、M9、M26 为中间砧，嫁接无病毒的优良新品种，具有抗旱、耐湿、抗根部白娟病等优点，适合于中南部苹果产区的应用。

(3) 栽植密度

根据不同的砧穗组合和栽植方式(永久性或计划性间伐式)确定栽植密度，同时考虑当地气候、土壤等生态条件，适当增减，以单行栽植为宜。表 1 列出了不同矮化类型的株行距参考表。

表 1　不同矮化类型的株行距参考表

砧穗组合	矮化类型	株行距/m	栽植株数/亩
普通品种 + M7、M111、M106 等中间砧	半矮化	(2.0~2.5)×4.0	66~83
短枝品种 + 乔化砧			
普通品种 + M26、M9、MAC 等中间砧	矮化	(1.5~2.5)×3.5	95~127
短枝品种 + M7、M111、M106 等中间砧			
短枝品种 + M26、M9 等中间砧	极矮化	(1.2~1.5)×(2.5~3.0)	148~200

案例2 草莓保护地栽培

（1）整地作畦

选背风向阳、土地肥沃、疏松透气的壤土地为宜，施足底肥，深翻30 cm，做成宽50 cm、高25 cm的高畦，垄向以南北向为宜。

（2）选苗定植

首先选择适合保护地栽培的草莓品种，如章姬、佐贺、枥木少女、丰香等，于8月下旬～9月上旬定植，每畦栽2行，弱苗可每穴栽双株，株距10～15 cm，亩定植1万～2万株，定植时选择阴天或晴天下午4时后为最好，使草莓弓背朝向契外，深度以上不埋心、下不露根为宜。

（3）栽后及越冬管理

栽后立即浇水1次，1周内浇2～3次水，当新叶长出2～3片后及时摘除下部老叶，并集中烧毁，幼苗长出新叶后结合浇水每亩施二铵10 kg，此时抽出的匍匐茎要及时摘除，以减少养分消耗，促进花芽分化。

越冬前浇1次封冻水，结合浇水每亩施入三元素复合肥或二铵50 kg。草莓经几场轻霜后于11月下旬盖地膜，一般用黑地膜。

（4）扣棚及扣棚后的管理

① 扣棚保温

一般以11月前后扣棚保温，北方应早，南方宜晚。选用无滴棚膜。

② 植株管理

扣棚后要及时破膜提苗，方法是在植株上方的地膜上割1个十字型小口，将植株提至膜上，越冬前还没有剪老叶的，将枯黄叶、病虫叶、衰老叶剪掉，对新茎分枝多的，去掉弱枝只保留2～3个健壮的新茎即可。

③ 辅助授粉

当棚内1/3的草莓开花时，及时放蜜蜂或雄蜂辅助授粉，为防止授粉蜂外逃，可在通风口处挡上窗纱。

④ 温度管理

通过通风和遮阴调节保护地内温度。萌芽生长期白天26 ℃～28 ℃，夜间8 ℃～10 ℃，开花期白天22 ℃～25 ℃，夜间8 ℃～12 ℃，果实成熟期白天20 ℃～25 ℃，夜间5 ℃～6 ℃。

案例3 生长调节剂在果树生产中的应用

（1）扦插生根

主要用于葡萄、猕猴桃、苹果矮化砧，常用药剂是生长素类中的吲哚丁酸、萘乙酸和萘乙酸钠。使用方法：

① 高浓度快速浸蘸法

将插条基部在高浓度的溶液中（500～1 000 μL/L）快速浸泡约5秒钟，然后立即插于插床。

② 低浓度浸泡法

一般用 50～200 μL/L 浓度的溶液,浸泡时间为 24 小时。浓度高,浸泡时间短。

③ 沾粉法

先将生长调节剂溶解于乙醇,再将滑石粉或黏土泡在含有生长调节剂有效成分 1 000～5 000 μL/L 的乙醇中,乙醇挥发即得到粉剂。插条沾粉前要先将基部用水浸透,蘸后抖掉多余的粉。

(2) 抑制新梢生长,促进花芽形成

主要是多效唑。

① 使用范围

主要用于仁果类、核果类、柑橘类,效果明显,能使苹果幼树花芽增多,桃树成花节位降低,花芽节数增加。

② 使用方法

树冠喷布和土壤撒施,其中土壤施用持效期长,可达 2～3 年,用药量少,操作方便省工。桃、李:在新梢生长至 5～10 cm,浓度在 1.5%～3% 之间,最好在 2～4 年生幼旺树或密植园上使用,也可在早春、秋季或营养生长高峰期土施,一般每株 3 g 左右,可促进花芽分化,提高产量。杨梅:在 7 月上旬至 9 月下旬进行喷布,施用浓度为 0.3%～0.75%,能促进花芽分化,提高坐果率。

(3) 幼树整形,增加枝量

促发新梢,增加枝量。用人工合成的细胞分裂素(苄基腺嘌呤)或普诺马林(细胞分裂素+赤霉素)在新梢旺长的 6～7 月喷 150～600 μL/L,5～7 天副梢即萌发,一般可发 5～7 个,最多可发 18 个副梢。

圃内整形,培育带分枝大苗。用 150～600 μL/L 苄基腺嘌呤或普诺马林在苗长到合适高度(满足定干高度)时喷布,可培育出基角较大的带分枝的苗木。

定点定向使隐芽发出角度大的长枝。生长期用苄基腺嘌呤与羊毛脂配制的 100 μL/L 的软膏涂抹在所需发枝的隐芽下方,可促使该隐芽萌发成芽。

(4) 促进坐果,增大果实

用 10～100 μL/L 赤霉素处理开花初期的山楂,可提高坐果率。处理因新梢生长旺而引起落果的巨峰葡萄也能提高坐果率。盛花期西洋梨、京白梨、酥梨分别使用 50～100 μL/L、20～25 μL/L 的赤霉素均可提高坐果率。用赤霉素 5～20 μL/L 于盛花期第一次喷布,2 周后再用 20～40 μL/L 赤霉素喷布无核白葡萄,并结合母枝环割,可使果粒增大 1 倍。

(5) 防止采前落果

用 20～40 μL/L 萘乙酸和 1 000～2 000 μL/L 比久处理后,减少采前落果,增进着色。

(6) 提前或推迟果实成熟

沙梨系统中,果实成熟前 20～30 天喷布 100 μL/L 乙烯利,秋子梨系统用 400～800 μL/L 乙烯利,弱树浓度低,旺树浓度高,于盛花后 135～140 天喷布,可使果提前 14～20 天成熟。

(7) 防止大伤口徒长枝的萌发和根系生长

用 0.5%～1% 萘乙酸羊毛脂涂抹在大的剪锯口,可防止徒长枝萌发生长;对易产生根蘖的矮化砧,在根蘖长到 20～30 天喷布,可有效抑制根蘖生长。

复习思考

1. 简述果树矮化栽培技术措施。
2. 简述保护地设施类型。
3. 植物生长调节剂大致分为几类？对果树生长、开花、坐果有哪些作用？
4. 为搞好当地果树生产，哪几种生长调节剂有应用价值？为什么？
5. 简述果实防污源。果实防污的防治措施是什么？
6. 试述果品商品化处理的主要技术环节。

 考证提示

初级工掌握果品商品化处理的主要技术环节。

中级工掌握植物生长调节剂种类及其对果树生长、开花、坐果的作用，果品商品化处理的主要技术环节。

高级工掌握植物生长调节剂种类及其对果树生长、开花、坐果的作用，果实防污源原因及防治措施，果品商品化处理的主要技术环节。

第7章 果树栽培实例

本章导读

江苏省主要果树有桃、梨、葡萄、柑橘、苹果、猕猴桃、枇杷、杨梅、草莓等。本章主要介绍各树种的概况、主栽品种、生物学特性及栽培技术。

7.1 桃

7.1.1 概况

桃原产于我国西部,西藏东部、四川西部、云南西北部的青藏高原是其起源中心,云贵高原和西北高旱区是其次生起源中心。大约在公元前1世纪的汉武帝时代,桃经丝绸之路传播到波斯乃至西亚各国,然后传至地中海国家;随着新大陆的发现,桃被带到南美,然后引入墨西哥,并传入北美。

桃是世界上栽培最为广泛的温带果树之一,世界桃生产主要位于北纬和南纬30°~45°的范围之内,全球约有70个国家生产桃和油桃。据联合国粮农组织2007年6月统计资料,2005年世界桃和油桃栽培面积约145.8万公顷,产量约1 776.9万吨;我国的桃栽培面积约为68.3万公顷,产量约783万吨,分别占世界总面积和产量的46.8%和44.1%,均居第一位,其次是意大利、美国和西班牙等国。

桃适应性强,早果性好,易于栽培;耐旱怕涝,喜光怕阴,忌重茬地,经济寿命一般为15~20年。桃果外观艳丽,风味甜香,营养丰富,果实不耐贮运,以鲜果生食为主,还可制罐、制汁、制酱和桃脯等。

江苏无锡、浙江奉化、山东肥城、河北深州为我国桃的四大传统名产区。近年来,随着产业结构的调整,各地桃生产发展迅速,并涌现了北京平谷、四川龙泉等大规模的产区。果树设施栽培的兴起也为桃的发展提供了空间,并使桃的成熟期提前了20~50天,经济效益显著。

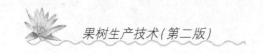

江苏为我国桃的主产区之一,据江苏省农林厅统计,2005年全省桃树栽培面积约3.16万公顷,产量约34.8万吨,主要集中于徐州、连云港地区,其面积和产量均占全省的一半以上。无锡水蜜桃以皮薄多汁、香甜软绵、味浓不腻以及外观的白里透红、素中带雅而驰名中外,深受消费者喜爱,是当地经济效益最好的水果之一。

7.1.2 品种

桃属于蔷薇科李属植物,在栽培上有一定价值的主要有普通桃、山桃、陕甘山桃、甘肃桃、光核桃等6个种。生产栽培的桃主要属于普通桃,通常称之为毛桃的为本种的野生类型,耐涝性好,主要用作南方地区桃的砧木。普通桃主要有以下5个变种:蟠桃、油桃、寿星桃、碧桃、垂枝桃。

桃依果皮茸毛的有无分为毛桃和油桃,依果实形状分为圆桃和蟠桃,依肉色分为白肉、黄肉和红肉,依核的黏离分为黏核和离核,依仁的甜苦分为甜仁和苦仁,依果肉质地分为溶质和不溶质。

品种选择是桃优质、高效栽培的前提和关键。应根据主要用途、品种类型、成熟期、耐贮运性等,结合考虑交通、市场、消费习惯等综合因素制定品种规划方案。

(1) 早霞露

为浙江省农业科学院园艺研究所杂交育成,亲本为砂子早生×雨花露。果实椭圆形,平均单果质量80 g,最大单果质量150 g。果皮底色浅绿白色,顶部有少量红晕,皮易剥离。果肉乳白色,肉质柔软多汁,风味较甜。半黏核,核不碎裂。南京地区5月底果实成熟。

(2) 晖雨露

为江苏省农业科学院园艺研究所杂交育成,亲本为朝晖×雨花露。果实圆形,平均单果质量124 g,最大单果质量174 g。果皮乳黄色,有玫瑰色红晕。果肉乳白色,风味甜,可溶性固形物含量11.1%。黏核。南京地区6月上旬果实成熟。该品种树势中等偏强,树姿开张,早果性好,丰产稳产。

(3) 霞晖1号

为江苏省农业科学院园艺研究所杂交育成,亲本为朝晖×朝霞。果实圆形至卵圆形,平均单果质量128.4 g,最大单果质量215 g。果皮乳黄色,顶部有玫瑰色红晕。果肉乳白色,风味甜,可溶性固形物含量11%~12%。黏核。南京地区6月上旬果实成熟。该品种无花粉,栽植时需配植授粉树。

(4) 雨花3号

为江苏省农业科学院园艺研究所育成。果实长圆形,平均单果质量150 g,最大单果质量210 g。果皮乳白色,顶部着玫瑰红晕。果肉乳白色,硬溶质,风味甜,可溶性固形物含量10%~13.5%。半离核。南京地区6月20日左右果实成熟。该品种长势较强,树冠较大,树姿较开张。无花粉,需配置授粉树,产量中等。

(5) 日川白凤

为日本品种,白凤枝变。果实近圆形,平均单果质量150~200 g,大果可达250 g。果皮底色为乳黄色,果面50%以上着玫瑰色红晕。果肉白色,风味甜,可溶性固形物含量

10.5%~12%。黏核。南京地区6月下旬果实成熟。该品种长势中等,树姿开张,早果丰产。

(6) 霞晖5号

为江苏省农业科学院园艺研究所杂交育成,亲本为朝晖×(奉化玉露×早生水蜜)。果实圆形,平均单果质量160 g,最大单果质量200 g。果皮乳白色,着玫瑰色红霞。果肉白色,风味甜。黏核。南京地区果实7月上旬成熟,比白凤早7天。

(7) 白凤

为日本品种,亲本为白桃×橘早生。果实圆形,果肉白色,味甜汁多。该品种适应性强,丰产稳产,但果形偏小,曾是我国南北栽培广泛的品种之一。南京地区7月上旬果实成熟。

(8) 湖景蜜露

为无锡市郊梅园乡桃园中发现。果实圆形,外观美丽。平均单果质量160 g,最大单果质量233 g。果肉乳白色,风味甜,有香气。该品种品质优良,采收期较长,是无锡地区主栽中熟水蜜桃品种之一,7月中旬果实成熟。

(9) 雨花2号

为江苏省农科院园艺所育成。果实圆形,平均单果质量150 g,最大单果质量250 g。果肉白色,肉厚质细,风味甜浓,可溶性固形物含量12%~13.7%。南京地区7月底果实采收。该品种树势强健,树冠较大,花期稍晚,且无花粉。

(10) 白花水蜜

又名"无锡水蜜桃",是一个古老的地方晚熟良种。果实椭圆形,平均单果质量150 g,最大单果质量350 g。果肉乳白色,近核处深红,肉质致密,风味甜,香气浓,品质佳。南京地区8月上旬果实采收。树势生长强健,树姿较开张。花期迟,无花粉。

(11) 新白花

为江苏省农科院园艺所从白花水蜜自然授粉实生苗中选育而成。平均单果质量160 g,最大单果质量284 g。果皮乳黄色,稍有粉红色晕。果肉乳白色,肉质致密,风味甜浓。在南京地区8月中、下旬果实成熟。该品种花期迟,无花粉。

(12) 金山早红

为镇江市象山果树所在早红宝石高接树上发现的芽变培育而成。果实圆形,平均单果质量174 g。果肉黄色,风味甜。镇江地区果实6月上旬成熟。该品种果实成熟早,果个大,品质佳,丰产性好,是一优良的早熟油桃品种,适宜露地和大棚设施栽培,多雨年份有裂果现象。

7.1.3 生物学特性

1. 生长习性

(1) 根系

桃根为浅根性。其分布的深度、广度因砧木种类、品种特性、土壤条件、栽植密度和地下水位等而不同。水平根较发达,分布一般与树冠冠径相近或稍广。垂直根较不发达,在土壤黏重、地下水位较高的桃园,根系主要分布在15~25 cm的土层中;在土层较深厚的地区,根系主要分布在20~50 cm的土层中,一般80 cm以下根系分布较少。毛桃砧根群发育好,山

桃根系较深,其主根发达而须根少。

(2) 芽

桃芽有叶芽和花芽、单芽与复芽、单花芽与复花芽之分。花芽大而饱满,叶芽小而尖。桃花芽为纯花芽,花芽萌发后开花结果,多数是一芽一花。桃梢顶芽都是叶芽,结果枝上复花芽多,花芽着生节位低,花芽充实,排列紧凑是桃品种的丰产性状之一。桃叶芽具有早熟性,当年形成的芽当年可萌发,生长旺的新梢一年可萌发二次枝、三次枝。少数不萌发的芽形成潜伏芽,桃的潜伏芽少而且寿命短,不易更新,树冠下部枝条易光秃,造成结果部位上移。

(3) 枝条

桃的枝条可分为营养枝和结果枝,营养枝又分为发育枝、徒长枝和叶丛枝,结果枝分为徒长性果枝、长果枝、中果枝、短果枝和花束状果枝。

发育枝,生长强旺,长60 cm以上,粗1.5~2.5 cm,有大量副梢,其上多为叶芽,有少量花芽。一般着生在树冠外围主、侧枝的先端,主要功能为形成树冠的骨架。

徒长枝,枝条粗大,长度在1m以上,节间长,组织不充实,其上多数发生二次枝,甚至三次枝或四次枝,幼树上发生较多,常利用二次枝作为树冠的骨干枝,成年树可利用其培养枝组填补空缺部位,衰老树则利用它更新树冠。

叶丛枝,只有一个顶生叶芽的极短枝,长1 cm左右。多发生在弱枝上,发枝力弱,当营养条件好转时,也可发生壮枝,用作更新。

徒长性果枝,长60 cm以上,粗1.5~2.5 cm,枝的先端多着生二次枝,枝上有花芽。

长果枝,长30~60 cm,一般不发生二次枝。复芽多,花芽比例高,在结果的同时又能抽生健壮的新梢,形成次年的结果枝,是多数品种的主要结果枝。

中果枝,长15~30 cm,枝条较细,生长中庸,单芽、复芽混生,结果后一般只能抽生短果枝。

短果枝,长5~15 cm,多着生于侧枝中下部,生长弱,节间短,叶芽少,花芽多,花芽多为单花芽。花束状果枝,长5 cm以下,只有顶芽为叶芽,其侧芽多为单花芽。

不同品种的主要结果枝类型不同。一般成枝力强的南方水蜜桃和蟠桃多形成长果枝,发枝力相对较弱的品种则多以短果枝结果为主。幼龄树和盛果前期树以长、中果枝结果为主,衰老树和弱树以短果枝和花束状果枝结果为主。

2. 结果习性

(1) 花芽分化

桃花芽属夏秋分化型,一般在6月份开始形态分化,需要70~90天的时间,直至开花前完成整个生理分化。一般成龄树比幼树花芽分化开始早,短果枝比长果枝早。光照、温度、树势等均能影响桃树的花芽分化,因此,在生长量较大的南方地区尤其强调夏季疏剪,及时疏除内膛旺枝、过密枝,改善通风透光条件,有利于枝条的充实,促进花芽分化。

(2) 开花

桃花芽形成后经过一段时间的休眠,随着气温的上升逐渐开花。桃树花期的早晚与地区、品种、温度等有关,我国从南向北花期逐渐推迟。如南方的广东1月开花,北方的黑龙江5月才开花,相差达4个月,江苏一般在3月下旬至4月上旬开花。在同一地区,需冷量少的品种开花早,高需冷量品种开花迟。同一品种花期的延续时间与花期的气温密切相关,温度高开花整齐,延续时间短,温度低则相反。

(3) 授粉受精

桃大部分品种自花结实,少量品种无花粉,需配置授粉树。桃是自花结实率较高的树种,自花授粉率可达90%~95%,但异花授粉可以提高坐果率。雌蕊柱头通常在开花1~2天内分泌物最多,是接受花粉的适宜时期,但保持授粉能力的时间可达4~5天,10~14天完成受精作用。

(4) 果实的发育与成熟

桃果实由子房壁发育而成。果实生长曲线属双S型,有两个迅速生长期,在两个迅速生长期之间隔着一个缓慢生长期,呈现"快、慢、快"的形式。

第一期是幼果迅速生长期。从授粉受精后,子房膨大开始到果核木质化之前。该期果实体积和重量迅速增加,果核也达到应有大小。此期中不同品种增长速度大致相似,江苏大约到5月中下旬为止。

第二期是果实缓慢生长期(又称硬核期)。果实体积增大缓慢,果核自先端向下、由内向外逐渐开始木质化。硬核期延续时间长短因品种而异,早熟品种2~3周,中熟品种4~5周,晚熟品种6~7周或更长。本期以胚乳消失、子叶达一定大小、果核坚硬为结束标志。

第三期是果实迅速膨大期。此期细胞迅速增大,果实体积和重量快速增加,在成熟前10~20天增长速度最快,增长量占总重量的50%~70%。

在果实形态发育的同时,内部理化性状也发生一系列的变化。随着果实的成熟,淀粉转化为可溶性的葡萄糖、果糖、蔗糖等并积累在细胞液中,使果实变甜。桃果实中以蔗糖含量最高,生长初期变化不大,成熟前30~50天快速积累,有的品种成熟前小幅下降。苹果酸、柠檬酸等有机酸在果实成熟前逐渐减少。原果胶在聚半乳糖醛酸酶(PG)和果胶酯酶(PME)等的作用下水解成可溶性果胶,使细胞壁变薄,果实变软,并形成芳香物质。

4. 对环境条件的要求

桃具有一定的耐寒力,以花蕾的耐寒力最强,花次之,幼果最弱,花蕾期能耐为 -6.6 ℃ ~ -1.7 ℃,开花期 -2 ℃ ~ -1 ℃,而幼果期 -1.1 ℃即受冻。

桃较耐干旱,但在早春开花前后和果实迅速膨大期必须有充足的水分,果实才能正常发育。桃树根系不耐涝,短期积水就会引起黄叶、落叶,甚至死亡,潮湿低洼地不宜栽植桃树。桃最喜光,树冠外围光照充足处花芽多且饱满,果实品质好。光照不足时,枝叶徒长,花芽分化少,树冠下部易于秃裸。

桃对土壤要求不严,喜微酸和微碱性沙壤土。pH在4.5~7.5范围内均可生长良好,在碱性土壤中易得黄叶病。土壤含盐量达0.28%以上时生长不良或部分致死。

7.1.4 栽培技术

1. 苗木选择

苗木的质量影响到树体的生长,健壮的苗木为优质栽培提供基础与保障。因此,在确定品种以后应选择根系发达、枝条粗壮、接口愈合良好、无病虫危害、纯度高的苗木。

2. 苗木栽植

根据园地的立地条件、土肥水管理水平、整形修剪方式等确定栽植密度，一般采用宽行距窄株距，这样光照好，管理方便，土壤肥沃的平原地区株行距(3~4.5)m×(4.5~6)m，丘陵山坡地(3~3.5)m×(3.5~4)m。秋季桃树落叶后至次年春季萌芽前均可栽植，但以春栽较常用。种植穴要求深60~80 cm，长宽100 cm，如能开定植沟则最理想。栽前先填入作物秸秆等，并施入基肥，待土沉实后再定植。苗木定植前剪去损伤根和过密、过长根，嫁接口高于地面5 cm。地下水位高的地区适宜起垄栽植。

3. 土肥水管理

（1）土壤管理

主要采用行间生草、行内清耕覆草。适宜的草种有白三叶、苜蓿、高羊茅等。待草根深扎、草体丰茂时，留茬10~15 cm刈割，割下的草覆于树盘。

（2）肥水管理

秋季9、10月份施入基肥，基肥以有机肥为主，施肥量以斤果斤肥为标准，施肥方法以放射沟或条沟施为宜，深度40 cm左右。第一次追肥在萌芽前，以速效性氮肥为主；第二次追肥在硬核期，以钾、氮肥为主；第三次在果实采收前，以钾、氮肥为主，三要素肥配合施用。其他时间根据树体和果实的生长情况酌情决定。

新梢旺盛生长、幼果膨大时需水量最多，应及时灌水。硬核期对水分敏感，缺水或水分过多，都易引起落果。7、8月份成熟的中、晚熟桃，果实成熟期正是高温干旱季节，叶面蒸发量大，容易干旱，应注意灌水。

4. 花果管理

桃大多数品种自花结实，而对于无花粉的品种，除配置授粉树外，花期如遇阴雨天气，需要进行人工辅助授粉，以确保产量。

有花粉的品种常常会出现结果过多的现象，导致果小、品质降低，因此需要进行疏果。疏果时间越早越好，留果量根据品种、树龄、树势确定。每果留叶量通常为早熟品种留20叶，中熟品种25叶，晚熟品种30叶。留果量长果枝2~4个，中、短果枝1~2个；大果形品种少留，小果形品种多留。对生理落果严重、坐果率低的品种要适当晚疏果和多留果。

套袋在疏果后进行，并在当地主要蛀果害虫产卵以前完成，江苏省应在5月下旬至6月上旬完成套袋。先套早、中熟品种和坐果率高、不易落果的品种，后套坐果率低的品种。套袋前喷一次杀虫杀菌剂。纸袋以白色、浅黄色商品袋为好。

5. 整形修剪

桃树的适宜树形有三主枝自然开心形、两主枝Y形以及主干形等，江苏地区以三主枝自然开心形为主，主干形主要在设施栽培中采用，而两主枝Y形则应用在宽行密植栽培中。

幼树生长势强旺，以培养树形骨架为主，夏季采用摘心、短截等方式，扩大树冠；同时采用前促后控的措施，在生长季节的后期控制肥水，缓和树势，有利于枝条的充实和花芽的形成，应尽早进入结果期。盛果期树，调节好生长与结果的平衡，保持树势的中庸健壮，夏季及时疏除内膛过密枝和直立旺枝，改善通风透光，提高果实品质，冬季控制留枝量，并保持结果部位的不外移。衰老期树主要加强骨干枝的回缩与更新，利用内膛萌发的徒长枝培养结果枝组，延长结果年限。

6. 病虫防治

桃树的主要病害有缩叶病、流胶病、炭疽病、褐腐病、细菌性穿孔病、细菌性根癌病等，虫害有蚜虫、一点叶蝉、刺蛾、桃蛀螟、梨小食心虫、红颈天牛、介壳虫等。病虫害防治的方法有农业防治、物理防治、生物防治和化学防治等，坚持"预防为主，综合防治"的原则。主要抓好春季萌芽前石硫合剂的喷施，萌芽后蚜虫的防治以及果实套袋前杀虫杀菌剂的喷施。近年来，由于全球气候的变暖以及雨水的不均衡供应，缩叶病、细菌性穿孔病以及果实病害时有发生，尤其是果实病害呈现越来越重的趋势，应根据具体情况加强防治。

流胶病为南方地区主要的病害之一，主要危害主干和主枝，造成茎枝"疱斑"累累，严重时导致树势衰退，叶片黄化，甚至死亡。昆虫侵害、排水不良、修剪过重、栽植过深、土壤黏重、连作重茬等均能引起流胶病。目前还没有有效的药剂防治措施，主要是加强树体管理，田间及时排水，增施有机肥，改善土壤理化性状，禁忌桃园连作，如果实在避免不了连作，应尽量避开原栽植点。

在进行化学防治时，禁止使用剧毒、高毒、高残留农药以及致畸、致癌、致突变农药，提倡使用生物源农药、矿物源农药和新型高效、低毒、低残留农药，并注意药剂的交替使用，以免产生抗性。

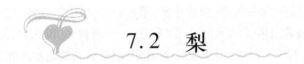

7.2 梨

7.2.1 概况

梨树是世界重要果树之一，2003年全世界梨树种植面积184.8万公顷，总产量1 698.6万吨，仅次于柑橘、葡萄、香蕉、苹果，居第五位。各大洲均有梨树分布，产量以亚洲最多，欧洲次之，两大洲梨果年产量占世界总产量的四分之三以上。我国是梨栽培大国，2000年梨树栽培面积及产量分别为125.9万公顷和922.3万吨，分别占世界的69.7%和54.3%，为世界首位，居我国水果面积和产量的第三位，仅次于苹果和柑橘。

我国是世界上梨树栽培种类、品种、面积、产量最多的国家，梨树分布遍及全国各地，河北、山东、辽宁三省为我国主产区，产量占全国梨总产量的58%，江苏、安徽、河南三省梨产量占全国梨总产量的13.4%，已成为我国梨的商品基地。梨是江苏省栽培面积最大的果树，也是近几年发展最快的果树，2005年江苏省梨树种植面积为4.9万公顷，江苏省梨果人均占有量5.3 kg。江苏省梨生产区根据其生产规模、产品销售、栽培历史和品种等可分为苏北梨产区、苏中梨产区和苏南梨产区。

7.2.2 品种

梨属于蔷薇科梨属植物，有30多个种，主要原产于地中海、高加索及我国。我国生产上主要有砂梨、白梨、秋子梨和西洋梨四个种。梨选择品种要考虑品种亲和性、成熟时期、贮藏性、病害的因素,同时结合当地的环境条件。

(1) 华酥

为1977年早酥与八云杂交培育而成。果实圆形稍扁,平均单果质量230 g,大果可达300 g,果皮黄绿色,果面光洁,果点极细,中等密,无果锈,蜡质中等。果心较小,果肉乳黄色,肉质细脆,石细胞少,汁液多,风味甜,微香。品质上。果实可溶性固形物含量11.5%~12.0%。7月上中旬成熟,延迟采收果皮发黄、果肉发绵。果实在常温下的货架期为20天左右。高抗黑星病,叶片和果实的其他病害也很轻。该品种适合江苏省全省发展。

(2) 早美酥

为1982年新世纪与早酥杂交培育而成。果实圆锥形,平均单果质量230 g,大果可达400 g,果皮黄绿色,果面光洁,果点小而密,无果锈,蜡质多。果心较小,果肉乳白色,肉质脆,石细胞少,汁液多,酸甜适度,无香气。品质上。果实可溶性固形物含量11%~13%。7月中下旬成熟,延迟采收果肉会发绵。果实在常温下的货架期为20天左右。抗病性较强,叶片和果实病害较轻。该品种适合江苏省全省发展。

(3) 翠冠

为1980年幸水×(杭青×新世纪)杂交培育而成。果实圆形稍扁,平均单果质量250 g,大果可达350 g,果皮黄褐色,果顶绿色,果面平滑,果点中等大、中等密度,果面分布不规则锈斑,蜡质少。果心小,果肉乳白色,肉质细脆,石细胞较少,汁液特多,风味甜,无香气。品质上。果实可溶性固形物含量12%~13%。7月底至8月初成熟,该品种适合江苏省全省发展。

(4) 中梨1号

为中国农科院郑州果树所用新世纪为母本育成。平均单果质量220 g,最大450 g,果实近圆形,果面较光滑,果点中大,翠绿色,采后15天鲜黄色,苏南等地栽培有少量果锈。果心中等大,果肉乳白色,肉质细脆,石细胞少,汁液多,可溶性固形物质含量12%~13.5%,甘甜可口,有香味,货架期20天,冷藏可贮藏2~3个月,抗旱、耐涝、耐瘠薄,对轮纹病、黑星病、干腐病抗性较早酥梨强,果实7月中下旬成熟。

(5) 黄冠

为1978年雪花梨与新世纪杂交培育而成。果实圆形,平均单果质量290 g,大果可达480 g,果皮黄绿色,套袋后乳黄色,果面光滑细腻,果点小而较密,无果锈,蜡质多。果心小,果肉乳白色,肉质细脆,石细胞少,汁液多,风味较甜,稍有清香。品质上。果实可溶性固形物含量12%~14%。8月中旬成熟,果实在常温下的货架期20天左右。抗黑星病,叶片和果实的其他病害也较轻。该品种适合江苏省全省发展。

(6) 喜水

果实圆形,平均单果质量195 g,大果可达260 g,果皮褐色,果面光洁,果点密,中等大小,蜡质中等。果心中等大小,果肉乳黄色,肉质细脆,石细胞少,汁液多,风味甜。7月中旬成熟,品质上,果实在常温下的货架期7天左右。果实可溶性固形物含量11.5%~12.5%。对黑斑病抗性强,对锈病等抗性中等。在栽培水平较好的地区适量发展。

(7) 幸水

为菊水与幸藏早生杂交育成的日本梨品种,1959年命名。果实扁圆形,平均单果质量

240 g,大果可达 400 g,果皮绿褐色,套袋后淡黄色,果面平滑,果点密,中等大。果心小,果肉乳白色,肉质细脆,石细胞少,汁液特多,风味甜,稍有清香。品质上。果实可溶性固形物含量 13%~14.5%。8 月上中旬成熟,果实在常温下的货架期 10 天左右。抗病性较强。该品种适合江苏省全省发展。

(8) 丰水

为 1954 年(菊水×八云)×八云杂交育成的日本梨品种。果实扁圆形,平均单果质量 250 g,大果可达 450 g 以上,果皮褐色,套袋后淡黄色,果面较光滑,果点大而密。果心较小,果肉乳白色,肉质细脆,石细胞少,汁液特多,风味甜,成熟度高时稍有香气。品质上。果实可溶性固形物含量 11%~14%。8 月中旬成熟,果实在常温下的货架期 20 天左右,低温条件下可长时间贮藏。抗病性强,叶片和果实病害较轻。该品种适合江苏省全省发展。

7.2.3 生物学特性

1. 生长习性

(1) 根

梨实生砧木苗主根发达,侧根少,经移栽或苗木定植后,侧根增加。新定植幼树,1~2 年,垂直根生长占优势,以后水平根生长逐年转强。大树以后,基本无明显的主根,幼树时形成的垂直根,有的已经枯死,即使存在,粗度也不及水平根。大树根系向土壤下层的分布主要是水平根上发生的垂直根或斜生根。

梨的根系分布比较深,可达 2 m 以上,大量的水平骨干根和须根分布在距地面 15~40 cm 处,50 cm 以下须根逐渐减少。根据调查,距树干 1 m 处,根主要分布在地面下 10~30 cm 的土层中;距树干 3 m 处,根主要分布在地面下 20~50 cm 的土层中。

梨的根系每年有两次生长高峰。春季土壤解冻,土温达 0.5 ℃时,根开始微弱生长;当土温达到 5 ℃~6 ℃时,新根开始生长。春季根的生长约比新梢生长早 1 个月,开始生长缓慢,随地上部中、短梢叶片大量形成,根的生长明显加快,到长梢生长停止时,约 6 月上、中旬,根的生长出现第一次高峰。以后生长减弱,至 9~10 月果实采收后,根的生长转强,出现第二次高峰。但第二次高峰比第一次无论在生长速度还是发根数量方面都弱得多。以后随气温的下降和落叶,根的生长逐渐减弱至停止。

(2) 芽

梨芽均为单芽,花芽为混合芽。花芽萌发后,先抽生一段短枝称果台,有时这一短枝极短而无叶片,在其顶部着生花序,开花结果。

叶芽,梨的叶芽上一年形成、第二年春萌发,它的全部发育过程可分为芽原基出现期、鳞片分化期、质变期、夏季休眠期、冬季休眠前雏梢分化期、冬季休眠期、冬季休眠后雏梢分化期。在新梢生长的同时,叶腋出现新的侧芽原基;在新梢停止生长前,由新梢顶端形成顶芽原基。侧芽原基出现后,即开始鳞片分化。新梢停止生长时也就是顶芽鳞片的分化期。鳞片分化期之后,即为质变期,也就是芽鳞的生理分化期。一个新形成的芽,能否分化为花芽,主要决定于鳞片分化期以后的 1 个多月的时期;如果内外条件适合,芽就分化为花芽,否则芽即进入夏季休眠期,直到秋季以后芽进入冬季休眠前雏梢分化期。到落叶结束,分化的雏梢上具有3~7个叶原基。落叶以后,芽进入冬季休眠期。第二年春季,随气温上升,芽又开始雏梢分化,即为冬季休眠后雏梢分化期。

梨萌芽力高,成枝力较低,但品种间高低不同。梨一年生枝上的芽,绝大部分可以萌发,这与梨芽鳞片多、芽轴长、芽内雏梢节数多有关。这种结构的芽可以看做是一个短枝,因为短枝的顶芽是不会不萌发的。品种间成枝力的高低与芽的发育也有一定关系。凡侧芽大,芽鳞片多,芽轴长,则芽在萌发时芽内雏梢节数多的品种成枝力一般较低。

叶芽在春季萌发的过程长。芽从萌动到萌发(叶尖露出芽外)经过20余天。当芽萌发时,芽内雏梢节数可达13~14节。由于芽内分化的雏梢节数多,所以一个有13~14片叶的新梢,其叶片全部是在萌芽前分化的。因此梨在萌芽过程中就已决定了中、短枝的叶节数。

梨的花芽类型、着生部位、果枝种类与苹果均相同。梨虽然也以顶花芽结果为主,但腋花芽的多少,因树种、品种而有较大差异。

花芽分化过程与苹果相同。花芽形态分化比苹果略早而集中。在江苏省花芽大量分化期为6月上旬至7月下旬。

春季,花芽的膨大时期较长,但从萌芽至开花的时间很短,从现蕾至开花往往只有5~7天。梨的花序为伞房花序。开花顺序是边花先开。一个花序的花朵一般有5~7朵。中国梨大部分品种花序下无叶,少数品种有1~2片叶,所以中国梨在初花期基本是不展叶的。到盛花期后,果台副梢和叶芽新梢上的叶才初展。西洋梨花序下有3~5片叶,开花前即有较多的叶展开。

每一朵梨花自开花算起,有授粉能力的时间约为3天,以开花的当天和第二天受精能力最强。人工授粉宜在初花期后1~2天进行。

(3) 枝

中国梨新梢生长有明显的阶段性。未来长成长枝的,芽萌发后,新梢迅速加长生长,为第一生长阶段。此期形成新梢具有盲节的一段,这段新梢是芽在冬季休眠前分化的。之后,为冬季休眠后至萌芽前分化的雏梢部分的加长生长,为第二生长阶段。这段新梢叶腋具有充实的侧芽。第二生长阶段之后为第三生长阶段。这段新梢是萌芽后在芽外分化的,侧芽也比较充实;最后新梢形成顶芽,停止生长。第二、第三生长阶段形成的新梢之间的交界处,节间较短,叶片小,芽也较小,据此可以区分第二和第三生长阶段。

可以根据新梢所具有的生长阶段划分新梢。只具有第一生长阶段的新梢为短枝,长度一般不超过5 cm;具有第一、第二阶段的为中枝,长度为5~30 cm;具有第一、第二和第三生长阶段的为长枝,长度一般在30 cm以上。

梨的新梢生长期短。在江苏省,梨的长枝一般在6月上、中旬停止生长,而中枝和短枝都在5月上、中旬停止生长,梨的新梢生长主要集中在萌芽后的1个月左右的时间内。梨的长枝由于在6月中旬以前停止生长,所以可以把第一和第二生长阶段形成的新梢称为春梢部分,第三生长阶段形成的新梢称为夏梢部分。梨除少数情况外,一般无秋梢部分。梨的干性、层性和枝条的直立性均较强。

(4) 叶片

梨树的叶片具有生长快、叶幕形成早的特点。根据观察,单一叶片自展叶至叶片停止生长,需16~28天。叶片小的品种,单叶的生长期也短。中、短枝叶面积的形成期一般不超过

40天,长枝叶面积的形成期有60余天。梨的一般品种成枝力较低,长枝较少,盛果期的树,自展叶后的1个月内,可形成叶幕量的85%以上。

梨叶片在生长过程中,叶面无光泽,当叶停止生长时,即呈现油亮的光泽。由于春季萌芽后,各类新梢及其叶片在同步生长,而芽内雏梢部分的叶片停止生长比较一致,所以在展叶后的25~30天,全树大部分叶片在几天之内比较一致地出现油亮的光泽,称之为亮叶期。亮叶期对生产有重要的指导意义,表明中、短枝的叶面积已形成,也就是全树85%的叶幕量已形成,同时中、短枝顶芽开始进入花芽生理分化的时期。据测定,亮叶期后3~5天,光合作用达最强,并继续维持60~70天。

2. 结果习性

梨花授粉受精后,花托和子房下位发育为果肉,子房发育成果心,胚珠发育成种子。梨有落花重落果轻的现象,第一次落果在开花后30~40天,较少发生第二次落果,有些品种有采前落果现象。

梨果实生长期一般分三个时期:果实快速增大期、果实缓慢增大期和果实迅速膨大期。果实快速增大期,从子房受精后开始膨大,到幼嫩种子开始出现,该期主要是花托和果心部分细胞迅速分裂,细胞数量迅速增加,使果实体积快速增大,这一期果实纵径比横径增加明显,幼果呈椭圆形。果实缓慢增大期,自胚出现到胚发育基本完成为止。该期主要是胚迅速发育,胚吸收胚乳逐渐占据种皮内部空间,而果肉和果心部分体积增大缓慢,果实的体积变化形成一个停滞期,果实增长相对缓慢。果实迅速膨大期,从胚占据种皮内全部空间到果实成熟为止。该期主要是果肉细胞体积增大和细胞间隙的容积迅速膨大,从外观上看果实体积增加明显,是果重增加最快的时期。这一时期果实横径增加大于果实纵径增加,最终形成品种固有的果形。

梨树果实发育期在栽培管理上是一个重要时期,在果实发育期适当施肥有利于果实增大和提高果实品质。

梨依果实的成熟期可分为特早熟品种、早熟品种、中熟品种、晚熟品种和特晚熟品种。以江苏省为例,7月10日以前成熟为特早熟品种,7月中旬至8月上旬成熟为早熟品种,8月中旬至9月上旬成熟为中熟品种,9月中下旬成熟为晚熟品种,10月以后成熟为特晚熟品种。同一品种果实成熟期在不同地区有差异,所以各地对梨果实成熟期的划分不一样。

3. 对环境条件的要求

(1)温度

气温稳定在10℃以上,梨花即开放。14℃时,开花增快,15℃以上连续3~5天,即完成开花。梨树开花较苹果为早,梨是先开花后展叶,所以易发生花期晚霜冻害。在花期气温不稳、先高后低或昼夜温差骤变年份易发生冻花减产。已开放的花朵,遇0℃低温即受冻害。越是开花早的品种越易受冻,这是选择品种和园址时应注意的问题。

不同纬度不同年份花期不同。由北向南,温度渐高,花期渐次提早,南北花期可相差2个月。花期低温光照年份较高温晴朗年份,开花可推迟1~2周。所以,进行人工授粉的北方梨园要提前到南方采粉,根据当年气温动向预测花期。

梨花粉发芽要10℃以上的温度,16℃时,44小时即完成授粉受精过程。气温升高,相应加速。晴天20℃左右,9~22小时即完成受精。温度过高过低,对授粉受精都不利,气温高于35 ℃或低于5 ℃,即有伤害。这往往是开花满树,结果少的原因。所以,在出现花期变温的地方,要注意选择能错开花期不利天气的品种,或通过栽培措施,使花期提早或延迟。

梨树花芽分化和果实发育,要求20 ℃以上的温度,为6~8月间。一般年份都能满足这个温度。但在我国北部积温不足的地区或年份,常出现花芽形成困难和果实偏小、色味欠佳现象。

梨的根系在0.5 ℃~2 ℃以上即开始活动,5 ℃~6 ℃即发新根。山梨、杜梨砧对土温要求略低,活动早;豆梨、砂梨砧要求略高,活动较晚。所以,北方宜用山梨、杜梨作砧木,不宜用豆梨、砂梨作砧木。

(2) 光照

梨是喜光的阳性树种,年需日照1 600~1 700小时。光是梨的生存因子之一,光对梨树的影响,实质是光对光合产物的影响(当然光对温度、湿度等也有影响)。

梨树根、芽、枝、叶、花、果实一切器官的生长,所需的有机养分,都是靠叶片内的叶绿素吸收光能制造的。所以,当光照不足时,光合产物减少,从而导致生长变弱,特别是根系生长显著不良,进而降低了抗寒、抗旱及抗病能力。

光不足,有机养分即不足,则花芽难以形成,落花落果严重,果实小,皮色差,糖量低,维生素C少,品质明显下降。

大多数梨主产区总日照量是够用的。对个别年份生长季日照不足的地区,要选择适宜的栽植地势坡向,栽植密度,行向及整枝方式,以便充分利用光能。

原产地不同的品种,对光的要求是有差异的。原产多雨寡照南方的梨品种,有较好的耐阴性;而原产多晴少雨北方的梨品种,则要求较多光照;西洋梨介于中间。各地选择品种时亦应注意。

(3) 水分

水是梨树生长、结实等一切生命活动的命脉,梨果实含水量80%~90%,枝叶、根含水50%左右。亩产2 500 kg的成年梨树,一亩一年耗水量约为400吨。这个数量恰好相当于600 mm的年降水量。长江流域及其以南梨产区,年雨量1 000 mm以上,雨量偏高,应选用豆梨、砂梨作砧木,嫁接砂梨等抗涝品种,并有排水设施。北方地区用耐旱的杜梨作砧木。

(4) 土壤

梨对土壤要求不太严格。无论是壤土、黏土、砂土,或是一定程度的盐碱、砂性土壤,梨都有较强的耐适力。这也是梨树能广泛栽种的原因之一。但是,土壤是梨的栽培基质,不同的土壤质地,其肥力、松紧度、透气性、土温、水分及酸碱度等土性,差异很大。因为根系对外在环境反应非常敏感,所以不良的土壤环境对根系影响很大,根系功能是由地上部表达的,其好坏对地上部长势、产量和品质的影响十分显著。所以,为了取得高效栽培效果,必须选择中性的肥沃沙壤土,在条件欠缺的土壤上栽梨,就要一番改土的功夫,创造有利于根生长发育的微域环境。

梨对土壤酸碱度的适应范围,pH为5.4~8.5,最适范围为5.6~7.2,豆梨砧适合偏酸性土,杜梨砧耐碱性土。梨的耐盐力因砧木不同而有别,土壤含盐量0.14%~0.2%可正常生长,0.3%以上易受害。栽培品种的砂梨宜偏酸,其他品种可稍偏碱。各地在选用品种时,能对照当地土性用适宜的砧木和品种,可大大减少改土费用,获得好的栽培效果。

各种因子对梨树的影响,不是单一的,而是综合的。温、光、水、土等各种因子,是相互关联、影响、制约的。在一定地区或地块,某个因子可能是起主导作用的,其他因子处于次要或被改变的地位。反之亦然,所以在选择品种时,不但要注意每一个因子,还要分析其相互关系,抓住关键。

7.2.4 栽培技术

1. 栽植

栽植时间在落叶后至翌年发芽前。栽植前先按株行距挖深宽 0.8~1.0 m 的栽植沟(穴),沟(穴)底填厚 30 cm 左右的作物秸秆,挖出的表土与足量有机肥、磷肥、钾肥混匀,回填沟中。栽植时将苗木放入穴中央,砧桩背风,舒展根系,扶正苗木,纵横成行,边填土边提苗,踏实,嫁接口略高于地面。沿树苗周围做直径 1 m 的树盘,灌水浇透,覆盖地膜保墒。定植后按整形要求定干。

平地、滩地和 6 度以下的缓坡地为长方形栽植,6~15 度的坡地为等高栽植。根据土壤肥水、砧木和品种特性确定树冠大小和栽植密度,一般株行距在(2~4)m×(3~6)m 之间。授粉树配置,主栽品种和授粉品种果实经济价值相仿时,可采用等量成行配置,否则采用差量成行配置,主栽品种与授粉品种的栽植比例为(2∶1)~(5∶1)。

2. 土肥水管理

(1) 土壤管理

幼龄梨园全园生草,成龄梨园行间生草、行内清耕覆草。适宜的草种有白三叶、苜蓿、苕子、鸭茅草、高羊茅等。待草根深扎、草体丰茂时,留茬 10~15 cm 刈割,割下的草覆于树盘和行内。

(2) 肥料管理

梨树施肥应以有机肥为主,化肥为辅;提倡根据土壤分析和叶分析进行配方施肥和平衡施肥;根据施肥时期可分为基肥和追肥。基肥在秋梢停长后施,以农家肥为主,可混少量氮素化肥和磷肥;幼树施有机肥 25~50 kg/株,结果期树以每生产 1 kg 梨果施 1.5~2.0 kg 的优质农家肥;采用环状沟施、放射状沟施、弧状沟施、条状沟施等方法,沟深 40~60 cm。追肥的施用,第一次在萌芽前 10 天左右,以氮肥为主;第二次追肥在花芽分化及果实膨大期,以磷、钾肥为主;第三次追肥在果实生长后期,以钾肥为主;其余时间根据具体情况进行施肥;施肥量以当地的土壤条件和树势确定;施肥方法有环状沟施、放射状沟施等,沟深 15~20 cm;全年根外施肥 4~5 次,一般花期喷硼砂,生长前期以氮肥为主,生长后期以磷钾肥为主,也可根据具体情况喷施砂梨生长发育所需的微量元素;硼砂 0.1%~0.3%,尿素 0.2%~0.3%,磷酸二氢钾 0.2%~0.3%。

(3) 水分管理

① 灌水

梨一般有以下几个需水关键期:发芽前后到开花期,这时正是梨树需水多的时期,因此,凡未冬灌者应在发芽前充分灌一次,它能促进新梢生长,增加叶面积,为当年丰产优质打下良好基础;新梢生长和幼果膨大期,这个时期需水量大,此时幼梢、幼根、幼果对供水均非常敏感,若水分不足,幼叶和幼梢就夺取幼果和根系中的水分,造成幼果皱缩或脱落,影响根系正常吸收;果实急速膨大期,在6~7月份,此时不仅果实膨大需要一定水分,且花芽分化也需要一定量水分供应;采果前后和休眠期,采果之前不宜灌水过多,灌水宜在果实采收之后,结合秋施基肥进行。

② 排水

果园排水不良使果树根系的呼吸作用受到抑制,妨碍微生物活动,从而降低土壤肥力;此外,在黏土中,大量施用未腐熟的有机肥后,如遇土壤排水不良,由于这些肥料进行无氧分解,使土壤中发生一氧化碳或甲烷等还原性物质,将严重影响地下部和地上部的生长发育。

排水的方法,平地果园可依地势在果园或四周修筑排水沟,把多余的水分顺沟排出园外;山地果园要做好水土保持工程,使其既保持水土,又能把多余水分及时排掉。对于已受涝害果树,首先要排出积水,进行抢救,并将根颈部的土壤扒开晾根,及时松土促进蒸发,尽快恢复根系功能。

3. 花果管理

(1) 辅助授粉

梨的大多数品种自花不亲和,为提高结实率,需配植授粉树或进行人工辅助授粉。即使配植了授粉树,如遇花期阴凉、风大、昆虫活动少等情况,仅靠自然授粉也很困难。梨花授粉充足则种子发育良好、果实大而整齐;授粉不良容易造成减产和产生畸形果。

辅助授粉包括人工辅助授粉和借蜂传粉两种方法。授粉时期在盛花初期,即25%的花已开放,转入人工点授,此期为花序边花的第一至第三朵,争取在2~3天内完成授粉工作。蜜蜂是传粉的主要媒介,一般一只蜜蜂可携带5 000~10 000粒花粉,一箱蜂可保证5~10亩梨园授粉,蜂群之间相距100~150 m,用蜜蜂传粉可提高坐果率20%左右。

(2) 疏花疏果

疏花疏果能减少树林养分消耗,防止由于花量、坐果量大,消耗过多养分而引起生长失调、果实质量差、大小年等现象。疏花时期:疏蕾比疏花好,疏花比疏果好,实际操作中要视当年花量多少,树势强弱,天气好坏,授粉和坐果等情况而定。当花量大,树势强,天气好的情况下,可提早疏蕾、疏花,最后定果。当花量小,树势不强,天气不好的情况下,只进行一次疏果。疏果时间:疏果时期宜早不宜晚,早期疏果对促进当年花芽形成和增大果个有较明显的效果;一般疏果最适宜时期为第坐果后5~7天内进行,要求在花后26天内完成。确定留果量:原则上根据树龄、树势、品种特性和枝条类型确定,具体留果量的确定方法有叶果比法、枝果比法、干周及干截面积法等几种,在果园管理水平比较稳定的情况下,可根据果园历年产量、品种、树龄、树势、栽植密度和肥水条件,确定单位面积产量指标。

(3) 果实套袋

套袋可提高果实外观品质,避免病虫危害,降低果实农药残留。果袋的种类很多,目前我国市场主要有如青岛"爱农牌"系列、青岛"佳田牌"系列、青岛"三好牌"等20多种类形,具体选择哪种袋型应以梨品种而定。套袋时间一般在落花后15~45天内,越早越好。套袋前要按负载量要求认真疏果,喷杀虫杀菌混合药1~2次,套袋时选择果形长、萼紧闭的壮果、大果、边果套袋,每袋只套一只果。

4. 整形修剪

梨树的适宜树形有纺锤形、小冠疏层形和水平棚架形等。水平棚架形是从日本引进的一种新型栽培方式,具有抗风灾、省人工、果实品质优等优点,近几年在我国发展较快。

梨树的修剪,幼树和初果期树的修剪应根据树形要求合理选留骨干枝,对延长枝进行中截,促发长枝,培养树形骨架,加快长树扩冠;拉枝开角,调整枝条角度和枝间主从关系;促进花芽形成,平衡树势。盛果期树的修剪,应该调节树体生长和结果之间的关系,促使树势中庸健壮;结果枝及时更新,在培养良好预备枝的情况下对结过果的枝条及时疏除,下一年用预备枝结果;疏除外围密生旺枝和背上直立旺枝,保持树体光照良好。盛果后期树的修剪,当产量降至 15 000 kg/公顷以下时,对梨树进行更新复壮。每年更新 1~2 个大枝,3 年更新完毕,同时做好小枝的更新。

5. 病虫害防治

梨树的主要病害有黑星病、轮纹病、梨锈病、黑斑病、炭疽病、白粉病、褐斑病等;主要害虫有食心虫类(梨小食心虫、梨大食心虫、桃小食心虫)、梨木虱、梨蚜、梨网蝽、茶翅蝽、梨潜皮蛾、叶螨、瘿螨、卷叶虫类等。病虫害防治的方法有农业防治、物理防治、生物防治和化学防治等,应该坚持"预防为主,综合防治"的防治原则。在引种和新建园时加强病虫害检疫,以农业防治和物理防治为基础,提倡生物防治,按照病虫害的发生规律和经济阈值,科学使用化学防治技术,有效控制病虫为害。

特别在应用化学防治时,禁止使用剧毒、高毒、高残留农药以及致畸、致癌、致突变农药;有限制地使用中等毒性农药,部分中等毒性农药和低毒农药可以有限度地使用,但必须严格控制农药的用量、使用浓度、使用次数及最后一次施药距采收的间隔期;提倡使用生物源农药、矿物源农药和新型高效、低毒、低残留农药。

7.3 葡 萄

7.3.1 概况

葡萄是起源古老的物种之一,在数百万年前已分布北半球,由于大陆分离和冰河时期的影响,发展成很多个种。葡萄还是栽培历史最悠久的植物之一,在 5 000~7 000 年前,埃及和地中海沿岸就已开始栽培并酿制葡萄酒。

葡萄在世界果树栽培中占有重要的地位。据统计,全世界葡萄品种有 8 000 余个,目前我国葡萄品种也有千余个。世界上葡萄栽培面积最大时达到 1 070 万公顷,现在基本稳定在 800 万公顷左右,总产量在 6 600 万吨左右。葡萄是除柑橘之外的第二大栽培果树品种。全世界葡萄总产量中 80%用于酿酒,13%用以鲜食,其余 7%用于制干、制汁。自 80 年代以来,我国葡萄生产得到了长足发展,栽培面积从 1979 年的 1.92 万公顷到 2004 年跃飞到 59 万公顷,产量由 25.1 万吨提高到 530 万吨,一跃成为全国栽培最普遍的三大水果之一。

葡萄味道鲜美,营养丰富。成熟葡萄一般含有 15%~20% 的葡萄糖和果糖,0.5%~1.5%的苹果酸、酒石酸以及少量的柠檬酸、琥珀酸、没食子酸、草酸、水杨酸等,0.15%~0.9%

的蛋白质和丰富的钾、钙、钠、磷、锰等无机盐。葡萄及其产品中含有维生素 A、维生素 B(B1、B2、B6、B12)、维生素 C、维生素 P、维生素 PP(烟酸)、肌醇和多种氨基酸。适量多食葡萄或葡萄制品有益于防治贫血和肝炎、降低血脂、软化血管等。葡萄果皮所含的白芦藜醇物质,具有预防心血管疾病和抗癌特性。

葡萄用途很广,除了酿造不同类型的葡萄酒外,还大量用以鲜食,加工成葡萄干、葡萄汁、罐头等。

7.3.2 品种

我国目前关于葡萄科研、教学和生产单位保存的各类葡萄品种有 600 种以上,其中有一定栽培面积的品种仅几十个。依用途不同分鲜食和加工,依果皮颜色不同分绿色种、红色种和黑色种,还有依形成种子的能力不同分无核品种和有核品种。品种选择时要考虑生育期的温度、降水量、消费习惯及劳动力状况,采用设施栽培,将扩大品种选择的范围,降低裂果和病虫害的发生。

(1) 京亚

欧美杂交种。中国科学院北京植物园从黑奥林实生苗中选育的早熟品种,1992 年通过鉴定。全国各地均有栽培。果穗圆锥形或圆柱形,有副穗,果穗较大,平均穗质量 480 g,果粒着生较紧密,大小整齐。果粒椭圆形,果皮蓝黑色或紫黑色,平均单果质量 9.5 g,果皮厚,较韧,果肉稍软,汁多,可溶性固形物含量 15% 左右,含酸量 0.9%,风味酸甜稍偏酸,每果粒含种子 2~3 粒。7 月上中旬果实成熟,从萌芽至成熟需 120 天左右,早熟品种,抗病性强。

(2) 巨峰

欧美杂交种。日本大井上康 1937 年进行杂交选育,亲本为石原早生和森田尼(Centenial),1945 年定名。四倍体品种。1959 年引入我国,目前全国各地都有栽培。果穗大,平均质量 455 g,长 23.6 cm,宽 14.5 cm,圆锥形,果粒着生稍疏松或紧密。果粒大,平均质量 9.2 g,最大粒质量 13 g,圆形或椭圆形,果皮黑紫色,果粉厚;果皮中等厚,果肉软,黄绿色,有肉囊,味甜,有草莓香味,果皮与果肉、果肉与种子均易分离,果刷短,成熟后易落粒,果实含糖量 16% ~ 17%,含酸量 0.71%,每果粒含种子 1~2 粒。8 月上旬新梢开始成熟。该品种为早期育成的优良的四倍体大粒鲜食品种。树势强,抗病力较强,适应性强,全国各地几乎均能栽培。

(3) 高妻

欧美杂交种。为日本长野县用先锋与森田尼杂交选育而成。1992 年经日本农林水产省注册。果穗大而紧密,多为圆锥形,一般穗质量 600 g 左右。果粒特大,短椭圆形,平均粒质量 15 g 左右,疏花疏果后平均粒质量可达 18~20 g;完全成熟后果皮呈纯黑色,果粉多,果皮厚,不裂果;果肉中等软硬,含糖量 18%~21%,草莓香味浓郁,含酸量低,品质优良。在苏南地区 3 月底萌芽,5 月中旬开花,8 月下旬成熟,为中晚熟品种。二次果 9 月中旬成熟,但果粒稍小,含酸量较高。

(4) 玫瑰香

欧亚种。英国人斯诺(Snow)于 1860 年用黑汉与白玫瑰香杂交育成,现已遍布世界各国,在我国已有 100 多年的栽培历史,各地均有栽培。果粒中小,平均质量 4.5 g,椭圆形或卵圆形;果皮黑紫色或紫红色,果粉较厚,果皮中等厚、韧,易与果肉分离;果肉黄绿色,稍软,多汁,有浓郁的玫瑰香味。含糖量18%～20%,果味香甜。每果粒含种子1～3粒,以2粒者较多,种子中等大,浅褐色,喙较长,呈圆形。苏南地区4月上旬萌芽,5月中下旬开花,8月中下旬成熟,是中晚熟品种。

(5) 红地球

欧亚种。果穗长圆锥形,极大,果穗松散或较紧凑,平均穗质量600 g以上。果粒圆形或卵圆形,果粒在穗上着生紧密,果刷拉力大,不落粒,平均果粒质量12～14 g。果皮中厚,色泽鲜红或暗紫红色,果粉明显,果肉硬、脆、味甜,可溶性固形物含量17%,含酸量0.65%。在苏南地区4月上旬萌芽,5月下旬开花,9月中旬成熟,晚熟品种。

(6) 夏黑

欧美杂交种,三倍体品种。日本山梨县利用巨峰与无核白杂交选育而成,1997年注册。果穗圆锥形或有歧肩,果穗大,平均穗质量420 g,果穗大小整齐,果粒着生紧密。果粒近圆形,自然粒质量3.5 g左右,经赤霉素处理后可达7.5 g,果皮紫黑色,果实容易着色且上色一致,成熟一致。果粉厚,果皮厚而脆。果肉硬脆,无肉囊,果汁紫红色,可溶性固形物含量20%,有较浓的草莓香味,无核,品质优良。在苏南地区3月下旬萌芽,5月中旬开花,7月下旬果实成熟,从萌芽至果实成熟需110天左右,早熟无核品种。抗病性强,果实成熟后不裂果,不落粒。

(7) 贝达

又名贝特,美洲种,原产于美国,为美洲葡萄和河岸葡萄的杂交后代。目前在东北及华北北部地区作为抗寒砧木栽培。植株生长势极强,适应性强,抗病力强,特抗寒,有一定的抗湿能力,枝条扦插易生根,繁殖容易,并且与欧美种、欧亚杂交种嫁接亲和力强,是最好的抗寒砧木。生产上需注意的是,贝达作为鲜食葡萄品种的砧木时,有明显的小脚现象,而且对根癌病抗性稍弱,栽培时应予以重视。

(8) 华佳8号

由上海农业科学院园艺研究所用野生华东葡萄与佳利酿杂交育成的专用砧木品种,1999年通过鉴定,是我国自己培育的第一个砧木品种。该品种枝条生长旺盛,成枝率高,产枝量大,扦插枝条生根率中等,一年生成熟枝条扦插出苗率为60%以上。扦插苗根系发达,生长健壮,并且抗湿、耐涝能力强,嫁接苗有明显的乔化现象,并且嫁接苗进入结果期早,易于获得丰产,是适于南方地区应用的乔化性砧木。它既适宜嫁接巨峰系品种,也适合于嫁接生长势较弱的品种。与巨峰系品种嫁接时成活率高,无明显大小脚现象。

7.3.3 生物学特性

1. 生长习性

(1) 根

葡萄的根系,是由多年生的骨干根和当年生的幼根组成。各级侧根上长有乳白色的幼根,先端长有无数根毛。主根的各级侧根的主要功能是输导养分、水分,贮藏有机营养和固定树体;而幼根主要吸收矿质营养、水分和合成有机化合物。葡萄的根系在适宜的环境条件下能全年生长,而6月和9月是根系生长的两个高峰期。

(2) 茎

葡萄的茎细长,较柔软而有韧性,通常称为枝蔓。一般分为主干、主蔓、侧蔓、结果母蔓、一年生蔓、新梢和副梢等。一年生蔓上的饱满芽能在下年萌发并开花结果的叫结果母蔓。带有叶片的当年生枝称为新梢,带有果穗的新梢叫结果枝,没有果穗的新梢为发育枝。两年生以上的枝蔓包括主干、主蔓、侧蔓等,一般都失去了结果能力,只能起到组成树体、结构和输导贮存养分和水分的作用。

(3) 芽

葡萄的芽为混合芽,分为冬芽、夏芽和潜伏芽。冬芽由一个主芽和多个副芽组成,第二年春冬芽先萌发为新梢,如带花序就是花芽,不带花序的为叶芽。葡萄芽具有早熟性,因而能在一年内多次形成并多次结果。葡萄芽形成时,由于不同的外界条件和各种不同的生物学特性,使各节位处的芽质不同,了解这一特性,有助于在冬剪时决定选留结果母蔓的长度。

(4) 叶

葡萄叶由叶片、叶柄和托叶组成。形如掌状,通常有3~5个裂片,裂片之间缺口称为裂刻。叶片自展叶到叶片停止增大为止所需的天数,主梢叶片为22~31天,副梢为18~20天。叶片有两个生长高峰期,第一个生长高峰在展叶后4~6天,第二个生长高峰在10~12天。当秋天气温降到10 ℃时,叶柄产生离层,叶片开始脱落。

2. 结果习性

(1) 花序和花

葡萄的花序由花穗梗、穗轴、花梗和花蕾组成。花序一般分布在结果新梢的4~7节上。花序以中部的花蕊成熟得早,基部次之,穗尖最晚。葡萄的花器由花冠、雄蕊、雌蕊、花萼、花托、蜜腺和花梗7部分组成。葡萄的整个花芽分化过程,一般从头年5~6月份开始,首先分化为花序原基,此后花序原基在当年只进行缓慢的分化,进入冬季休眠期,花芽分化基本停止,第二年继续分化。雌蕊由子房、花柱和柱头3个部分组成;雄蕊包含花丝和花药两部分,花药里含有大量花粉,开花期间花粉散落在柱头上,产生花粉管,并进入柱头,受精后形成果实和种子。

(2) 果实和种子

葡萄花经过授粉受精后发育成果粒。若干果粒组成果穗,一般正常发育的花序具有200~2 000个花蕾,其中部分花蕾,由于授粉受精不良,谢花后3~4天内脱落,形成葡萄的第一次落果。当幼果发育到高粱粒至黄豆粒大时,又会因水分和养分的矛盾形成第二次落果。葡萄的种子具有坚实而厚的种皮,上被蜡质。同一品种果粒内种子多的较种子少的果粒大。有些品种不受精也能发育成为浆果,这种现象称为"单性结实"。有的种子受精后不发育而果实仍发育正常。这种现象称为"种子败育",如无核品种。

3. 对环境条件的要求

(1) 温度

葡萄的生物学零度为10 ℃,10 ℃以上的温度称为有效温度。葡萄不同成熟期的品种需要有效积温在2 100 ℃~3 500 ℃。

气温在22 ℃~30 ℃时葡萄光合作用最强,大于35 ℃则同化效率急剧下降,大于40 ℃

则易发生日灼病。但在新疆吐鲁番盆地,极端最高达45.4 ℃ ~47.6 ℃,葡萄也能正常生长。

欧洲葡萄品种对低温抗性不如欧美杂种品种。欧洲种葡萄在通过正常的成熟和锻炼过程之后,其芽眼可以忍受 -18 ℃ ~ -16 ℃低温,美洲种可忍受 -22 ℃ ~ -20 ℃低温。春季,嫩梢和叶片在 -1 ℃时即开始受冻,0 ℃时花序受冻;秋季,叶片和浆果在 -5 ℃ ~ -3 ℃时受冻。葡萄根系抗寒力弱,欧洲种根系 -7 ℃ ~ -5 ℃时受冻,美洲种能忍 -12 ℃ ~ -11 ℃低温,山葡萄的根系最抗寒,可抗 -16 ℃ ~ -14 ℃的低温。

(2) 光照

葡萄是喜光植物,对太阳辐射中的光合有效辐射为380 ~710 nm,吸收利用系数为0.2% ~2.0%,叶片的光饱和点为30 000 ~50 000 勒克斯,补偿点为1 000 ~2 000 勒克斯。葡萄是长日照植物,当日照长时,新梢才会正常生长,日照缩短,则生长缓慢,成熟速度加快。

(3) 降雨量

葡萄是比较耐旱的果树,有些品种也能忍受较高的湿度。年降水量在600 ~800 mm是较适合葡萄生长发育的。生育期间雨水少,将降低病虫害的发生,成熟期雨水少、多日照,则品质好。

(4) 土质

葡萄对土壤的适应性强,从黏土到沙土,从酸性到碱性,几乎所有的土壤都能适应。但葡萄在不同类型土壤上的表现是有差异的,如平川地的土壤,土层厚,有机质丰富,土壤肥沃,葡萄长势强,粒大穗大,产量高,但浆果品质较差;而黄土丘陵处,土层深厚,保水、保肥力强,可以进行旱作并能获得优质高产。在含盐量不超过0.2%、pH在9以下的盐碱地,也可栽植葡萄。总之,葡萄对土壤的要求不严,但山地优于平地,沙土优于黏土。

7.3.4 栽培技术

1. 建园

葡萄园的建立,要根据土层、土质、地形和地势4个方面来选择园地。

以土层深厚的沙土或沙壤土和带有大量粗沙和石砾的山根土建园为好。地形要求整齐,以便于支架和管理,不太整齐的小块土地可根据情况进行单株或小架栽植。葡萄喜光,坡向以南坡为好,东南坡和西南坡次之。山坡地光照充足,空气流通,昼夜温差大,可以生产优质葡萄。

2. 整形修剪

葡萄是蔓性植物,无一定树形,在栽培上应根据品种特性、架式、环境条件等,从苗木开始培养适应的树形,合理配置主、侧蔓,形成牢固的树体骨架,这个过程称为整形或整枝。目前生产上应用的主要整形方式有:篱架整形、棚架整形、篱棚架整形和双十字"V"形架整形等。

葡萄修剪即葡萄枝蔓管理,一般分为夏季修剪和冬季修剪,两者有互补关系。其目的是在整形的基础上调整生长和结果的关系,促进葡萄丰产、稳产。

(1) 栽培架式和特点

① 篱架

架面与地面垂直或略有倾斜,沿行向每隔5 ~6 m的距离埋设水泥立柱,立柱上拉3 ~4

道铅丝,枝蔓引缚在铅丝上,形状似篱笆或篱壁,故称为篱架。根据篱架的结构不同又分为单篱架、双篱架和宽顶篱架 3 种。

特点：管理较为方便,适合密植、早期高产而且更新容易。但植株近地面部分容易郁闭,湿度较大,枝蔓和果实易染病害。

② 双十字"V"形架

由架柱、2 根横梁和 6 道铅丝组成(图 7-1)。

特点：夏季护理叶幕呈 V 形,葡萄生长期形成三层：下部为通风带,中部为结果带,中上部为光合带。蔓叶生长规范;增加光合面积 10%～20%,提高叶幕光照度;提高叶幕光合速率 70%～74%;提高萌芽率、萌芽整齐度和新梢生长均衡度;避免和减轻日灼;提高通风透光度,减轻病害和大风危害;能计划定梢、定穗、控产,实行规范化栽培,提高果品质量;省工、省力、省农药、省架材。

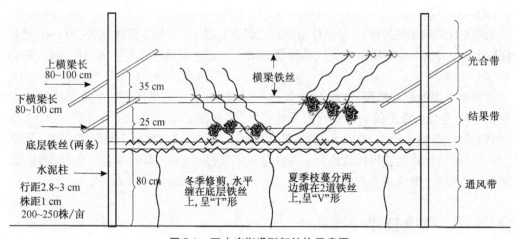

图 7-1 双十字"V"形架结构示意图

③ 高宽垂"T"形架

此架式由架柱、1 道横梁和 8 条铅丝组成(图 7-2)。

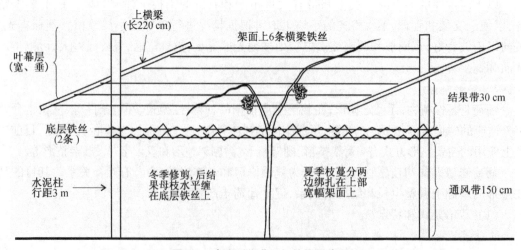

图 7-2 高宽垂"T"形架结构示意图

特点：结果部位高(1.5 m)，叶幕宽水平2 m多，中后期发出新梢下垂；枝蔓两边均衡分布，提高叶幕层光照度，提高光合速率；枝蔓在架面上水平生长，减弱生长势，有利于花芽分化，适宜树势强旺的品种；能提高萌芽率、萌芽整齐度和新梢生长均衡度。部位提高，减轻病害，避免、减轻日灼；能计划定梢、定穗、控产，实行规范化栽培，提高果品质量。

④ 水平棚架

立柱高2 m，行距5~6 m，每行一排水泥柱(或竹、木、石柱)，柱距4~5 m，柱长2.5 m，埋入土中0.5 m，进行避雨或促成栽培柱2.6 m，埋入土中0.6 m。行间立柱对齐，纵横距离一致，柱顶成一个，每行两头的边柱须向外倾斜30°左右，并牵引锚石，架面铅丝喷交叉，铅丝间距离0.5~0.6 m。

特点：光合效率高，有利于规范化作业和管理。

(2) 冬季修剪

葡萄冬季修剪，一般在秋季落叶后一月左右到翌年萌发前20天左右进行。过早、过晚修剪都会损失养分，造成大量伤流，引起株体生长衰弱。根据树势强弱和结果母枝的长短，葡萄冬季修剪原则是：强蔓长留，弱蔓短留；上部长留，下部短留。大体可分为三种方法：

① 长蔓修剪

长蔓修剪一般多采用双蔓更新的方法。在结果母蔓下选留一条蔓作为更新母枝，更新母枝保留2~3个壮芽，结果母蔓保留6~12芽，当年能开花结果，更新母蔓上抽出的2个新梢(若抽出3个应除掉一个)，如上面着生有花序要摘除，以减少养分消耗，促使枝条组织充实。到下一年冬剪时，将当年的结果母蔓全部剪除，更新母蔓上部的新梢仍然保留6~12个芽，作为结果母蔓，下部的新梢再保留2~3个芽，作为更新母蔓。选留更新母蔓时，要注意尽量选距离主干近一些，以控制结果部位逐年上升的速度。

② 短蔓修剪

先培养一个1 m左右的蔓，让主蔓上抽出多条结果主蔓，冬季修剪时，将各结果母蔓均留2~3个芽。待春季抽条后，选上部一个枝条作为结果枝，下部一枝条作更新枝，不让其结果。到冬季修剪时，再将结果枝全部剪除，更新枝留2~3个芽。

③ 中蔓修剪

中蔓修剪和更新方法基本上和短蔓修剪相同，不同之处是结果母枝保留芽数较多，一般留4~5个芽。此外，修剪时要剪除密集枝、纤弱枝、病虫害枝和干枯枝。

(3) 夏季修剪

① 抹芽

为了最经济、最有效地利用养分，使新梢疏密均匀，将过多不必要的嫩梢尽早抹除。

② 绑梢和去卷须

当新梢长至25~30 cm时，应及时绑梢，采用"∞"字绑法可防止新梢被磨擦受伤。在绑梢同时摘除卷须，以养活养分消耗。

③ 新梢的摘心和副梢的处理

新梢摘心，可抑制枝蔓徒长。对摘心后发生的大量副梢，应加以抑制。果穗以下的副梢可以从基部除去，果穗以上的副梢留2叶摘心，主梢顶端的副梢留几片叶子，对结果枝摘心，可限制营养生长，促进花序营养积累，提高坐果率。一般可在开花前一周，在最上部果穗上留 5~9 片叶摘心为宜。

④ 花序、果穗的修整

一个结果枝上常有 1~3 个花序,以留一个发育良好的花序为宜。然后对花序进行适当地修整。对坐果率低、果穗疏散的品种如玫瑰香、巨峰等应在开花前 2~3 天剪去副穗和掐去穗尖一部分,以提高坐果率;坐果率高的白马拉加、意大利等品种,往往果粒拥挤,造成裂果和果粒成熟不一致。对这些品种应该在花后 10~20 天用尖头小剪子进行疏粒,以增大果粒、提高品质。在日本,对巨峰葡萄进行疏穗疏粒,每个果穗一般留 35 粒左右,果粒重量可达 15~18 g。

3. 肥水管理

葡萄是多年生植物,每年生长、结实需要从土壤中吸收大量的营养物质。为使树势保持健壮生长和不断提高产品的产量、品质,必须注意合理施肥。根据我国一些葡萄丰产园的测定,每增产 50 kg 浆果,需施氮 0.25~0.75 kg、磷 0.2~0.75 kg、钾 0.13~0.63 kg。各地可因地制宜,通过生产实践和科学实验来制造适宜的施肥量。

按施肥时期可分为基肥和追肥。基肥宜在果实采收后至新梢充分成熟的 9 月底 10 月初进行。基肥以迟效肥料如腐熟的人粪尿或厩肥、禽粪、绿肥与磷肥(过磷酸钙)混合施用。追肥一般在花前十余天追施速效性氮肥如腐熟的人粪尿、饼肥等,7 月初追施以钾肥为主,如草木灰、鸡粪等。施肥方法可在距植株约 1 m 处挖环状沟施入,基肥深度约 40 cm,追肥宜浅些,以免伤根过多。施肥后需浇水。

葡萄根外追肥,对提高产量和质量有显著效果,而且方法简便。花前、幼果期和浆果成熟期喷 1%~3% 的过磷酸钙溶液,有增加产量和提高品质之效;花前喷 0.05%~0.1% 的硼酸溶液,能提高坐果率;坐果期与果实生长期喷 0.02% 的钾盐溶液,或 3% 草木灰浸出液(喷施前一天浸泡),能提高浆果含糖量和产量。根外喷施肥料,如遇干旱,要适当降低浓度,以免发生烧叶;在没有施用过的地区,宜先少量试用,取得经验再逐步推广。

葡萄比较耐旱,但如能适期灌溉,产量可显著增加。树液流动至开花前,要注意保持土壤湿润,此时如能结合追肥进行灌溉,便可为开花坐果创造良好的肥水条件。但开花期水分过多,会引起大量落花落果,除非土壤过于干燥,否则花期不宜浇水。坐果后至果实着色前,正值高温,叶面蒸腾量大,需要大量水分,可根据天气每隔 7~10 天浇一次水。果粒着色,开始变软后,除特别干旱年份,水分过多,果实含糖量降低且不耐贮藏、容易裂果。休眠期间,土壤过干不利越冬,过湿易造成芽眼霉烂,一般在采收后结合秋季施肥灌一次透水,在北方产区还要在防寒前灌一次封冻水,这是葡萄防寒的重要措施。

4. 采收与贮藏

鲜食葡萄必须适时采收,才能保证质量。采收期偏早,糖度低,酸度高,着色不良,香气淡,风味差,但充分成熟了的果实,若迟迟不收,便有裂果脱粒的危险,而且影响树势恢复。采收葡萄的时间最好在早晨露水干后和下午日落之后,此时果汁内温度降低,不但香气浓,而且比较耐贮藏。

一般成熟度越高的葡萄越耐贮藏,因此,可在树上留一小部分果穗延期采收。采下的果穗在穗轴的剪口上封蜡,减少水分蒸发,剔去破粒、小果和病粒然后放在阴凉处 1~2 天进行预冷散热,以备贮藏。将缸洗净擦干,内铺纸三层,放葡萄,上放井字木格,再放一层葡萄,再放一井字木格、一层葡萄,直至装满,缸口盖纸。将缸称至阴凉屋内,天气渐冷后,缸口加盖,盖上覆草,缸四周用草围住,使屋内温度保持0℃~2℃。贮藏至翌年2~3月,果实仍新鲜如初。

5. 主要病虫害及其防治

(1) 葡萄主要病害及防治

葡萄黑痘病:主要危害葡萄绿色的幼嫩部分,嫩梢、叶柄、卷须受害时有暗色长圆形病斑,严重时病斑相连而干枯。果实着色后不再被害。本病常发生在高温高湿环境,南方多雨地方易发此病。防治方法:及时剪除病枝、病叶,病果深埋,冬季修剪时剪除病枝烧毁或深埋,减少病源;萌芽前芽膨大时喷5度石硫合剂;生长期间(开花前和开花后各一次)喷波尔多液,按硫酸铜500 g、生石灰250 g、水80~100 kg比例配成。

葡萄霜霉病:危害叶片为主,以病部表面均匀长出灰白色与霜一样的霉层为主要特征。多雨、多雾、多露天气最适发病。防治方法:雨季防治,从7月份起喷200倍波尔多液2~3次。

葡萄炭疽病:危害果实为主,一般在7月中旬果实含糖量上升至果实成熟是病害发生和流行盛期。防治方法:及时剪除病枝,消灭病源;6月中旬以后每隔半月喷一次600~800倍退菌特液。

葡萄白粉病:危害葡萄所有绿色部分,如果实、叶片、新梢等,发病部位表面形成灰白色粉层。高温闷热天气容易发病,管理粗放、架面郁闭亦能促进病毒发展。防治方法:加强管理,保持架面通风透光;浇毁剪下的病枝和病叶;萌芽前喷5度石硫合剂,5月中旬喷一次0.2~0.3度石硫合剂。

葡萄水罐子病:又名葡萄水红粒,是一种生理病害,由结果过多,营养不足所致。此病常在果穗尖端部发生,感病较轻时病果含糖量低,酸度高,果肉组织变软;严重时果色变淡,甜、香味全无,果肉成水状,继如皱缩。防治方法:通过适当留枝、疏穗或掐穗尖调节结果量;加强施肥,增加树体营养,适当施钾肥,可减少本病发生。

(2) 葡萄主要虫害及防治

葡萄二星叶蝉:又名葡萄二点浮尘子,头顶上有两个明显的圆形黑斑,成虫体长3.5 mm,全身淡黄白色,幼虫体长约2 mm。整个葡萄生长期均能危害,被害叶片出现许多小白点,严重时叶色苍白,致使叶片早落。喷50%敌敌畏或90%敌百虫或40%乐果800~1 000倍液有效。

葡萄红蜘蛛:冬季剥去枝上老皮并将其烧毁,以消灭越冬成虫;喷石硫合剂,萌芽时3度,生长季节喷0.2~0.3度即可。

坚蚧:又名坚介壳虫,可喷50%敌敌畏1 000倍液防治。

波尔多液、石硫合剂是葡萄防治病虫害常用药物,但两者不能混合使用,喷石硫合剂后须间隔10~15天后再喷波尔多液,而喷波尔多液后再喷石硫合剂,其中须间隔30天。

7.4 柑 橘

7.4.1 概述

柑橘原产于我国,是橘、柑、橙、金柑、柚、枳等的总称。2003年世界柑橘栽培面积738.4万公顷,其中我国栽培面积141万公顷,为世界之最。目前我国柑橘产量的比例大约为:宽皮柑橘约占65%(其中温州蜜柑占50%以上,其他宽皮柑橘不到15%),甜橙占25%,其他的橘类约占10%。从成熟期而言,早熟(包括极早熟)、中熟、晚熟(包括极晚熟)的比例约为1:8:1。从地域分布来看,依种植面积由多至少排序为:浙江、福建、四川、湖南、广西、广东、湖北、重庆、台湾、江西、上海、贵州、云南、江苏、陕西。

柑橘的果实汁多味美,风味可口,含有丰富的糖分、有机酸、矿物质和维生素等成分,营养价值很高。柑橘还是医药、食品工业的重要原料。果肉除鲜食外,可加工成罐头、果汁、果酱等;果皮可提取橙皮苷,提炼香精和果胶。

柑橘种植后第三年即可投产,是一种早结果的果树;同时,柑橘也是一种产量高的果树,一般亩产2 000~3 000 kg,高产的可达到5 000 kg以上,其经济效益十分显著。

7.4.2 品种

作为栽培和砧木用的,具有较高经济价值的主要有三个属:枳属、金柑属和柑橘属。柑橘属种类繁多,品种品系复杂,世界各国分类方法有所不同。按我国习惯,把柑橘属植物分为六大类,即大翼橙类、宜昌橙类、枸橼类、柚类、橙类和宽皮柑橘类,每类又分若干个种,每个种下又分若干品种群或品种。

柑橘与落叶果树相比要有较高的温度条件。温州蜜柑比较耐低温,在年平均气温15 ℃,冬季最低气温不低于-5 ℃的条件下就能生长结果。江苏省是柑橘栽培的次适宜地区,因此在品种选择时除考虑消费习惯、品种的成熟期、贮藏性外,还需考虑当地的气象、土壤条件,宜选择一些抗寒性强的宽皮柑橘类种植。

(1) 宫本

树势中等偏弱,早结丰产。果实中等大,扁平。单果质量105 g,果形指数0.67~0.71。皮薄光滑色艳,果肉细嫩化渣,酸甜适中,综合品质性状好。含可溶性固形物9.1%~11.0%,酸0.61%~0.90%,可食率80.24%~84.33%。在江苏9月末至10月上旬上市。

(2) 日南1号

兴津早生温州蜜柑芽变。树势强,枝叶不太密生,节间长,叶大。树姿似普通温州蜜柑,可作高接中间砧利用。丰产性好,有叶结果枝花多,新梢抽发比例合理,隔年结果不明显。平均单果质量120 g左右,果面光滑,完全着色时果皮色浓。果汁糖度为10度,柠檬酸1%

左右。比宫本早生成熟早,酸降到1%以下后,减酸变缓,完全成熟时浮皮也少,果实囊壁薄,风味好,此刻如继续留在树上,糖度几乎不变。

(3) 宫川

树势中等,树姿开张,大枝弯曲延伸,丛生枝多;叶较小,椭圆形,先端钝尖,基部楔形,叶色淡,质中厚;果实大,平均单果质量150 g左右,大小不整齐,扁圆形或倒圆锥形,果色橙黄至橙色,果汁含酸0.6~0.7 g/100 mL,可溶性固形物11%左右,甜酸适度,风味浓,囊壁薄,细嫩化渣,品质优良。10月下旬成熟。

(4) 兴津

树势强,生长旺盛,是早熟温州蜜柑中树势最强的品系,发枝力强,分布均匀,较直立,丛生枝少。果实中大,单果质量120~140 g,扁圆形或倒圆锥形。果面深橙黄色,鲜艳,富光泽。风味浓,可溶性固形物含量10.4%~11%,囊衣薄,微具香气,细嫩化渣,品质优良,成熟期10月中下旬。全国区域化表现一致,是值得推广的优良品系。

(5) 南香

日本以三保早生温州蜜柑与克里迈丁红橘杂交育成。树势中等,直立,结果后开张。枝叶密生,春梢短且硬,大多数枝上都有刺,随着树龄的增长而退化至无。叶色较浅,冬季较易落叶。果实扁圆形,平均单果质量130 g左右,果皮浓红橙色,并与果肉密生,剥皮较温州蜜柑稍难,不浮皮。果肉浓橙色,囊壁薄,能与果肉一并食下,汁胞短,肉质略粗,糖度相当高,12月上旬就达13~14度,着色较温州蜜柑早,但减酸迟,成熟不育,单性结实强,无核。

(6) 天草

树势中等。树冠扩大较缓,幼树稍直立,进入结果后开张。单性结果强,一般无核;如与其他品种混栽,也有10粒以上的种子。果实扁球形,果皮淡橙色,平均单果质量200 g左右,大小整齐,果皮较薄,剥皮稍难,果肉橙色,柔软多汁,无苦味,品质优,风味好。成熟期果汁糖度11~12度,酸为1%左右,成熟期11月下旬至翌年1月下旬。

(7) 华盛顿脐橙

树势强,树冠扁圆形或圆头形,开张。果实较大,果皮厚薄不均,近顶部薄,近蒂部则厚,较易剥皮分瓣;肉质脆嫩多汁,化渣,风味酸甜适口,富芳香。品质上等。可溶性固形物10.6%~13%,无核。11月下旬至12月成熟,较耐贮藏。

(8) 朋娜脐橙

树势较强,树冠中等大小。果实较大,短椭圆形或倒锥状圆球形,单果质量180~356 g;果皮橙色,较光滑,皮较薄,开脐或闭脐;肉质脆嫩,较化渣、多汁,风味酸甜略酸;可溶性固形物10.0%~11.4%,品质中等。11月中下旬采收,较耐贮藏。

(9) 白柳脐橙

树势强,枝粗叶茂。果实圆球形,较大,单果质量250~280 g,果面深橙色,中等粗细,肉质脆嫩化渣。品质上等。11月下旬成熟,丰产。可溶性固形物12.0%。

(10) 沙田柚

原产广西。树势强,树形高大,树冠塔形,枝条较直立。果实梨形或葫芦形,单果质量600~1 200 g,可溶性固形物10%~15%,单果种子数50~100粒。品质上等。果实11月中下旬成熟,耐贮。

(11) HB 柚

树体开张,丰产性好,以内膛结果为主。果实扁平,属文旦类型。单性结实能力强,果实水分多,耐储藏,果实大小 1 000 g 左右。成熟期为 10 月下旬至次年 3 月上旬,该品种可以留树保鲜,不出现粒化和枯水。

7.4.3 生长结果习性

1. 生长习性

(1) 根

根系的水平分布比树冠大,但吸收根主要是分布在树冠的周围。柑橘根系在一年中的生长,并没有明显的停止生长期,只要条件适宜,全年均可生长。通常,一年内有三次生长高峰,并与枝梢交错生长。据观察,第一次生长高峰出现在春梢停梢后、夏梢抽梢前,这是全年发根量最多的一次,第二次生长高峰常在夏梢抽生后,发根量较少。第三次在秋梢停梢后,出现细根生长高峰,根量也较多。

(2) 枝梢

柑橘枝梢一年可抽生 3~4 次,有春梢、夏梢、秋梢、冬梢的区别。春梢在 3~4 月份抽生,数量多而整齐,长短适中,一般 10~20 cm,节间短,组织充实,枝体圆形,叶片较小而狭长,先端较尖,叶色较浓绿。生长充实的春梢,一般能成为次年优良的结果母枝。夏梢在 6~7 月份陆续抽生,不整齐,生长量大,一般长 30~60 cm,枝条粗,节间长,横断面为三角形,有时有枝刺,叶片宽大,呈椭圆形,先端圆钝,叶缘有波状锯齿。幼树夏梢较多,可培养成良好的骨干枝,用以扩大树冠。成年树夏梢的抽生与果实生长有一定的矛盾,由于果实的生长而使夏梢受到抑制,故一般抽生数量较少。若大量抽生,则常与果实争夺肥水,加重了"六月落果"。浙江黄岩的"本地早"表现极为明显。如能对夏梢进行摘心,或在秋季气温较低、秋梢发育不良的地区,夏梢也能成为次年的结果母枝。早秋梢在 8~9 月间抽生,数量较多,仅次于春梢。秋梢一般长 20~40 cm,稍粗壮,叶片较春梢大,一般可以成为次年的结果母枝。

2. 结果习性

柑橘的花芽为混合芽,一般在果实采收后至次春萌芽前进行分化。金柑类一年多次抽梢开花,每次枝梢停长后都有一次分化。混合芽着生在结果母枝先端附近数节处。

结果母枝可由春梢、秋梢或夏梢转变而来。由于种类、品种、树龄和栽培环境、营养状况不同,形成结果母枝的各次枝梢的比例也不一样。一般冬季温暖、生长旺盛、营养条件较好的幼龄树结果母枝以夏、秋梢较多;而冬季较冷、长势弱、营养条件差的老龄结果树则以春梢结果母枝为主。甜橙、宽皮柑橘类的结果母枝,一般长 5~30 cm。通常结果母枝以树势中庸、节间短、粗壮、叶片健全、整齐、叶厚色浓、组织充实的为最好。结果枝通常分有叶结果枝(正常结果枝)和无叶结果枝两种。有时结果枝多抽生在强壮的结果母枝顶部,长 1~10 cm,有一至数枚正常叶片,其花着生在顶端及叶腋间。无叶结果枝多抽生在较瘦弱的结果母枝上,枝条短缩,无叶片,有叶痕,极易与花梗混淆。有叶结果枝的坐果率比无叶结果枝高。通常结果枝的先端抽生有叶结果枝,而下部抽生短小的无叶结果枝。两种结果枝的比例,因种类、品种、树龄、树势而有所不同,一般甜橙和柚类的幼树、健壮树有叶结果枝较多,温州蜜柑等宽皮柑橘类和金柑类的老树和弱树,则无叶结果枝较多。营养充足健壮的有叶结果枝,当年结果后仍有可能成为次年的结果母枝,无叶结果枝结果后,次年常常枯死或抽生短弱春梢,无继续利用价值。结果枝根据花序的情况,又可分单花枝和花序状枝两种。甜橙、柚类等,两者兼有,橘类只有单花枝。

柑橘的花通常为完全花,自花结实率高,但沙田柚较低,异花授粉可提高产量。多数品种需经授粉受精后才能结果。但也有些品种,如温州蜜柑、华盛顿脐橙、南丰蜜橘等,不经受精,果实也能发育成无核果,这种现象称为单性结实。

柑橘果实在发育过程中有两次比较明显的落花落果高峰,第一次在花谢后几天至两周以内,连同果梗一起脱落,俗称"落花"。主要原因是由于受精不良,缺乏花粉传递的生长激素所致。第二次是在花谢后一个月,时间在6月份,又称"六月落果"。其主要原因是养分不足、内源激素缺乏或不平衡所致;水分过多或干旱也能引起六月落果。这次落果对产量影响很大。此外,晚生橙类在果实采收前,还有一次落果高峰,这次落果称为采前落果。其主要原因除生理和遗传方面外,还有病虫害、低温、干旱、大风等的危害,严重时损失也很大。

3. 对环境条件的要求

柑橘性喜温暖,要求年平均气温在15 ℃~16 ℃以上,最低月平均温度在5 ℃以上,冬季绝对低温不低于−5 ℃。在北缘橘区,限制柑橘扩大栽培的主要因素即是冬季的低温(一般可达−10 ℃~−7 ℃),以及低温出现的时期和持续时间的长短。

生长期间,柑橘要求比较湿润的气候条件,年降水量以1 000~1 500 mm为宜。夏秋干旱,常易造成卷叶落叶,影响果实发育,甚至引起落果。干旱情况下发育的果实,果皮粗糙,囊瓣壁厚,汁液少,风味较差。但降雨过多,易影响授粉,并降低光照强度,会加剧生理落果。柑橘生长的理想空气湿度,以相对湿度75%左右为宜。

柑橘比一般落叶果树耐阴,生长期间有较多的散射光就能满足需要。但品种之间有差异。温州蜜柑比一般柑橘品种喜光,光照不足时,常在树冠外围结果。果实成熟阶段要求充足光照,这样可使着色鲜艳,含糖量高和风味浓郁。

柑橘对土壤的适应性较广,适宜酸碱度的范围pH为5.5~7.5。枳壳砧木耐酸,枸头橙(酸橙的一种)砧木耐微碱性土壤。以有机质含量高,保水、保肥能力强的土壤最为适宜。

7.4.5 栽培技术

1. 栽植

一般在春、秋季栽植,株行距2 m×3 m或3 m×4 m。定植穴深宽各1 m,混填入土杂肥100~150 kg,腐熟猪牛粪25~50 kg或菜饼2~5 kg,过磷酸钙2 kg。定植时,砧木应高出地面5~10 cm,浇透定根水,以后随时灌水,确保成活。苗木成活1个月后,方可勤施薄施清粪水加少量尿素。

2. 土肥水管理

（1）土壤管理

深翻扩穴，熟化土壤： 深翻扩穴一般在秋梢停长后进行，从树冠外围滴水线处开始，逐年向外扩展 4~5 cm。回填时混以绿肥、秸秆或经腐熟的人畜粪尿、堆肥、厩肥、饼肥等，表土放在底层，心土放在表层，然后对穴内灌足水分。

间作或生草： 柑橘园宜实行生草制，种植的间作物或草类应是与柑橘无共生性病虫、浅根、矮秆，以豆科植物和禾本科牧草为宜，适时刈割翻埋于土壤中或覆盖于树盘。

覆盖与培土： 高温或干旱季节，建议树盘内用秸秆等覆盖，厚度 10~15 cm，覆盖物应与根颈保持 10 cm 左右的距离。培土在冬季中耕松土后进行。可培入塘泥、河泥、沙土或柑橘园附近的肥沃土壤，厚度 8~10 cm。

中耕： 可在夏、秋季和采果后进行，每年中耕 3~4 次，保持土壤疏松无杂草。中耕深度 8~15cm，坡地宜深些，平地宜浅些。雨季不宜中耕。

（2）施肥

幼树施肥： 勤施薄施，以氮肥为主，配合施用磷、钾肥。在春、夏、秋梢抽生期施肥 4~5 次，顶芽自剪至新梢转绿前增加根外追肥。有冻害的地区，8 月以后应停止施用速效氮肥。1~3 年生幼树单株年施纯氮 100~400 g，氮、磷、钾比例以 1:(0.25~0.3):0.5 为宜。施肥量应由少到多逐年增加。

结果树施肥量： 柑橘需肥量较多，盛果期大树每年应施肥 3~4 次。一次是采后肥，作为基肥在 10~11 月间施入。采收较晚的中熟品种，可在采果前一周施用。作用是恢复树势，增加树体贮藏营养，提高植株抗寒能力和促进花芽分化。施肥量占全年用肥的 40%~50%，以猪羊圈粪、饼肥及人粪等有机肥料为主，也可适当配合速效化肥。一次是催芽肥，在春季天气转暖、柑橘萌芽前 1~2 周施入，促使春梢抽发整齐，生长健壮，延迟老叶脱落，提高坐果率。这次追肥以速效氮肥为主，配合磷钾肥，掌握弱树多施、强树少施。再一次是壮果肥，在生理落果停止后的 7 月份施入。幼树可结合放梢肥及灌水一起施用。施肥期不宜过迟，否则容易促发晚秋梢。肥料种类氮磷钾三要素相配合。此后，即要控制肥水，以提高树体的抗寒越冬能力。

（3）水分管理

灌溉： 要求灌溉水无污染。柑橘树在春梢萌动及开花期 3~5 月和果实膨大期 7~10 月对水分敏感。此期若发生干旱应及时灌溉。

排水： 及时清淤，疏通排灌系统。多雨季节或果园积水时通过沟渠及时排水。果实采收前多雨的地区还可通过地膜覆盖园区土壤，降低土壤含水量，提高果实品质。

3. 整形修剪

（1）适宜树形

自然开心形： 干高 20~40 cm，主枝 3~4 个在主干上的分布错落有致。主枝分枝角 30~50 度，各主枝上配置侧枝 2~3 个，一般在第三主枝形成后，即将类中央干剪除或扭向一边作结果枝组。自然开心形适宜于温州蜜柑等。

多主枝放射形： 干高 20~30 cm，无类中央干。在主干上直接配置主枝 4~6 个，对主枝摘心或短截后，大多发生双叉分枝成为次级主枝（副主枝）。对各级骨干枝均采用短截、摘心、拉枝等方法,使树冠呈现放射状向外延伸。多主枝放射形适宜于丛生性较强的柑等。

(2) 修剪要点

幼树期:以轻剪为主。选定类中央干延长枝和各主枝、副主枝延长后,对其进行中度至重度短截,并以短截程度和剪口芽方向调节各主枝之间生长势的平衡。轻剪其余枝梢,避免过多地疏剪和重短截。除对过密枝群作适当疏删外,内膛枝和树冠中下部较弱的枝梢一般均应保留。

初结果期:继续选择和短截处理各级骨干枝延长枝,抹除夏梢,促发健壮秋梢。对过长的营养枝留 8~10 片叶及时摘心,回缩或短截结果后枝组。抽生较多夏、秋梢营养枝时,可采用三三制处理,即短截三分之一长势较强的,疏去三分之一衰弱的,保留三分之一长势中庸的。秋季对旺长树采用环割、断根、控水等促花措施。

盛果期:及时回缩结果枝组、落花落果枝组和衰退枝组。剪除枯枝、病虫枝。对较拥挤的骨干枝适当疏剪开出"天窗",将光线引入内膛。对当年抽生的夏、秋梢营养枝,通过短截其中部分枝梢或三三制处理调节翌年产量,防止大小年结果。花量较大时适量疏花或疏果,对无叶枝组,在重疏删基础上,对大部分或全部枝梢短截处理。

衰老更新期:应减少花量,甚至舍弃全部产量恢复树势。在回缩衰弱枝组的基础上,疏删密弱枝群,短截所有夏、秋梢营养枝和有叶结果枝。极衰弱植株在萌芽前对侧枝或主枝进行回缩处理。对衰老枝经更新修剪后促发的夏、秋梢应进行短强、留中、去弱的三三制处理。

4. 花果管理

控花:冬季修剪以短截、回缩为主;进行花前复剪,强枝适当多留花,弱枝少留或不留。有叶单花多留,无叶花少留或不留;抹除畸形花、病虫花等。

人工疏果:分两次进行。第一次在第一次生理落果后,只疏除小果、病虫果、畸形果、密弱果;第二次在生理落果结束后,根据叶果比进行。适宜叶果比为:脐橙(50~60):1,普通甜橙(40~50):1,早熟温州蜜柑(30~35):1,中晚熟温州蜜柑(20~25):1,柑(60~70):1,柚(200~300):1。弱树叶果比适度加大。

5. 病虫害防治

农业防治:种植防护林;选用抗病品种、砧木;园内间作和生草栽培;实施翻土、修剪、清洁果园、排水、控梢等农业措施,减少病虫源,加强栽培管理,增强树势,提高树体自身抗病虫能力;提高采果质量,减少果实伤口,降低果实腐烂率。

物理防治:可用黑光灯引诱或驱避吸果夜蛾、金龟子、卷叶蛾。

化学防治:大实蝇、拟小黄卷叶蛾等害虫对糖、酒、醋液有趋性,可利用其特性,在糖、酒、醋液中加入农药诱杀。

生物防治:改善果园生态环境,人工引移、繁殖释放天敌,如用尼氏矢尖蚧、用松毛虫赤眼蜂防治卷叶蛾等。

6. 果实采收

鲜销果在果实正常成熟,表现出本品种固有的品质特征(色泽、香味、风味和口感等)时采收。贮藏果比鲜销果宜早 7~10 天采收,加工用果宜晚 7~10 天采收。

7.5 苹果

7.5.1 概况

苹果是落叶果树中主要栽培树种之一,在世界上栽培面积较广,品种繁多,具有很高的经济价值。其主产国有俄罗斯、法国、德国、意大利、波兰、亚洲的中国、日本、土耳其和北美洲的一些国家。苹果栽培历史悠久,早在希腊的古代神话中就有"金苹果"的传说。

苹果种类品种较多,适应性强,分布地区广,成熟期自 6 月中旬开始直至 11 月。2006 年我国全国苹果总面积为 189.89 万公顷,占我国果树总面积的 18.9%,占世界苹果收获总面积的 36.6%;苹果产量 2 605.9 万吨,占我国果品总产量的 27.1%,占世界苹果总产量的 41.2%。

苹果具有较高的营养价值和药用价值。苹果含有丰富的营养。据中国医学科学院等单位的综合分析资料,每 100 g 鲜苹果的可食部分含水分 84.6 g、蛋白质 0.4 g、脂肪 0.5 g、碳水化合物 13.0 g、磷 9.0 g、钾 94 mg、钙 11 mg、铁 0.3 mg、胡萝卜素 0.08 mg、硫胺素(维生素 B1)0.01 mg、核黄素(维生素 B2)0.01 mg、尼克酸 0.1 mg、抗坏血酸(维生素 C)4.2 mg。苹果中还含有相当数量的纤维素、半纤维素和果胶以及多种矿质元素。另外,苹果表皮中含有丰富的色素物质,如叶绿素、类胡萝卜素、黄酮类色素和花色素等,可使果实呈现各种美丽的色泽。现代医学认为苹果可以助消化、治便秘、治高血压、预防血管硬化、降低血液中的胆固醇,苹果的果实含钠少,含钾多,是很好的碱性食品;苹果(汁)中的黄酮类化合物与多酚化合物结合在一起具有抗癌的作用,该混合物能抑制人体内癌细胞的生长与扩散,从而起到了一定的抗癌作用;另外还可以预防心脏病,降低呼吸系统疾病发生。

7.5.2 品种

苹果属于蔷薇科苹果属植物。全世界约有 36 种,其中原产于我国的有 23 种。据报道,目前全世界有苹果品种 10 000 余个,但在生产上发挥主导作用的不过 20 个。在我国栽培面积较大且有发展前途的苹果优良品种有:

(1) 美国 3 号

早熟品种,原产美国。果实近圆形,单果质量 240 g 左右。底色乳黄,果面有艳丽红霞。果肉黄白色,肉质细脆多汁,风味酸甜,有香气。7 月上旬至 8 月上旬成熟,较耐贮存。

(2) 藤牧 1 号

早熟品种,原产美国。果实多为短圆锥形,单果质量 180~200 g。底色黄绿,果面有红霞和宽条纹,充分着色的果实能达到全红。果面光滑,果皮薄。果肉黄白色,肉质松脆、汁较多,风味酸甜,有香气。7 月中旬至 8 月上旬成熟。不耐贮存,采后室温下可存放 20 天。

(3) 珊莎

中熟品种,又名珊夏,原产日本。果实圆锥形或近圆形,单果质量约180 g。底色淡黄,果面大部或全面鲜红,色泽美观。果面光滑,梗洼外有片状果锈,果皮稍韧。果肉乳白色,肉质稍硬,致密、多汁,风味酸甜,有香气。8月中旬至9月上旬成熟,较耐贮存。

(4) 红津轻

中熟品种,津轻的红色芽变系,原产日本。果实近圆形,单果质量180 g。底色黄绿,阳面有红霞和红条纹,充分着色可全红。果面少光泽,梗洼处易生果锈,果皮薄。果肉乳白色,肉质松脆,汁多,风味酸甜,稍有香气。8月中旬至9月中旬成熟。不耐贮存,采后在室内存放不超过30天。

(5) 皇家嘎拉

中熟品种,嘎拉的芽变系,原产新西兰,进口的佳力果、娜兰果均为该品种。果实卵圆形或短扁圆形,单果质量150 g左右,果面有棱起。底色黄绿,全面着鲜红霞,有断续红条纹。果面无锈,有光泽,果皮薄。果肉淡黄色,肉质较硬,脆而致密,汁多,风味酸甜,有香气。9月中下旬成熟。较耐贮存,但长时间贮存果肉会变绵。

(6) 红王将

中熟品种,又名红将军,原产日本。果实近圆形或扁圆形,单果质量250 g以上。底色黄绿,果面全红,有艳丽的红色条纹。果肉黄白色,肉质致密、细脆多汁,风味酸甜适中。9月中下旬成熟。耐贮存。

(7) 新红星

中熟品种,原产美国,进口的红蛇果即为该品种。果实圆锥形,单果质量180 g左右,果顶五棱明显。底色黄绿,果面浓红,着色均匀;果面富有光泽,果皮厚韧。果肉绿白色,肉质脆硬,贮后为乳白色,风味酸甜,香气浓郁。9月中下旬成熟。不耐贮存,采后在室温下30天内果肉变绵。

(8) 华冠

中熟品种,中国农业科学院郑州果树所育成。果实圆锥形或近圆形,单果质量170~180 g。底色绿黄,果面大部有鲜红霞和细条纹,充分着色可全红,果面光洁无锈。果肉黄白色,肉质细脆、致密、多汁,风味酸甜,有香气。9月下旬成熟。较耐贮存。

(9) 华红

中晚熟品种,中国农业科学院果树研究所育成。果实圆锥形或卵圆形,单果质量250 g左右。底色绿黄,果面大部有鲜红霞或全面鲜红。果肉淡黄色,肉质细脆、多汁,风味酸甜,有香气。10月上旬成熟。较耐贮存。

(10) 乔纳金

晚熟品种,原产美国。果实圆锥形,单果质量220~250 g。底色绿黄或淡黄,果面大部有鲜红霞和不明显的断续条纹。果面光滑、有光泽,果皮较薄韧。果肉乳黄色,肉质松脆、多汁,风味酸甜,稍有香气。10月上、中旬成熟。较耐贮存。

(11) 金冠

中晚熟品种,又名金帅、黄元帅,原产美国。果实圆锥形或卵圆形。充分成熟后色泽金黄。果肉黄白色,肉质致密、细脆多汁,香甜微酸。10月中旬成熟。耐贮存。

(12) 红富士

晚熟品种,富士着色系芽变品种的统称,原产日本。果实近圆形,稍有偏斜,单果质量 210~250 g。底色黄绿或绿黄,果面有红霞和条纹,完全着色为全果鲜红。果面有光泽,果品薄韧。果肉乳黄色,肉质松脆,汁液多,风味酸甜,稍有香气。10 月中旬至 11 月中旬成熟。极耐贮存,冷藏条件下可贮至次年 6 月。

(13) 澳洲青苹

晚熟品种,主要用于加工和烹饪;原产澳大利亚,进口青苹果、青蛇果均为该品种。果实圆锥形,单果质量约 200 g。全面翠绿色,果面光洁、有光泽,果品厚韧。果肉绿白色,肉质硬脆、致密、多汁,风味酸,少香气。10 月中旬至 11 月中旬成熟,极耐贮存。

(14) 粉红女士

晚熟品种,原产澳大利亚。果实近圆形,单果质量 200 g 左右。底色绿黄,着全面粉红或鲜红色。果肉乳白至淡黄色,硬脆多汁,风味酸甜适口,香气浓郁。10 月中旬至 11 月上旬成熟,极耐贮存,室温下可贮至翌年 5 月份。

(15) 国光

晚熟品种,原产美国。果实扁圆或近圆形,单果质量 130 g 左右。底色黄绿,着红霞和暗红色条纹。果肉黄白色,肉质致密,脆而多汁,酸甜适度。11 月上旬成熟,极耐贮存。

7.5.3 生物学特性

1. 生长习性

(1) 根系

根系分布深度与砧木有关;主要根系矮化砧为 15~40 cm,乔化砧为 20~60 cm。水平分布可超过树冠的 2~3 倍,但主要吸收根分布于树冠外缘附近。土温达 3 ℃~4 ℃ 开始发新根,7 ℃ 以上生长加快,超过 30 ℃ 停止生长;一年有 2~3 次生长高峰(萌芽-开花前、新梢停长-膨果前、采果-休眠前)。

(2) 梢

芽异质性明显,萌芽力和成枝力品种间差异很大。新梢有 2~3 次加长生长,长枝有明显的春秋梢之分;秋梢生长开始于 6 月下旬至 7 月上旬,持续到 9 月份,而以 7、8 月生长最旺。长枝 >30 cm,中枝 5~30 cm,短枝 <5 cm,叶丛枝 <1 cm。

2. 结果习性

苹果定植后一般 3~6 年开始结果,寿命可达 30~40 年。但因品种、砧木类型、环境条件及栽培管理技术水平而不同。苹果的花芽多数着生在各类果枝的顶端,以短果枝结果为主,但有的品种(如红富士等)在生长健壮枝条的中上部可形成大量的腋花芽,这种果枝称为腋花芽果枝,腋花芽的多少是幼树能否早期丰产的标志之一。苹果大多数的花芽是在开花的上一年形成的,其形成时间集中在 6~9 月。

苹果的花芽为混合花芽,花芽萌发后,先抽生一段很短的新梢(结果枝)称果台,长 1~3 cm,在其顶端着生聚伞花序开花结果,每个花序内有 5~6 朵花,中心花先开,坐果率高、品质好。开花当天和第二天是授粉的最佳时期。

由于授粉受精不良、树体营养不足和环境条件不好等原因,苹果从花蕾出现到果实采收,会出现3~4次花果脱落现象,称落花落果。具体时间在花期、花后1~2周,5月下旬~6月上旬及采收前。大部分苹果品种自花不实,需要配置适宜的授粉树。

3. 对环境条件的要求

(1) 温度

苹果喜欢冷凉气候;最适宜年均温7 ℃~14 ℃;根系活动需要3 ℃~4 ℃,生长适温7 ℃~12 ℃;芽萌动8 ℃~10 ℃,开花15 ℃~18 ℃,果实发育和花芽分化17 ℃~25 ℃;需冷量为低于7.2 ℃低温1 200小时。

(2) 光照

苹果喜光;要求年日照时数2 200~2 800小时,年日照<1 500小时或果实生长后期月平均日照时数<150小时会明显影响果实品质。若光照强度低于自然光30%,花芽不能形成。

(3) 土壤

适应范围广,适宜pH为5.7~8.2,但以土层深厚,富含有机质的沙壤土和壤土最好。

7.5.4 栽培技术

1. 定植

采用密植栽培,株行距为(2~3)m×(4~5)m,定植时间为9月至12月或3月,以10~11月定植成活率高。栽植前按所需密度挖定植穴,规格为0.8 m×0.8 m×0.8 m,或按行挖定植沟,规格为深0.6 m、宽0.8 m。底土和表土分开,每亩施底肥10 000 kg,与表土混合后回填,填至距地面20 cm,踩实。栽植前3~4天,定植穴内灌足水,使活土沉实。苗木采用一级苗,栽植前在清水中浸泡24小时,然后蘸泥浆,并用生根粉蘸根处理,然后立即栽植。栽植后及时浇水,覆土盖地膜保墒。苹果为异花授粉树种必须配置授粉树,主栽品种与授粉品种的栽植比例为(4~5):1。

2. 土肥水管理

(1) 土壤管理

每年秋季果实采收后结合秋施基肥进行深翻改土。扩穴深翻为在定植穴(沟)外挖环状沟或平行沟,沟宽80 cm,深60 cm左右;全园深翻为将栽植穴外的土壤全部深翻,深度30~40 cm。清耕制果园生长季降雨或灌水后,及时中耕松土,保持土壤疏松无杂草。覆草在春季施肥、灌水后进行,覆盖材料可以用麦秸、麦糠、玉米秸、干草等。把覆盖物覆盖在树冠下,厚度10~15 cm,上面压少量土,连覆3~4年后浅翻1次。

(2) 肥料管理

秋季果实采收后施入基肥,以农家肥为主,混加入适量氮素化肥。施肥量按1 kg苹果施1.5~2.0 kg优质农家肥计算,一般盛果期苹果园每亩施3 000~5 000 kg有机肥。施用方法以沟施或撒施为主,施肥部位在树冠投影范围内。沟施为挖放射状沟或在树冠外围挖环状沟,沟深60~80 cm;撒施为将肥料均匀撒于树冠下,并翻深20 cm。

土壤追肥,每年3次,第一次在萌芽前后,以氮肥为主;第二次在花芽分化及果实膨大期,以磷钾肥为主,氮磷钾混合使用;第三次在果实生长后期,以钾肥为主。施肥量以当地的土壤条件和施肥特点确定。结果树一般每生产 100 kg 苹果需追施纯氮 1.0 kg、纯磷(P_2O_5)0.5 kg、纯钾(K_2O)1.0 kg。施肥方法是树冠下开沟,沟深 15~20 cm,追肥后及时灌水。最后一次追肥在距果实采收期 30 天以前进行。

叶面喷肥,全年 4~5 次,一般生长前期 2 次,以氮肥为主;后期 2~3 次,以磷、钾肥为主,可补施果树生长发育所需的微量元素。常用肥料浓度:尿素 0.3%~0.5%,磷酸二氢钾 0.2%~0.3%,硼砂 0.1%~0.3%。最后一次叶面喷肥在距果实采收期 20 天以前进行。

(3)水分管理

保持土壤水分的稳定供应,是生产精品苹果的关键之一。旱涝不匀是果实发生皱皮裂口、红点、黑点的主要原因之一。生长季土壤含水量应稳定在田间最大持水量的 60%~80% 之间,地表下 5~10 cm 处的土壤手握可以成团、一触即散为宜。灌溉提倡少量多次,微喷、滴灌最好,沟灌也可。春秋干旱季节,十天半月就要浇水 1 次,不能等到叶片发生萎蔫才浇水。干旱缺水的山地果园宜采用穴贮肥水法,还可使用抗旱保水剂增强土壤蓄水抗旱能力。雨季果园不应长时间积水,要及时排涝。套袋果园,在套袋前和脱袋前必须浇足水,以预防果实日灼伤的发生。

3. 整形修剪

苹果常采用的树形有主干疏层形、小冠开心形、纺锤形等。新建园根据定植密度采取不同的整形方式,株行距 2 m×4 m 的果园采用细长纺锤形树形,(3~4)m×(4~5)m 的果园可采用可纺锤形。

(1)幼树的整形修剪

幼树以整形为主,一般在早春进行。树干 50 cm 以下的裙枝一概不留,全部疏除;50 cm 以上的枝每 20 cm 留一枝,要选好方向。长度在 70 cm 以上的枝一律不剪,全部缓放拉平并刻芽;长度在 50 cm 左右的轻短截;不足 30 cm 的枝极重短截促发新枝,来年再作处理。中央干一般不作短截,但每隔 20 cm 环割一道,促进枝条均匀生长。5~6 月份要及时扭梢、摘心控制生长,健壮的树进行主枝环割,促进花芽分化。

(2)初结果树的修剪

初结果树采取冬夏修剪结合,以夏剪为主,改变过去一次冬剪的做法。冬季修剪以疏为主,缩剪为辅,培养单轴延伸的主枝。对树冠内的直立枝,有空间的要拉平,没有空间的要疏除;徒长枝、细弱枝坚决疏除;影响骨干枝生长的辅养枝以缩剪为主,改造成大型结果枝组;对于中庸枝或中庸偏强枝实行长放不剪,以促进成花。夏季修剪主要采取刻芽、拉枝、扭梢、环剥等方法。5 月中旬当新梢长至 15 cm 时及时扭梢,超过 20 cm 的要摘心控长,没有生长空间的要及时疏除,有空间的可以重短截以促发新枝。6 月上旬进行环剥,树势旺的采用主干环剥,树势弱的可采用环割、绞缢等方法以促进花芽分化和果实膨大。8 月份进行拉枝或拿枝,将枝条拉至近 80 度。通过合理修剪整形,可提高萌芽率和成花率。

4. 花果管理

(1)疏花疏果

从花序分离期开始,每隔 20~25 cm 留一个花序,每个花序留一朵中心花,其余的全部疏除。花期不稳定的果园可适当多留中心花,待坐果后再进行疏果,每 20~25 cm 留一个果。

（2）果实套袋

套袋从开花后两周开始，到花后45天结束。套袋前全园喷一次杀虫剂和杀菌剂，选择自由下垂的中心果套袋。在采收前20～25天进行摘袋，双层袋要先撕开外层袋，5天后再摘除内层袋。结合撕袋摘除果实旁边遮光的叶片，树下铺反光膜。

5. 病虫害防治

危害苹果树体和果实的主要病虫害有腐烂病、轮纹病、蚜虫、叶螨、潜叶蛾类、食心虫类等。为了防治这些病虫害，应在做好清洁果园的基础上及时在生长季节用生物农药进行防治。清洁果园以休眠期为主，生长期为辅。早春萌芽前全园喷一次3～5度的石硫合剂，降低病虫基数。蚜虫、叶螨类可采用15%蓖麻油酸烟碱乳油800倍液进行防治。对于食心虫、潜叶蛾类采用15%蓖麻油酸烟碱乳油1 000倍液进行防治。

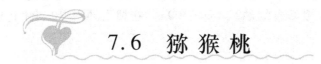

7.6 猕猴桃

7.6.1 概况

猕猴桃为原产我国的一种浆果类藤本落叶果树，广西发现的猕猴桃叶片化石距今有2 000万～2 600万年，我国古籍《诗经》、《山海经》、《尔雅》中均有关于猕猴桃的记载。

猕猴桃营养丰富，号称"水果之王，维生素C之冠"。猕猴桃全株均可药用，中医认为其果性寒，味酸、甘，能调理中气、生津润燥、解热除烦、通淋，用于治疗消化不良、食欲不振、呕吐、烧烫伤；其根、根皮性寒，味苦涩，能清热解毒、活血消肿、祛风利湿，用于治疗肝炎、水肿、风湿性关节炎、跌打损伤、痢疾、丝虫病、淋巴结核、痈疖肿毒、带下、胃癌、乳腺癌等。

猕猴桃分布范围广，耐寒，易栽培，抗病虫，结果早，丰产性强，寿命长（≥100年），经济价值高，具有良好的发展前景。20世纪70年代至90年代初，世界范围的猕猴桃商业栽培生产飞速发展，目前世界猕猴桃种植面积和产量基本稳定在10万公顷和100万吨，我国猕猴桃栽培面积达到4万多公顷，居世界首位，新西兰、意大利、智利等国的产量居世界前列。

7.6.2 品种

现经济栽培的主要是美味猕猴桃和中华猕猴桃及少量的软枣猕猴桃和毛花猕猴桃。

（1）海沃德

美味猕猴桃系。1942年新西兰从1904年引自湖北宜昌的美味猕猴桃中选育而成，是目前世界猕猴桃商业栽培的主要品种，我国自80年代从日本引入。果实近椭圆形，果皮绿褐色，被有褐色硬毛。果形整齐、美观。平均单果质量80 g，大果质量150 g，果肉绿色，酸甜适中，有浓香。鲜果中维生素C含量50 mg/100 g。耐贮运，货架期长。贮藏软化后不发酵。

(2) 华美 2 号

美味猕猴桃系。河南省西峡县培育的品种。果实长圆锥形,被有棕色硬毛。平均单果质量 112 g,最大 205 g。果肉黄绿,质细多汁,酸甜可口。含可溶性固形物 14.6%、总糖 8.88%、总酸 1.76%、维生素 C 152 mg/100 g。9 月上中旬成熟,耐贮性好。

(3) 秦美

美味猕猴桃系。陕西省培育的品种,1986 年鉴定、命名。早果性、丰产性、抗旱性、抗寒性、耐土壤高 pH 等综合评价居所有品种之首。果实近椭圆形,果肉绿色,多汁,酸甜适口,有香味,平均单果质量 102.5 g,维生素 C 含量 19 354.6 mg/100 g,可溶性固形物含量 14%~15%。在陕西周至,果实 10 月下旬至 11 月上旬成熟。耐贮运。

(4) 金魁

属美味猕猴桃。由湖北通山县猕猴桃开发总公司育成,1998 年通过审定。果个较大,平均单果质量 97.4 g,最小 82 g;果肉绿色,酸甜适口,有香味;完全成熟时可溶性固形物含量高达 24.5%,维生素 C 含量 242.18 mg/100 g。在湖北,果实 10 月中旬成熟,果形与海沃德相近。

(5) 米良一号

美味猕猴桃系。早果,丰产,稳产,抗性强。适合于我国南方湿润气候区栽培。果个较大,平均单果质量 95 g;果肉黄绿色,汁多,酸甜适日,有芳香,维生素 C 含量 217 mg/100 g,可溶性固形物含量 16.5%。在湖南,果实 10 月上旬成熟,采后常温下可存放一个月。

7.6.3 生物学特性

1. 生长特性

猕猴桃是一种落叶藤本果树,长枝先端具有逆时针缠绕性,能攀附于其他植物或支架上生长。新梢年生长量很大,有时可达 3 m 以上,故能很快布满架面,生长后期顶端自枯。根系带肉质性,主根不发达,侧根分布较浅而广,须根特别发达,不耐旱涝。

2. 结果习性

一般栽植后 3~5 年开始结果。幼树达到结果年龄后,一年生枝上极易形成花芽,除徒长性枝蔓外,其余枝条都可成为结果母枝,于第二年抽梢开花结果。长而壮的结果母枝从基部第 2~3 节开始,直到 20 节以上的叶腋间都可形成混合芽,以中部混合芽抽生的结果新梢结果最好,15 节以后结果新梢的发生率便降低。

猕猴桃为雌雄异株植物,偶有雌雄异花同株的。形态上虽均为两性花,但雄株上的花小,子房退化而花粉多,雌株上的花大而雄蕊退化。雌花多单生于结果新梢的叶腋间,以第 2~6 叶腋间居多。雌花授粉受精后一般都能着果,极少生理落果。每个结果新梢上可结 2~5 个果实。中、长果枝结果后常能成为第二年的结果母枝而连续结果。无论长、中、短结果枝,其上的结果部位结果后,因叶腋中无芽而成为盲(芽)节。

3. 对生态环境条件的要求

猕猴桃性喜温暖,自然分布区年均温 11.0 ℃~17.9 ℃,北方产区易受大风和霜冻危害,尤其春季应注意防风和晚霜伤害。猕猴桃喜光但怕暴晒,比较耐阴;年日照时数不低于

1 900 小时均能正常生育。猕猴桃自然分布区年降水量 800 mm 以上,但对空气湿度有较强适应能力;喜潮湿而不积水的山地土壤,干旱地区栽培应有灌溉条件。猕猴桃喜土层深厚、疏松肥沃、湿润而又排水良好的微酸或中性土壤,pH 以 5.5~7.0 为宜。

7.6.4 栽培技术

1. 建园

猕猴桃适应性广,在平原或山地均可种植,以海拔 400~800 m 的地域最为适宜。建园时选择水源充足,背风向阳且土壤疏松肥沃、富含有机质的地方,以利于根系的生长发育。

开沟改良土壤栽前挖宽 1 m、深 0.6 m 的定植沟,生土和熟土分放两边,日晒 20 天后,中下部放秸秆 1 000 kg/亩。中上部回填熟土,浇透水 2 次,沉实土壤。

2. 栽植

选根系良好、无根结线虫病、茎粗 0.8 cm 以上、有 3~5 个饱满芽的健壮苗木栽植。株行距 2 m×4 m,雌雄树比例为 8∶1,栽后留 3 个饱满芽短截,浇足水。秋栽封冬前需培土防寒。

猕猴桃多采用单篱壁 T 形架式栽培。建园时应沿猕猴桃栽植行正中,每隔 8~10 cm 立一水泥支柱,立柱直径 12 cm,全高 2.8 m,埋入土中 0.8 m,柱上共拉 8~10 号防锈铁丝三层,第一层距地面 60 cm,以后每隔 70 cm 牵拉一层铁丝。

3. 土肥水管理

合理施肥,每年 10 月下旬至 11 月上旬结合扩穴开沟施基肥,幼龄期每亩施土杂肥 2 000 kg、饼肥 50 kg、碳铵 50 kg、过磷酸钙 50 kg;盛果期树每亩施土杂肥 3 000 kg、饼肥 50 kg、复合肥 40 kg、生物钾 10 kg、过磷酸钙 100 kg。每年追肥 3 次,即于 2 月下旬、4 月下旬、6 月上旬每亩追尿素 2~3 kg。同时结合病虫害防治多次喷施 0.3% 尿素和磷酸二氢钾。

适时灌水,猕猴桃怕旱怕涝,要求萌芽前、开花前后、果实膨大期及封冻前各浇 1 次透水,汛期注意排涝。

4. 整形修剪

夏季修剪,定植当年,苗木新梢长至 20~30 cm 时,选留一个强旺枝引绑,其他摘心或抹除。当保留枝蔓长至 80~100 cm 时摘心,以后任其生长。秋冬季修剪时,从饱满芽处剪截。第二年将主蔓引绑上扶,当其长至架顶 30 cm 左右时摘心,其他枝留 4~6 片叶摘心。主蔓摘心后可萌发 3~4 个侧枝,对侧枝在 10~12 片叶处摘心,对 3~4 年生的初结果树,摘心时间适当提前,一般结果枝在着果节以上留 3~5 片叶摘心、营养枝留 3~4 片叶摘心、二次枝留 8~10 片叶摘心,三次枝留 2~3 片叶重摘心。对 5 年生以上盛果期树,重点控制徒长枝,对位置不当的及时疏除,其余一律留 3~5 片叶重摘心,其抽生的二次枝留 10~12 片叶摘心,作为下一年的结果母枝。

冬季修剪,疏去过密枝、交叉枝、重叠枝、并生枝、病虫枝。长果枝留 10~12 个芽短截,中果枝和一般发育枝留 7~8 个芽短截。总的原则是粗枝多留芽,细枝、弱枝少留甚至从基部疏去,所留枝条分布要均匀,枝距要求 40~50 cm。

5. 病虫害防治

物理防治：清扫落叶残体，深翻树盘，早春发芽前刮除树体老翘皮，集中烧毁或深埋。冬春季深翻树盘，清除有病残体。随时清扫园内枯枝落叶、落花落果并铲除杂草。

化学防治：冬季和早春喷3~5度石硫合剂，防治越冬病虫。用50%多菌灵、50%甲基托布津、75%百菌清500倍液，每隔7~10天喷1次，连喷2~3次，防治早期落叶病。用10%克线磷或10%克线丹每亩3~5 kg，施于树下环形沟内，然后浇水覆土，防治根结线虫。用农用链霉素、5%DT 500倍液或45%代森铵乳剂1 000倍液，每隔7~10天交替喷雾1次，防治溃疡病。用50%甲基托布津可湿性粉剂800~1 000倍液、65%代森锌可湿性粉剂500倍液于初次出现病菌孢子时开始，每10~15天喷1次，连喷3~5次，防治炭疽病。用50%马拉硫磷乳油1 500倍液、40%氧化乐果乳油1 500~2 000倍液、50%敌敌畏乳油500~1 000倍液防治桑白蚧、斑衣蜡蝉、金龟子等害虫。

7.7 枇 杷

7.7.1 概述

枇杷为原产于我国的亚热带常绿果树，主要分布在长江流域及其以南地区，有2 000多年的栽培历史。枇杷初夏果熟时，正值水果淡季，产品畅销，经济效益高。果实柔软多汁，酸甜可口，营养丰富，全身是宝，不仅富含多种营养成分，还具有较高的医用价值，如叶片可入药，制成的枇杷露、枇杷膏是润肺止咳良药，也是城乡绿化、美化、果化、发展农村经济的优良树种。

我国枇杷唐朝时传入日本，后传到欧美各国。我国是世界上枇杷生产第一大国，据2003年全国枇杷学术研讨会收集的数据，我国枇杷面积约11万公顷，产量40万吨，均占世界枇杷栽培面积和产量的80%左右。我国枇杷主产福建、浙江、江苏、安徽、四川、湖南、湖北、江西、广西等地。国外以日本、印度、巴西、意大利、西班牙和土耳其等国栽培较多。

7.7.2 品种

枇杷属蔷薇科枇杷属植物。该属共有30多种，具重要经济价值的仅普通枇杷一个种。通常依果肉色绿分成红肉(俗称"红沙枇杷")和白肉(俗称"白沙枇杷")两大类。枇杷栽培品种很多。依生态条件分热带型品种和温带型品种；依果肉色泽分红肉类、白肉类。主要品种有：

(1) 白玉

主产江苏苏州。单果质量33 g，大者可达38 g，果面淡橙黄色，果肉洁白，肉质细腻易溶、汁多、风味清甜、品质佳，可溶性固形物12%~14%。本品种树势强健，生长旺盛，枝条粗长,易抽长夏梢,树冠呈高圆头形,果实成熟期5月底至6月初。

(2) 冠玉

主产江苏苏州。果实大、圆球形或椭圆形,平均单果质量52.5 g,最大果达70 g以上,果面乳黄色或淡黄色,阳面稍有雀斑。果肉白色或乳黄色,可溶性固形物13.4%。果实成熟期为6月上旬。

(3) 青种

主产江苏苏州。果实6月上旬成熟,平均单果质量33.2 g,大果可达50 g,果肉淡黄橙色,肉质细,易溶,汁多,风味浓,甜酸适口,可溶性固形物含量11.6%,果皮薄、易剥离,可食率66.5%～72.9%。抗逆性强,丰产性好。

(4) 大五星

主产四川成都。果大,平均单果质量79 g,最大果质量194 g;色泽金黄,商品性好,果核小,肉厚,可溶性固形物13.5%,5月上、中旬成熟。丰产性好。

(5) 解放钟

主产福建莆田。果实呈倒卵型或梨型,单果质量70～80 g,最大果质量172 g;果皮橙红色,果粉多,果锈少,易剥皮;果肉厚、橙红色,质地细致,甜酸可口,风味浓。可溶性固形物8.5%～12%,可食率71.46%。耐贮运,丰产。果实5月上、中旬成熟。

(6) 大红袍

主产浙江余杭。果圆形,平均单果质量37 g,皮色浓橙红,表面细薄茸毛,阳面有白色、紫色斑点。果皮强韧易剥,肉厚、橙色,质地粗,汁液中等,品质上等。6月上旬成熟,耐贮运。适于鲜食和制罐。

此外,生产上还有早钟6号、洛阳青、软条白沙、太城4号、金丰1号、红灯笼、单边种、大种、长红3号、香钟11号、夹脚、田中、茂木等优良品种。

7.7.3 生长结果习性

1. 生长特性

(1) 根系

枇杷根系分布一般较浅,易受旱害和风害,根系一年中有3～4次生长高峰,与枝梢生长是交替进行的,一般比枝梢早两周。第一次是1月底至2月底,第二次在5月中旬至6月中旬,第三次在8月中旬至9月中旬,第四次在10月底至11月底。

(2) 芽与枝梢

枇杷的芽萌发率较低,成枝力较强,树冠的层性明显。花芽为混合芽,多为顶生。顶芽抽生的中心枝常粗短,而由邻近腋芽抽生的侧生枝则多细长,成年的幼树上则还会发生冬梢。春梢一般生长粗短,叶大色深;夏梢较细长,叶小色淡,多出自春为扩展树冠的枝条。在长江流域,枇杷每年抽梢3次,分别为春梢、夏梢和秋梢,在冬暖地区的幼树上则还会发生冬梢。

2. 结果习性

枇杷定植后3～4年开始结果,6～10年进入盛果期,40年后产量开始下降,一般寿命70～100年。

(1) 结果母枝

枇杷的结果母枝种类主要有春夏梢、夏梢、春梢等。一般以春梢和一次夏梢结果最好，花穗大，花数多，坐果率高。夏梢是枇杷主要的结果母枝，采取有效的综合措施，促进夏梢抽发和发育充实，是获得丰产的重要途径。根据抽生部位不同，结果母枝分为顶芽枝结果母枝和侧芽枝结果母枝。顶芽枝结果母枝梢短而粗壮，花穗形成早而大，开花也早；侧芽枝结果母枝枝长、节间长、叶片小、花穗形成迟，开花迟。

(2) 花芽分化

枇杷花芽分化到开花结果是连续进行的，一般在夏梢停长后7~8月间开始形成，为夏秋连续分化型，花芽为混合芽。

(3) 开花结果

枇杷的花穗为圆锥复总状花序，顶生。每个花序上有花数十朵甚至百朵以上。结果以春梢顶芽抽生的短粗母枝为最好，花穗大而花量多，开花早而果实大。在暖地，由采果后的结果枝上发生的夏梢也常是主要的结果母枝，结实良好。枇杷开花不齐，花期长达3~4个月，可粗略分为头花、二花和三花。在枇杷经济栽培的北缘地区，冬春常有冻害，头花果最易受冻，晚花果因开花结实迟，不易受冻，从实际结果率来看，这些地区往往以中期的二花果收成最有保证。

(4) 果实发育

枇杷果实是假果，由子房、萼片及花托发育而成，食用部分为花托。枇杷果实在冬季发育，树上越冬。果实发育前期因受气温限制，幼果发育缓慢，中期生长迅速，4月中旬达到最高峰，然后逐渐变缓慢。因此，加强春季管理，多施速效性肥料，对当年产量的提高有显著的效果。

3. 对生态环境条件的要求

(1) 气候条件

枇杷性喜温暖，凡年平均温度15℃以上，冬季最低温度不低于-5℃，幼果期温度不低于-3℃地区，栽培枇杷都能获得好结果。枇杷要求年降水量在1 000 mm以上，过分干燥的土壤和空气不利于新梢、果实发育和花芽分化，但雨量过多、排水不良的园地积水霉根，早期落叶，影响花芽分化。果实成熟期多雨，果实着色差、味淡、易裂果。

(2) 土壤

枇杷对土壤选择不严，一般土壤都能生长结果，但以表土疏松透气、排水良好的富含腐殖质的砂质壤土或砾质壤土为佳，土壤的pH在6~6.5为宜。

(3) 坡向

枇杷要求阳光充足，以南向或西南向（苏州洞庭山果农称"阳山"）栽培枇杷为宜，生长健壮，果实着色好，早熟，品质佳，但昼夜温差大，易受冻害；北向或东北向山坡果色白嫩，汁液多，但风味淡，成熟迟，昼夜温差小，有时不易受冻害。

7.7.4 栽培技术

1. 建园

栽植一般用1~2年生嫁接苗。苗木应带土或沾泥浆，并剪去部分叶片，以减少水分蒸腾。栽后立即浇水,1~2周内如无降雨,应持续灌水至成活。栽植期在冬暖地区宜在秋季,北缘较冷地区宜在春季萌芽前。枇杷根系浅,叶片大,多风地区栽植后应在株旁立支柱防止倾倒。

2. 土肥水管理

成年枇杷树一年施肥3次。第一次肥在采果前后1周施入,目的是恢复树势和早发夏梢,防止大小年。第二次花前肥在北缘栽培区最好选用热性羊圈粪,以提高防寒效果。两次肥料占全年施肥量的70%。第三次壮果肥在疏果后施入,主要是促进春梢的抽发和幼果发育,施肥量占全年的30%,这次肥料应防止偏施氮肥,以免降低果实品质。

结合施肥,对树盘周围的土壤应经常中耕除草,保持松软通气状态。夏秋高温多雨季节,根系易遭受旱害或涝害,高温干旱时要浇水抗旱,或在树盘下覆草,降雨过多时,则应及时排除积水,否则成熟期易发生裂果,秋季则影响花芽的正常分化。

3. 整形修剪

枇杷整形依品种干性强弱而异,或采用变则主干形,或采用层式杯状形树形。干性较强的品种多用变则主干形,如白玉、青枇杷,整形时植株顶芽任其向上延伸,成为中心干而不加剪截。其下每年选留3个预备主枝成一层,随树龄增大和分枝增多选留其中的1个作为永久性主枝。在每个选定的主枝上再配置侧枝2~3个,全树最后留4~6个主枝落头开心。这种树形也可每年随中心干的伸展选留1个主枝,其余附近芽梢在萌芽时抹除,最后落头开心完成树形。层式杯状形树形用于干性较弱、枝条开张的品种,如冠玉枇杷,顶芽向上延伸成为中心干,其上保留主枝2~3层,层间相距1~1.2 m,每层留3~4个主枝,最后将中心干除去,即成所要求的树形。

枇杷树形完成后,修剪较简单易行,除适度疏剪分枝过密的枝条及徒长枝外,其余枝条的修剪一般从轻。老的结果母枝可根据其长势强弱,结合采果进行疏剪,或留2~3芽缩剪,促进更新。当年发生的结果母枝过于稠密时,也应去弱留强,适当疏除。结果枝过多时,需将部分由侧芽形成的后生结果枝除去。枇杷隐芽较多,树体老衰后,可扩塘施肥,重回缩修剪,利用隐芽重新抽梢结果。

4. 花果管理

枇杷花量大,且结实率高,需疏花疏果,促进果实增大,提高品质,又是克服大小年结果的有效措施。具体疏除时,可根据树势、枝势,在花蕾期先疏去部分花穗,去弱留强,多疏树冠顶部及外围的花穗,留出30%~40%的空头,以利发梢。也可根据结果母枝的强弱、叶片多少,每枝留1~3穗,并在开花时掐去部分穗尖。此外,2~3年生幼树始花时,宜疏花以养树,待树体稍大、枝叶较多时再开始挂果。同时,在北缘有冻害的地区,一般不疏花穗。

着果稳定后,应及早疏果。根据品种果个大小每穗留果2~5个。在北缘有冻害的地区,疏果宜迟,因受冻果与好果一时难以区分。为防止枇杷果实发生病害和日灼、裂果,有条件时最好在定果后对果穗进行套袋保护。套袋还有利于提高果实品质。

5. 主要病虫害及其防治

(1) 病害

主要有枝干癌肿病、芽枯病和灰斑病。癌肿病主要为害枝干,引起疣状突起和皮部组织枯死,病菌多由伤口侵入。防治方法主要是减少各种伤害口,并在春梢生长期喷布160~

200倍石灰等量式波尔多液。芽枯病在降雨过多时容易发病,使新梢停长,叶片致畸。防治方法:剪除被害枝叶,集中烧毁或深埋,同时在新梢发病期喷布波尔多液数次。灰斑病感染叶片及果实,造成落叶和烂果,病菌借雨水传播。防治方法可参照芽枯病,同时做好清园工作,使树冠通风透光。

(2) 虫害

主要有枇杷黄毛虫及天牛等。枇杷黄毛虫也叫枇杷瘤蛾,以幼虫吃食嫩芽、幼叶,食量很大。江苏洞庭山一年发生4代,以幼虫结茧集中在树干中下部越冬。可用钢丝刷刷下,收集烧毁,并在每次新梢抽发后初龄幼虫发生盛期喷布90%敌百虫1 000倍液或20%速灭杀丁乳油3 000倍液防治。天牛的防治可参考苹果。

6. 防冻

在枇杷栽培的北缘地区,除选用迟花抗寒的品种及花前施用热性冬肥外,入冬后要做好防寒工作。枇杷枝干的耐寒性一般较强,在花蕾、花和幼果三种器官中,以幼果最不耐寒。具体防寒措施:一是冬前将花穗及幼果用下部的叶片束裹保护;二是花前晾根7~10天,使花期延迟以避冻;三是遇有霜冻天气,夜晚至清晨前进行熏烟防霜;此外,雪后应敲落树上积雪,防止折枝和花果受冻。

7. 采收

枇杷果实无后熟作用,必须充分成熟才能表现良好风味。当果面充分呈现固有的橙色或黄色时,便是成熟的标志,应及时采收。需要远运的,可在果实八九成熟时适当提前采摘。全树果实、甚至同一果穗上的果实,成熟度常不一致,可采熟留青,分批采收。枇杷果皮薄,易碰伤,采收应细致。采果期宜选晴天无露水时,果实用枝剪剪下后,放在内有细软衬垫材料的采果容器中,切忌用手指任意拿捏,以免造成碰压伤,或将果面茸毛和果粉擦去。

枇杷果实极不耐贮藏。家庭少量短期贮藏时,应采适度成熟的果实,并选完整无损的放在竹篮内,挂置在阴凉通风处,可贮藏2周左右。果实也不宜低温冷藏,否则甜香变淡,风味受损。

7.8 杨 梅

7.8.1 概况

杨梅原产于我国西南部,分布于长江流域以南各地,主产江苏、浙江、福建、广东、广西、云南、四川及湖南等省区。杨梅栽培历史悠久,品种资源丰富。杨梅树性强健,耐瘠、耐寒又耐旱,适应性较强,病虫害较少,易于栽培,投入少,经济寿命长。杨梅树姿优美,四季常绿,是绿化山地、治理水土流失的极好树种。因此,因地制宜地发展杨梅生产,具有良好的经济效益、生态效益和社会效益。

杨梅果实富含营养物质,酸甜适度,含有多种维生素及铁、钙、磷等矿物质元素,其中维生素C的含量较高。杨梅生食有生津止渴、消食、止呕吐、润肺止咳、解酒止泻和增强食欲等功能。成熟时正是水果淡季,为市场提供可食的时鲜水果,深受消费者欢迎。还可制成各种营养食品,如杨梅干、蜜饯、罐头、果汁、果干和果酒等。还具有一定医疗作用,种仁富含维生素B17,对癌症有疗效,而且含油量达40%,可炒食榨油。叶能提炼香精,根和树皮能止血和断痢,治跌打损伤、骨折、牙痛、外伤出血等。

7.8.2 品种

杨梅属于杨梅科、杨梅属,在我国约有四种:杨梅、毛杨梅、细叶杨梅、矮杨梅。其中以杨梅分布较广,它又分为野杨梅、红杨梅、乌杨梅、白杨梅、早胜杨梅、杨平梅等六个类型。杨梅品种繁多,类型复杂。我国杨梅品种、品系有500余个,而作为经济栽培的品种不超过50个。

(1) 大叶细蒂

树冠高大,果形大,圆或扁圆形,平均单果质量14.7 g。肉柱圆或长圆形,柱顶尖、圆并存,尖刺数量、分布部位与发育程度有关,采收前期和终期尖刺居多,采收中期(盛采期)肉柱多圆形。果梗中等粗细,长1 cm左右。肉质厚,平均1.23 cm。核小,平均质量0.25 g。风味甜酸适度,柔软多汁,品质上等,耐贮运。本品种是苏州市吴中区洞庭东山主栽品种,成熟期6月底至7月初。

(2) 小叶细蒂

树冠直立高大,果实扁圆形,深紫红色,平均单果质量10.5 g。肉柱圆形,中等大,稍突出,排列紧密,间有长圆形或乳突,果面较平整。肉较厚,平均1.06 cm。核小,近圆形,平均质量0.61 g。肉质较硬,风味浓甜,品质上等,成熟期6月底至7月初。本品种与大叶细蒂统称为细蒂杨梅,成熟期晚,着果率高,丰产,优质。采前不易落果,稍耐贮运,亦是洞庭东山有名的主栽品种。

(3) 乌梅

果长圆形,深紫红色,果面较平整,果实大,平均单果质量14.9 g,成熟果实肉柱顶端乳头脱落,形成凹点。肉质软硬适度,风味浓郁,富香味,可溶性固形物12.5%,品质佳。核稍大,长圆形,平均质量1.12 g。果梗粗短,梗长0.6 cm,果柄基部有微红或绿色瘤状凸起。本品种树势健旺,适应性强,枝条粗壮,单枝着果率高,产量高,6月中旬采收,果实耐贮运,为苏州市吴中区洞庭西山杨梅优良品种,栽培最广。

(4) 洞庭细蒂

树势强,果圆形偏扁,果面紫红色至深红色,肉柱圆、排列紧密,果面有凹沟。平均单果质量16.0 g,纵横径3.0 cm×3.25 cm,可食率93%,可溶性固形物11.7%,甜酸适中,风味浓,成熟期6月26日至7月3日。

(5) 东魁

为鲜食品种,八十年代选育出的晚熟新品种主产浙江。主要特点为:果大,为目前单果最大的栽培品种,平均单果质量约22 g,最大的达42 g,纵横径3.5~3.7 cm,果面紫红色,味浓,甜酸适中,核小,可食率94%~96%,产地成熟期7月初陆续采收,抗风力强,不易落果。

(6) 荸荠种

为目前浙江主要栽培种,约占70%以上。树势中等,果实中大,质量约14 g,圆球形,果顶微凹入,有时具十字线纹,果底有明显浅洼,果梗细而短,肉柱细,顶端圆钝,排列整齐致密,果实紫红至乌紫色,肉质细软,味甜微香,汁多,离核性较强,核小,品质上等。余姚6月中、下旬成熟。抗风、抗病,成熟时不易落果,产量高而稳定,果实耐贮藏、运输。

(7) 丁岙

为乌梅类,主产浙江温州、永嘉、乐清等地。树冠较大,果大,圆形,质量约14~16 g,果柄长2~3 cm,果顶有环形沟纹一条,成熟后呈紫红色,果肉厚,肉柱钝圆,柔软多汁,味甜,核小,品质上等。温州6月中、下旬成熟。因果柄长,不易离果脱落,故果农多带柄采摘,以与其他品种区别。抗风、抗病。果稍耐贮藏。

(8) 木洞杨梅

主产湖南省靖县木洞,其果大,圆形或长圆形,单果质量18~25 g,可溶性固形物10%~11%,品质上等。果面棕红色。

此外,生产上还有光桂早、太婆梅、大叶梅、银红、墙背梅、白眼梅等优良品种。

7.8.3 生物学特性

1. 生长结果习性

杨梅为杨梅科、杨梅属常绿灌木或乔木。雌雄异株,雄株高大,高达12 m,雌株由于开花结果,较矮小而叶稀蔬。一般嫁接苗从砧木播种开始,经5~7年开始结果,15年左右达盛果期,60~70年后逐渐衰退,而实生苗须经10年左右才能结果。杨梅根为浅根,主根不明显,根上长有根瘤菌,有固氮作用,因此有"肥料木"之称。杨梅树皮灰色,小枝粗壮,无毛,皮孔少而不显著,菌根生长强健。单叶互生,卵形或生楔状形,先端稍钝,基部窄形,全缘,无毛。楔状倒叶片长6~16 cm,宽1~4 cm。花单性,雌雄异株,穗状花序,雄花有2~4个不孕小苞片,4~6枚雄蕊;雌花有4个小苞片,子房卵形。核果球形,直径10~15 mm,单果质量10~28 g,外果皮未成熟前绿色,成熟后深红色、紫红色或白色,内果皮坚硬。

杨梅适宜生长在气候温和、雨量充沛的环境里。由于适应性强,对土壤的选择要求不高,pH 5左右,酸性或偏酸性的土壤均适宜。

杨梅为风媒花,靠风传播花粉授粉结果。结果枝多由去年发育充实的春梢或夏梢形成,有徒长性结果枝、长果枝、中果枝、短果枝,其中以中短果枝结果为主。杨梅的坐果率不高,只有2%~4%,结果枝上的花序以顶端1~5节结果率最高,特别是第一节占绝对优势。杨梅的果实为核果,一般肉柱圆的汁多柔软可口,风味佳,肉柱少的汁少较酸。

2. 对环境条件的要求

(1) 气象条件

优质丰产杨梅产地的年平均温度高于16 ℃(下限14 ℃),高于10 ℃的积温高于5 000 ℃。年降雨量在1 000 mm以上;2~4月降雨量要求260 mm以上,5~6月在杨梅果实肥大转色期,既要天晴日暖,更要满足适当水分,尤其6月份降雨量要达到160 mm以上。杨梅雌雄异株,为风媒花,花期微风有利于雄花粉散发和传播;因杨梅根系较浅,大风侵袭易吹倒,大雪压树枝条易断,栽植时宜选避风处建园。

(2) 土壤条件

杨梅最喜土层深厚、土质松软、排水良好、富含石砾的黄砾泥、黄泥土或黄泥沙土,pH 以 4.5～5.5 为宜。凡芒萁、杜鹃、松、杉、毛竹、青冈栎、麻栎、苦槠等酸性指示植物繁茂的山地,均适于栽培。

(3) 地形地貌

杨梅宜在山坡地栽植,不适于平原沃地栽培,因其有放线性菌共生,即使在较瘠薄的山坡地生长结果也良好。

(4) 坡向和海拔高度

不论哪个坡向都可种杨梅,但不同坡向果实品质有较大差异。选择不同海拔高度,可延长鲜果供应期。坡度大小与生长结果关系不大,为培育管理方便,节减工本,坡度不要超过30度(一般在5～25度)。

7.8.4 栽培技术

1. 施肥技术

(1) 幼年树施肥

以"促"为主,注重速效性肥料的施用,氮、磷、钾肥比例以 1∶0.8∶0.8 左右为宜,以促进枝梢生长为主,尽快扩大树冠,常年施肥 2～3 次。

(2) 成年树施肥

以"控"为主,以提高品质为主,氮、磷、钾肥比例以 1∶0.3∶4 为宜。全年以施二次肥比较合理,即成年树在 2 月下旬株施菜籽饼 3～4 kg,加 15∶15∶15 氮磷钾复合肥 2 kg;7 月初果实采收后,株施羊厩肥 40 kg。有隔年结果现象的成年树,结果小年可不施,结果大年则必须施。施肥方法,幼树采取逐年扩穴深施方法,成年树采取表面撒施和条施,加土覆盖的方法,要避免开大穴或开环状沟施肥。

2. 整形修剪

树形可采用自然开心形。定植后的第一年以抹芽为主,以离地面约 20 cm 起选留第一个主枝,以后每隔 15～20 cm 留第二、第三个主枝;第二年在主枝的延长枝上剪去不成熟的秋梢,并将主枝上所有侧枝短截,在离主干 60～70 cm 处选留第一副主枝;第三年在主枝上选留第二副主枝,第一、第二副主枝相间 60 cm;第四年继续延长主枝和副主枝,在距离第二年副主枝 40 cm 左右选留第三副主枝,在培养主枝和副主枝的同时应及时选留大侧枝,通过五年左右完成整形。

成年树的修剪主要是缓和枝条生长势,促进花芽形成,提高坐果率和果实品质。2～3 月对过密枝、交叉枝进行回缩或去除,从基部剪除病虫枝、枯枝、死枝;疏删过多的结果枝,修剪量为全树枝量的 20%～30%,短截结果枝,促发较多数量的春梢,改善大小年结果习性。对主干或主枝上枝叶茂密处发生的徒长枝及时剪除;而对下垂枝进行支撑或向上吊缚。

3. 病虫害综合防治

常见的杨梅的病害主要有:癌肿病、褐斑病、干枯病、枝腐病、小叶病等。主要害虫有:

松毛虫、蓑蛾类、卷叶蛾、牡蛎蚧、天牛等。杨梅病虫害的防治应贯彻"预防为主,综合防治"的植保方针。采取农业防治、化学防治、生物防治、人工防治等相结合的方法。冬季做好清园工作,剪除病虫枝,集中焚毁;刮除病斑,树干涂白,减少越冬虫源;加强肥培管理,增强树势,提高抗病能力。生长期做好病虫预测预报,在各病虫害发生的关键时期,统一喷药防治。在项目实施区禁止使用甲胺磷、久效磷、氧化乐果、三氯杀螨醇等高毒高残留农药。严格控制用药次数、用药量和安全间隔期。主要病虫害防治:

(1) 杨梅癌肿病

为害枝干,病部形成大小不一粗糙木栓化的肿癌,其上小枝枯死,严重者全株死亡。防治方法为3～4月份利用刀刮除病斑并涂波尔多液;抽梢前剪除病枝、烧毁;加强管理、增施钾肥和有机肥。

(2) 杨梅褐斑病

为害叶片,引起大量落叶。叶片病斑上有灰黑色、黑色小点。防治方法为冬季清园用晶体石硫合剂150～200倍喷布;采果前后各喷一次80%必备1 000倍液和70%甲基托布津800倍液。

(3) 杨梅干枯病

为害枝干,枝干病部呈现带状凹陷病斑,布满黑色小点,病斑深入木质部,上部枝干枯死。防治方法为早期刮除病斑涂波尔多液;清除病死枝。

(4) 杨梅根腐病

为害根系,造成烂根,导致枝叶枯萎,全株死亡。防治方法为多菌灵和托布津每株施0.25～0.5 kg,拌匀后撒施在根颈至树冠滴水线下,15～30 cm深土中。

(5) 油桐尺蠖

一年发生2～3代,为害叶片,严重时被食光。防治方法为幼虫发生期喷布2.5%敌杀死1 500倍液。

(6) 杨梅卷叶蛾类(小黄卷叶蛾等)

一年发生4～5代,幼虫为害嫩叶,卷缩成虫苞,严重时新梢一片焦枯。防治方法为幼虫发生期喷布22%虫多杀1 500倍。

(7) 介壳虫类(杨梅柏牡蛎蚧等)

一年发生2代,群集在3年生以下枝条和叶片主脉周围及叶柄上为害,叶枯死早落,严重时一片枯黄。防治方法为幼虫孵化期喷25%扑虱灵可湿性粉剂1 500倍+2.5%敌杀死2 000倍液。

4. 疏花匀果

杨梅花量较大,如果留果较多,消耗养分较多,不利于第二年树体的生长和结果,因而在成年树的始花期、盛花期、盛花末期分别喷300 mg/kg、250 mg/kg和200 mg/kg多效唑+0.2%硼砂+0.4%尿素混合液,疏除过多的花序,使坐果适中,在每年4月下旬对大年树和衰弱树适当疏果,对恢复树势,提高果实商品性有较大益处。疏果方法一般每结果枝留2～3枚,大年树每枝仅留1～2枚,以1枚为主,衰弱枝和扩展树冠枝条一般不留果。

5. 采收

采收开始时间一般在6月20日左右,采收时期因品种不同而异,在果实发红时味道仍酸,只有转变到紫红色或紫黑色时,甜酸适口呈现最佳风味,此时为最佳采收期。由于成熟期不一致,所以要分期分批采收。采收时注意三轻:轻采、轻放、轻挑。采摘或少量装运时,可用小竹篮和小竹箩,在内壁衬上新鲜的蕨类植物枝叶或荷叶,内放 2.5 kg 左右。采用冷藏运输或冷藏出售。

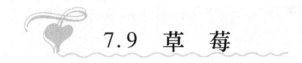

7.9 草 莓

7.9.1 概况

草莓属于蔷薇科草莓属,为宿根性多年生常绿草本植物,原产欧洲,20 世纪初传入我国,在世界小浆果生产中,草莓荣居首位。草莓浆果鲜红艳丽,芳香多汁,酸甜可口,营养丰富,富含维生素 C,享有"水果皇后"之美誉,有较高的医疗保健价值。草莓果实除鲜食外,还可以制成许多加工产品,如草莓酱、草莓汁、草莓罐头、草莓饮料、草莓果茶、草莓蜜饯、草莓酒和草莓冰淇淋等。

草莓生长周期短、结果早、见效快、适应性强,在全球分布区域广,从热带到北极圈附近都可栽种,目前几乎世界各国都有草莓栽培,欧洲种植面积居首,其次为北美洲和亚洲。我国是草莓栽种的大国,北起黑龙江,南到广东,东起山东,西到新疆都有草莓栽培,其中主要分布在河北、江苏、辽宁、上海、浙江、山东、北京等地。

7.9.2 品种

栽培草莓品种丰富,世界上至今有栽培草莓品种 2 000 多个,我国通过国外引进、自行培育及地方原始的草莓品种约 400 个。

(1) 佐贺清香

日本育成,是适宜促成和半促成栽培的优良品种。果实圆锥形,鲜红亮丽,整齐度好,畸形果和沟棱果少,商品果率高;果肉白色,甜酸适口,香味较浓,甜度大,可溶性固形物含量 8.0% ~11.0%;果个大,一级序果平均单果质量 25 g,最大单果质量可达 52 g;种子平于果面,分布均匀;果实较硬,较耐贮运,货架时间相对较长。

(2) 幸香

日本育成,2000 年登录发表,适于促成或半促成栽培。果实为圆锥形或长圆锥形,平均单果质量 10 ~14 g,最大单果质量 30 g;果形较整齐,具有光泽,外形美观,各花序的第一果的果实的果面具棱沟;果面红色至深红,果肉浅红色,香味稍淡,果肉细腻,味道较浓,含糖量高,可溶性固形物含量 10% ~15%;果实硬度比丰香大 20% 左右。

(3) 红颊

日本育成,适于促成栽培。果实为长圆锥形,比章姬短,平均单果质量 13 ~16 g;果形整齐,具有光泽,外形美观;果面红色,果肉浅红色,果实空洞极小,香味清淡,果肉细腻,味浓,含糖量高,可溶性固形物含量10%;果实硬度比章姬硬。

(4) 雪蜜

江苏省农科院园艺所选育,较抗白粉病。平均单果质量22.0 g左右,最大单果质量可达45.0 g;果形整齐,果面平整,红色,光泽强,果基无颈无种子带;果实韧性较强,果肉橙红色;髓心橙红,大小中等,无空洞或空洞小;香气浓,酸甜适中,品质优,可溶性固形物含量11.5%左右。

(5) 红珍珠

日本育成,半促成或露地栽培的优良品种。果实圆锥形,整齐,第一级、第二级序果平均单果质量为19.8 g,最大单果质量为39 g;果面平整,红色,光泽强,果实韧性较强,果肉橙红色,香气浓,风味酸甜,可溶性固形物含量为11%;种子略凹于果面。

(6) 甜查理

美国育成,是露地栽培品种。果实圆锥形,大小整齐,畸形果少;果大,第一级序、第二级序果平均质量16 g以上;表面红色有光泽,果肉橙红色,髓心大小中、空洞小,肉质松,香浓,味甜,可溶性固形物含量达8.1%以上;果实硬度中等。

7.9.3 生物学特性

草莓植株矮小,呈丛状生长,株高一般20~30 cm,一个完整的植株由根、茎、叶、花、果实等器官组成。叶为三出复叶,总叶柄长度10~25 cm,不同生长季节有差异。叶柄上多着生茸毛,叶柄基部与新茎相连的部分有托叶,托叶相合即成为托叶鞘,并包在新茎上。在叶柄中下部有时具有两个耳叶,叶柄顶端着生3片小叶。两边小叶呈对称,中间叶形状规则,呈圆形至长椭圆形或菱形,因品种而异。颜色由黄绿至蓝绿色,叶缘有锯齿状缺刻,缺刻数为12~24个。缺刻先端有小水孔,在土壤水分和肥料均适宜时,可见到溢泌现象,有小水滴附着其上。叶片背面密被茸毛,上表面也有少量茸毛,质地平滑或粗糙。

春季,当地表深5 cm处地温达到5 ℃左右时,草莓根系开始生长,此时主要是前一年秋季发生的根进行延长生长,此后随气温的不断回升才逐渐有新根发生。在整个生长周期内,草莓根系的生长有三次高峰:当地温稳定在13 ℃~15 ℃时,也就是草莓初显花序至开花盛期,根系的生长达到第一次高峰;当地温在15 ℃以上时,草莓进入开花结果期,根系生长缓慢,有些新根从顶部开始枯萎,变成褐色,最后死亡,7月上中旬,老根继续死亡,新茎基部发生新根,根出现第二次生长高峰;9月下旬至越冬前,由于叶片养分回流及土温降低,根系生长形成第三次高峰。但有些地区由于7~8月份地温过高,根系只有4~6月份和9~10月份两次生长高峰。

叶片的发生在新根活动7~10天后,新茎上不断产生新的叶片,一般一年发生20~30片复叶,夏、秋季节发生的新叶多。在20 ℃条件下,草莓每隔8~10天就长出一片新叶,新叶展开后约2周达到成龄叶,约30天达到最大叶面积,其寿命60~80天,其中有效叶龄为30~60天。秋季长出的部分叶片,在环境适宜的条件下可维持绿色过冬,翌年春季生长一段时间后才枯死,寿命长达200~250天。越冬期保持较多的绿叶,有利于翌年产量的提高。

草莓抽生匍匐茎的多少与品种、母株的健壮程度、环境条件、植株感受的低温量、生长调节剂及摘花处理等有关。一般每株可产生30~50株,多的可达50~150株。草莓夜间温度在10℃以上、白天温度17℃以上,以及12~16小时的长日照条件下便可抽生匍匐茎。

草莓花序为聚伞花序或多歧聚伞花序。草莓新茎顶端抽生主花序,新茎分枝及叶腋处抽生侧花序。一般侧花序的质量比主花序差,花期晚,果实小,品质较差,产量也低。生产上通常要疏去过多的分枝,只留3~5个主侧枝,以保证有足够的果实数量和更高的果实质量。一个花序上可着生3~30朵花,一般为7~15朵。通常第一级序的一朵中心花最先开,其次由这朵中心花的两个苞片间形成的两朵二级序花开放,以此类推。草莓大多数品种能自花授粉结果,但异花授粉果实发育饱满,果个大,产量高。草莓花基部有蜜腺,能吸引昆虫传粉。

草莓果实是由花托发育而成的聚合果,果面嵌生着许多像芝麻似的种子,一般开花后约32天成熟。草莓幼果绿色,经过一段时间后由绿变白,最后变红,成熟果实的颜色为粉红至深红,果肉为白色至深红色。果实髓部有的充实,有的则有不同程度的空心。果实在开花后15~20天之间生长很缓慢,开始着色前10天左右生长快速,增重最快,着色后果实发育会再次放慢。

7.9.4 栽培技术

1. 假植育苗技术

假植时期:根据定植时期来确定,通常在定植前1~2个月内进行。

假植苗的选用:假植苗应选用具有2~3张展开叶,且初生根多而强健的幼苗。

假植要求:带土移栽,边移栽边浇水,以保证根与土壤紧密结合,缩短缓苗时间,移栽的株行距一般以15 cm×20 cm为宜;也可以营养钵假植育苗。

栽后管理:栽后要及时遮阴,并在栽后一周内早、晚各浇水1次,以保持土壤湿润,促苗成活,活棵后,可以用稀粪水点根,以促进幼苗迅速生长。在此过程中,要及时摘除老叶和黄叶,及时除草和病虫害防治,以及控制氮肥的使用。

2. 草莓定植技术

(1) 定植时期

江苏大棚促成栽培的草莓一般可在9月中旬前后定植,一般在阴天或小雨,且气温稍低的时候移栽为宜;半促成栽培或露地栽培草莓可推迟至10月底栽植。北方地区可适当提前定植。

(2) 定植密度

草莓栽种密度不宜过大,一般每亩控制在6 000~8 000株之间,北方地区可达到8 000~10 000株,对于通过假植育成的壮苗,其栽培密度在每亩6 000株左右。

(3) 定植方法

定植时要掌握好栽植深度,应做到"浅不露根,深不埋心",另外,定植时还应注意草莓苗的栽植方向,栽植时应将草莓植株根茎基部弯曲凸面朝向垄外(即"弓"向外),这样可以确保果实结在垄外侧,利于果实防污管理、着色和采摘。

3. 病虫害防治技术

在生产中最值得重视的是以下一些病虫害：一是以草莓斑驳病毒、草莓轻型黄边病毒、草莓皱缩病毒和草莓镶脉病毒为主的草莓病毒病，以草莓灰霉病、草莓白粉病和草莓炭疽病等为主的真菌性病害；二是以草莓红蜘蛛、二斑叶螨、蚜虫、蛴螬、斜纹夜蛾等为主的虫害。这些病虫害可以分别危害草莓植株的各个组织和器官，导致植株的长势衰退，减产和品质降低。

对草莓病虫害的防治应结合农艺措施、人工防治、生物防治、化学药剂防治等多种防治手段，减少病虫害给草莓生产带来的损失。在使用化学药剂时，要尽可能长期避免单一使用某药剂，做到适时轮换、合理混用，同时要注意使用的安全期，减少农药残留。

4. 肥水管理技术

草莓肥水管理的好坏，对草莓果实的产量和品质有很大的影响。通常要做到以下几点：定植前结合耕翻施足有机肥，一般为每亩 2 000～3 000 kg 腐熟农家肥；定植后及时浇透水，最好边定植边浇定根水，然后把水浇透；适时松土追肥水，栽后要为幼苗扎根创造疏松湿润的土壤条件，及时松土浇水，基本做到土壤"握之成团，松之较散"，在草莓近成熟期前均应保持土壤湿润，植株显蕾期和浆果膨大期用 0.2% 磷酸二氢钾加 0.1% 尿素进行追肥。

5. 花果管理技术

根据品种特性，及时疏花疏果，严格控制草莓产量，有效增加单果重，提高果实品质。疏花时期一般控制在开花前，花蕾分离期，最迟不能晚于第一朵花开放，留花量一般为大果型保留第 1～第 2 级花序和部分第 3 级花序，小果型保留第 1～第 3 级花序，余下花序均全部摘除，通常第 1 花序留 12～15 朵小花，第 2 花序留 6～8 朵小花，第 3 花序留 5～7 朵小花。

疏果是疏花的有益补充，一般在幼果早期进行，对病、虫、伤果要及时摘除。对于最终留果量，可以根据植株的长势、花梗的粗细、叶片的数量、大小、颜色等决定，长势健壮，花梗粗，有效叶片多、大、厚、颜色深的草莓植株可适当多留果，一般每个花序留 5 个果左右。

放蜂授粉是草莓栽培中辅助授粉的一项重要措施，在促成栽培中应用居多，在草莓整个花期都可以进行，一般每亩田可以放置 2 个蜂箱。需要注意的是，要尽可能创造蜜蜂适宜的环境条件，温度一般控制在 18 ℃以上，最佳为 20 ℃～26 ℃，设施内湿度不能大，如遇到长期阴雨要及时通风降湿。

复习思考

1. 试述当地果树栽培主要品种的特性。
2. 当地果树主要树种根系生长有何特点？分布范围与树冠生长有何关系？它们与施肥方法有何关系？
3. 当地果树主要树种的营养枝、结果枝有几种？按什么标准分类？叶芽、花芽各着生在什么部位？它们的结果特性与修剪有何联系？
4. 当地果树主要树种有几种繁殖方法？当地主要采用哪几种方法？抚育过程中要注意哪些技术措施？
5. 当地果树主要树种成年果树的施肥、土壤管理、排水和修剪包括哪些农活？按月排列全年作业顺序。

6. 当地果树主要树种成年园全年施肥量有多少？与理论施肥量有何差别？根据本单位历年生长、结果的表现,全年施肥多少比较恰当？

7. 当地果树主要树种成年园每年施肥几次？何时施用？各次宜用什么肥料？采用什么方法？

8. 当地对幼年树、成年树如何进行土壤管理？各有何优缺点？

9. 当地对主要果树树种成年园用何种方法灌水？有何优缺点？应否改进？假设没有水源,需采取哪些主要保水措施？

10. 当地果树主要树种各品种间是否需要授粉品种？若需要授粉品种,主栽品种与授粉品种如何组合？定植时如何搭配？

11. 当地果树主要树种如何进行疏花疏果？营养枝与结果枝(或叶果比)保持什么比例为宜？是否需要保花保果？为什么？如要保花保果需采用哪些技术措施？

12. 当地果树主要树种常用哪几种树形？它们的骨架枝如何配置？

13. 当地果树主要树种有哪些病虫害,怎样识别？如何进行综合防治？

14. 如何根据不同用途确定适宜采收期？

15. 试述当地果树主要树种果实的采收方法？采收时要注意哪些问题？如何分级和简易贮藏？

16. 试述当地果树主要树种出现大小年的原因及克服的主要措施。

17. 当地果树主要树种对环境条件有何要求？园地建设应注意哪些问题？

考证提示

初级工掌握当地果树栽培主要品种的特性,当地果树主要树种成年果树的土肥水管理、修剪、采收、分级和简易贮藏,按月排列全年作业顺序。

中级工掌握当地果树栽培主要品种的特性,当地果树主要树种成年果树的土肥水管理、修剪、采收、分级和简易贮藏,若为需要授粉品种掌握主栽品种与授粉品种配置,果树的疏花疏果,营养枝与结果枝(或叶果比)保持比例,保花保果和病虫害综合防治技术,按月排列全年作业顺序。

高级工掌握当地果树栽培主要品种的特性及其对环境条件的要求,成年果树的土肥水管理、修剪、采收、分级和简易贮藏,若为需要授粉品种掌握主栽品种与授粉品种配置,果树的疏花疏果,营养枝与结果枝(或叶果比)保持比例,保花保果和病虫害综合防治技术,果树出现大小年的原因及克服的主要措施,按月排列全年作业顺序。

参 考 文 献

[1] 吴耕民. 中国温带落叶果树栽培学[M]. 杭州:浙江科学技术出版社,1993.

[2] 韩德元. 植物生长调节剂——原理与应用[M]. 北京:北京科学技术出版社,1997.

[3] 王金政. 油桃、樱桃、李、杏、葡萄塑料大棚栽培技术[M]. 济南:山东科学技术出版社,1998.

[4] 贺普超. 葡萄学[M]. 北京:中国农业出版社,1999.

[5] 龙兴桂. 现代中国果树栽培·落叶果树卷[M]. 北京:中国林业出版社,2000.

[6] 王永安,薛莹. 我国猕猴桃主要品种及优质丰产栽培技术[J]. 山西果树,2001(1):22-23.

[7] 田世宏. 果树工[M]. 北京:中国劳动社会保障出版社,2002.

[8] 王国平. 果树无病毒苗木繁育与栽培[M]. 北京:金盾出版社,2002.

[9] 陈宗良. 杨梅栽培166问[M]. 北京:中国农业出版社,2002.

[10] 王沛霖. 南方果树设施栽培技术[M]. 北京:中国农业出版社,2002.

[11] 吴禄平. 草莓无公害生产技术[M]. 北京:中国农业出版社,2003.

[12] 徐建国. 柑橘优良品种及无公害栽培技术. 北京:中国农业出版社,2003.

[13] 曹玉芬. 梨无公害生产技术[M]. 北京:中国农业出版社,2003.

[14] 杨志明. 果树矮化密植[J]. 果农之友,2003(8):25.

[15] 邱春莲,齐国辉. 植物生长调节剂在果树生产中的应用[J]. 河北农业,2004(4):1-3.

[16] 戴桂芝. 谈果品采后商品化处理[J]. 西北园艺,2004(10):5-6.

[17] 周开兵,夏仁学. 中国柑橘砧木选择研究进展与展望[J]. 中国农学通报,2005,21(1):213-218.

[18] 王忠. 植物生理学[M]. 北京:科技文献出版社,2006.

[19] 李华,胡亚菲. 世界葡萄与葡萄酒概况(上)[J]. 外葡萄与葡萄酒,2006(1):66-69.

[20] 傅秀红. 果树生产技术(南方本)[M]. 北京:中国农业出版社,2007.

[21] 张继明. 宝鸡市猕猴桃无公害栽培技术规程[J]. 落叶果树,2007(1):31-33.

[22] 郗荣庭. 果树栽培学总论[M]. 北京:中国农业出版社,2008.

[23] 林顺权. 枇杷精细管理十二个月[M]. 北京:中国农业出版社,2008.

[24] 束怀瑞. 中国果树产业可持续发展战略研究[J]. 落叶果树,2012(1):1-4.

[25] 全国农业技术推广服务中心. 果树轻简栽培技术[M]. 北京:中国农业出版社,2010.